適用 Python 3.x 版

Python 程式設計
與程式競賽解題技巧
程式設計必備的基礎知識和技能

Daniel Zingaro 著／H&C 譯

no starch press

謹以此書獻給我的父親，
謝謝他在電腦知識上的傳授

也獻給我的母親，
謝謝她給與我當老師的特質

作者簡介

Daniel Zingaro 博士是多倫多大學密西沙加分校計算機科學系備受讚譽的副教授，他主要的研究領域是計算機科學教育，他研究學生如何學習（或不學習）計算機科學的相關議題和材料。他也是《Algorithmic Thinking》（No Starch Press，2021 年出版）一書的作者，這本書幫助讀者理解和運用演算法與資料結構。

技術審校

Luke Sawczak 是一位活躍的自由編輯和業餘程式設計師，他最喜歡的研究主題包括散文到詩歌的轉換器、用來幫蛋糕切出正確數量的視覺輔助工具，以及給數學老師使用的數位 Boggle 版本。他目前在多倫多郊區教授法語和英語，還會寫詩和為鋼琴作曲，並希望會以此營生。更多相關的介紹可以連到 https://sawczak.com/ 網站查找。

致謝

真的嗎？我又再次和 No Starch 出版社合作了？Barbara Yien 介紹和帶領我與出版社合作出書。Bill Pollock 和 Barbara 信任我在這本書所用的教學方法。我的開發編輯 Alex Freed 是位細心、善良又準時的夥伴。我很感謝所有參與本書製作的夥伴，包括文案編輯 Kim Wimpsett、製作編輯 Kassie Andreadis 和封面設計師 Rob Gale。我很榮幸能和這麼多人合作出版。

感謝多倫多大學給與我創作的空間。也感謝技術審校 Luke Sawczak 對書稿的仔細審閱。

謝謝書中問題的原作者和對程式設計競賽做出貢獻的所有人。感謝 DMOJ 網站管理員對這本書的支持。

很感謝我的父母所給與的一切，他們對我的要求就只是好好學習。

謝謝 Doyali，我的搭檔，他讓我們有更多的時間花在寫書上，並培養了寫作所需的謹慎態度。

最後，感謝大家願意閱讀本書和學習程式設計。

目錄

第 2 章　做出決定

第 3 章　重複執行：有確定次數的迴圈

第 4 章　重複執行：不確定次數的迴圈

第 5 章　使用串列來管理多個值

第 6 章　使用函式來設計程式

第 7 章　檔案的讀取和寫入

第 10 章　大 O 符號與程式效能

簡介

我們會使用電腦來完成工作和解決問題。舉例來說，也許您曾經使用文書處理軟體來寫過一篇文章或書信；或是曾經使用試算表軟體來打理您的財務資料；又或是使用過影像編輯軟體來修飾圖片。很難想像在現今生活中不使用電腦來處理這些事情。我們從文書處理軟體、試算表軟體和影像編輯軟體得到很多助益。

這些軟體程式被設計成通用的工具來完成各式各樣的工作。但話雖如此，它們都還是別人設計編寫的程式，而不是由我們自己設計編寫來的。當現有的程式不能完全滿足需求時，我們該怎麼辦呢？

在本書中，我們的目標是超越終端使用者只會運用電腦中現有的程式來完成工作。我們要學會編寫出符合自己需要的程式。但不會設計編寫文書處理軟體、試算表或影像編輯軟體，設計這些軟體程式算是大型的艱鉅工作，幸運的是已有人完成並提供這類工具。我們在本書將學習如何設計編寫小型程式來解

決一些現有工具不能搞定的問題。我會協助讀者學習怎麼對電腦下達指令（instructions）；這些指令所統合起來的計劃就是告知電腦怎麼執行來解決問題的藍圖。

為了要向電腦下達指令，我們會用**程式語言（programming language）**設計編寫程式碼（code）。程式語言有統一的規則和語法來讓我們設計編寫程式碼，並指示電腦如何回應這些程式碼。

我們會學習使用 Python 語言來進行程式的設計和編寫。這是讀者會從本書中學到的一項具體技能，將來可以把這項技能寫在您的履歷上。此外我們還會學到使用電腦解決問題所需要的思維型態，而不僅僅只是會用 Python 語言。程式語言種類很多，不斷新舊交替、來來去去，而解決問題的思維方法則是固定不變的。我希望這本書能幫助讀者從終端使用者變成程式設計師，並讓讀者在探索各種可能性的過程中獲得樂趣。

線上資源

本書隨附的線上資源包括可下載使用的範例程式碼檔案和額外的練習題目，請連到 https://nostarch.com/learn-code-solving-problems/ 網站查閱取用。

本書適用對象

本書適用於想要學習如何編寫電腦程式來解決問題的所有讀者。特別是下列這三種類型的讀者更適合。

第一種是可能聽過 Python 語言並想學習如何運用 Python 編寫程式碼的讀者。我會在下一小節解釋為什麼 Python 是學習程式語言很好的選擇。讀者能在本書學到很多關於 Python 的必要知識，有了這個基礎，往下一步時就能夠閱讀其他 Python 進階的參考書籍。

第二種是沒有聽過 Python 或者只是想了解程式設計的相關內容，請不要擔心：這本書也很適合這類讀者！本書會教我們如何在程式設計中思考和分析。程式設計師具有特殊的思維方式可以把問題分解成可管理的小部分，並用程式碼來

表達這些小部分的解決方案。在這個層面上,使用什麼程式語言並不是重點,因為程式設計師的思維方式與特定的程式語言並無關係。

最後一種是可能對學習其他程式語言也感興趣的讀者,例如 C++、Java、Go 或 Rust 等程式語言。當讀者在學習其他程式語言時,學過 Python 的好處是有很多基礎知識都是通用共有的。另外,Python 語言本身就十分好用也很值得學習。接下來讓我們談談為什麼 Python 這麼好用。

為什麼要學 Python?

多年的程式設計入門教學經驗向我證明了 Python 是程式語言的第一優選。與其他語言相比,Python 程式碼更具結構化和可讀性。一旦讀者習慣了 Python 語法,就會發現 Python 的某些部分幾乎讀起來像英文口語一樣簡單!

Python 還具有許多其他語言所沒有的功能特性,包括可用來操控和儲存資料的強大工具。我們會在本書中介紹和使用其中的許多功能。

Python 不僅是可用來教學程式設計的出色語言,它也是目前世界上最受歡迎的程式語言之一。程式設計師使用它來編寫出 Web 應用程式、遊戲軟體、視覺化應用、機器學習軟體等。

有了 Python 之後,讀者就有了非常適合教學的語言,也帶來專業的優勢。我不能要求更多了!

安裝 Python

在可以用 Python 進行程式設計之前,需要先安裝好。以下是安裝的方法。

Python 有兩個主要版本:Python 2 和 Python 3。Python 2 是舊版本,也不再支援了。在本書中,我們使用的 Python 3,因此請在電腦中安裝 Python 3。

Python 3 是繼 2 版之後的重大更新,而 3 這個版本仍在不斷更新中。Python 3 的第一個版本是 Python 3.0,之後發布了 Python 3.1,然後是 Python 3.2,依此一直更新。在撰寫本書時,Python 3 的最新版本是 Python 3.9。不過本書使用

Python 3.6 之類的舊版本就已足夠，但我還是鼓勵讀者安裝並使用最新版本的
Python。

請按照適用於您電腦作業系統的操作步驟來安裝 Python。

Windows

預設的情況下，Windows 是沒有內建 Python 的。需要下載安裝，請連到 https://
www.python.org/ 並點按 **Downloads** 連結，這裡應該會提供下載適用於
Windows 系統的最新版本 Python 選項。點按連結下載 Python，然後執行安裝
程式。在安裝過程的第一個畫面中，勾選 **Add Python 3.9 to PATH** 或 **Add
Python to environment variables**；這樣可以在執行 Python 時變得更容易（如果
是更新 Python 版本，則可能需要點按「Customize installation」才能找到這個選
項）。

macOS

預設的情況下，macOS 沒有內建 Python 3。需要另外安裝，請連到 https://
www.python.org/ 並點按 **Downloads** 連結。這裡應該會提供下載適用於 macOS
系統的最新版本 Python 選項。點按連結下載 Python，然後執行安裝程式。

Linux

Linux 已內建 Python 3，但它可能是 Python 3 的舊版本。安裝指南會根據您使
用的 Linux 發行版本而有所不同，但您應該能夠使用最喜歡的套件管理工具來
安裝最新版本的 Python。

如何閱讀本書

一口氣從頭到尾讀完這本書，這種讀法能教給您的東西比較少。這種方式就像
聘請某人到你家彈鋼琴幾個小時，請他們回去後，您調暗燈光，唱個小夜曲就
覺得自己學會彈鋼琴了。這不是以動手實作的方式來學習。

以下是閱讀本書的幾項建議：

騰出一段學習時間。斷斷續續的少量課程時間，效果遠不如騰出一段學習時間來實作練習。當您學習過程感到疲倦時，休息一下再出發。沒有人能告訴休息後要學習多久時間才有效果，也沒人能告訴您讀完本書需要多長時間，這取決於您自己的身心狀態。

暫停一下來測試理解的程度。閱讀與學習後會讓我們產生已掌握和理解的錯覺。實際應用一下能讓我們知道理解的程度是否對等。出於這個原因，在每一章的關鍵點會有「觀念回顧」的多選擇題來測試您的理解程度。請認真對待這些習題！仔細閱讀題目並回答，無需使用電腦來檢測問題內容。隨後再閱讀我的答案和解釋。這樣的確認能讓讀者走在正確的學習軌道上。如果您回答錯誤或回答正確但理解錯誤，請在繼續學習之前花一點時間回顧之前的內容。這裡的對應方式可能涉及很多書中正在討論的相關Python 功能特性，您需要重新閱讀書本中的素材或連到網路上搜尋觀看其他解釋和範例。

實作演練程式設計。在閱讀時進行預測會有助於鞏固我們對關鍵概念的理解。但要成為熟練的問題解決者和程式設計師，我們還需要進行更多的實作練習。需要實際使用 Python 來解決新的問題，而這些練習問題的解決方案不在書中。每章最後會以「本章習題」當作結尾。請盡可能多多動手實作完成這些習題。

學會程式設計需要花上一點時間。如果進步緩慢或犯了一些錯誤，請不要氣餒。不要被網路上的虛張聲勢或酸言酸語嚇倒。找出能協助自己學習的網友和資源。

使用程式競賽解題系統

我是以國際程式競賽解題系統網站上的題目來建構這本書。程式競賽解題系統網站提供程式競賽的題庫，可以供全世界的程式設計師來競賽解題。可提交您的解答（您的 Python 程式碼）到網站上來執行測試。如果您的程式碼對每個測試用例都能生成正確的答案，那麼您的解決方案是正確的。相反地，如果您的程式碼在某個或多個測試用例生成錯誤的答案，那就表示您的解答程式碼是錯的，需要進行修訂。

我認為競賽解題系統網站很適合學習程式設計有以下幾個原因：

快速反饋。在學習程式設計的早期階段，能快速並有針對性的反饋是十分重要的。當我們提交程式碼後，競賽解題系統會立即提供反饋。

高品質的題庫。我發現程式競賽解題系統的題目品質都很高。許多問題最初來自國際程式競賽所出的題目。很多題目都是由與程式競賽解題系統相關的個人或想幫助他人學習的網友所編寫提供。關於這些題目的來源，請參閱附錄「問題出處與貢獻」的內容。

問題數量。競賽解題系統的題庫含有數百個題目。這本書只選擇了一小部分來解析和說明。如果您需要更多練習，程式競賽解題系統中的題庫可以滿足您的需要。

社群功能。競賽解題系統網站的使用者可以閱讀和回應留言。如果您遇到問題，請瀏覽相關留言來獲取他人的經驗分享。如果還是卡住，請考慮發布問題的留言以尋求協助。成功解開了某個題目，您的學習過程還不算完成！許多程式競賽解題系統允許您觀看他人所提交的程式碼。挖掘一些他人的提交內容，觀看和比較別人與您的解答有何不同。解決問題的方法有很多，也許您現在採用的方法是最直觀的，但學習更多其他可能性是邁向高手的重要一步。

在競賽解題系統的網站上建立帳號

我們在整本書中會使用到幾個競賽解題系統的網站。那是因為不同的程式競賽解題系統會有別人所沒有發掘的題目；我需要多個競賽解題系統的問題來涵蓋本書選用的所有學習主題。

以下是我們所使用的程式競賽解題系統：

解題系統	URL
DMOJ	https://dmoj.ca/
Timus	https://acm.timus.ru/
USACO	http://usaco.org/

競賽解題系統的網站都會要求先建立一個帳戶，然後才能提交解答程式碼。接下來讓我們完成建立帳戶的處理，並在進行時了解關於解題系統的資訊。

DMOJ 競賽解題系統

DMOJ 競賽解題系統是本書中最常使用的程式競賽解題系統。與任何其他程式競賽解題系統相比，很值得您花一些時間瀏覽 DMOJ 網站並了解該系統提供的內容。

若想要在 DMOJ 解題系統上建立帳號，請連到 https://dmoj.ca/ 網站並點按右上角的「**註冊（Sign up）**」連結。在顯現的註冊頁面上，輸入您的使用者名稱、密碼和電子郵件。此頁面還允許設定預設的程式語言（Default language）。我們在本書中專門使用的是 Python 程式語言，因此這裡建議點選「**Python 3**」。完成後點按「**Register!**」鈕建立帳號。註冊之後，您就可以利用使用者名稱和密碼來登錄 DMOJ。

書中的每一道題目都有列出出處是來自哪一個解題系統網站，以及用來存取該題目的編號代碼。舉例來說，我們在第 1 章中的第一個問題是來自 DMOJ 網站，題目編號代碼是 dmopc15c7p2。若想要在 DMOJ 中找到此題目，請點按頁面上方的「**問題（Problems）**」連結，並在右側的「**Problem search**」方塊中輸入「**dmopc15c7p2**」，然後點按「**搜索（Go）**」鈕。您應該會找到唯一的結果。如果點按問題標題，就能進入問題本身的專屬頁面。

當您準備好要提交問題的解答 Python 程式碼時，請先進入該問題專屬頁面並點按右側的「**Submit solution**」鈕。在結果頁面中，把您的 Python 程式碼複製貼上到文字方塊內，然後按下「**提交！**」鈕。隨後系統就會判讀您的程式碼並顯示結果。

Timus 競賽解題系統

若想要在 Timus 解題系統中建立帳號，請連到 https://acm.timus.ru/ 網站並點按「**Register**」連結。在出現的註冊頁面中輸入您的姓名、密碼、電子郵件和其他要求的資訊，點按「Register」鈕來建立您的帳號。隨後請檢查您的電子郵件信箱，找出自 Timus 提供給您的 judge ID 資訊。每當您提交 Python 程式碼時，您都需要用到您的 ID。

目前無法設定預設的程式語言類型，因此無論何時在提交 Python 程式碼，請記得先選擇可用的 Python 3 版本。

本書只在第 6 章中用過 Timus 解題系統，所以就不在此贅述。

USACO 競賽解題系統

若想要在 USACO 解題系統上建立帳號，請連到 http://usaco.org/ 網站並點按「**Register for New Account**」。在出現的註冊頁面中輸入您的使用者名稱、電子郵件和其他要求的資訊。按下「Submit」鈕建立您的帳號。隨後請檢查您的電子郵件信箱中是否有來自 USACO 提供給您密碼的訊息。取得密碼後就可以使用您的使用者名稱和密碼來登錄 USACO 網站。

目前無法設定預設使用的程式語言類型，因此無論何時在提交 Python 程式碼，請記得先選擇可用的 Python 3 版本。此外還需要選擇上傳含有 Python 程式碼的檔案，而不是把程式碼以複製貼上的方式放到文字方塊中。

到本書第 7 章才會用到 USACO 解題系統，所以在這裡就不多贅述。

關於本書

本書各章的內容都是由國際程式競賽解題系統網站的幾個題目來驅動。實際上，在教授新的 Python 語法之前，我都會以問題來當作章節內容的起始！我這樣做的目的是激發讀者去學習解決問題所需的 Python 功能特性。如果您在閱讀題目描述後還是不確定如何解決問題，也請不要擔心（還不能解開問題，表示您閱讀本書是正確的選擇）。理解了問題的要求，就已經離答案不遠了。接著學會 Python，一起把問題解決掉。章節後續的問題可能會介紹更多的 Python 功能特性，或要求我們延伸前面問題所學到的知識。每章最後都有習題，請動手解開習題，試一試前面所學到的東西。

以下是本書各章的內容簡述：

第 1 章：入門起步。在使用 Python 解決問題之前，我們需要先學會一些基本必要的概念。本章內容會講述這些概念，包括輸入 Python 程式碼、字串和數值的處理、變數的使用、讀入和寫出。

第 2 章：作出決定。在本章將會學習 if 陳述句的使用，此語法會讓程式根據特定條件是 True 或 False 來決定接下來要做什麼。

第 3 章：重複執行：有確定次數的迴圈。只要還有工作要處理程式就會持續執行。在本章中，我們會學習 for 迴圈，讓程式處理各個輸入的內容，直到工作完成。

第 4 章：重複執行：不確定次數的迴圈。有時候我們事先並不知道程式應該重複某些特定動作的次數。for 迴圈就不適用於這類問題。在本章中，我們將學習 while 迴圈，只要特定條件為 True，迴圈中的程式碼就會一直執行。

第 5 章：使用串列來管理多個值。Python 串列讓我們只用一個名稱就能引用整組資料序列。使用串列能幫助我們組織管理資料，可以配合 Python 提供的強大的串列操控功能（例如排序和搜尋）來處理資料。本章會講述關於串列的所有內容。

第 6 章：使用函式來設計程式。如果我們不能好好地組織管理含有大量程式碼的大型程式，則這支程式可能會變得笨拙而冗長。在本章中，我們會學習函式，它能幫助我們設計劃分出小型、內含程式碼區塊所組成的程式。使用函式能讓程式更易理解和修改。我們還會學到「由上而下（top-down）」的設計概念，這種設計方式會讓程式中使用函式。

第 7 章：檔案的讀取和寫入。檔案便於對程式提供資料，而程式處理的資料也能很容易地存入檔案中。在本章中，我們將學到如何從檔案讀取資料以及怎麼把資料寫入檔案。

第 8 章：使用集合與字典來管理多個值。當我們開始要處理越來越有挑戰性的問題時，考量資料如何儲存是很重要的關鍵點。在本章中，我們會學習兩種 Python 儲存資料的新方式：集合與字典。

第 9 章：使用完全搜尋法來設計演算法。程式設計師不會急著從頭開始解決每個問題。相反地，他們會思考是否有通用的解決方案模式來解開問題，例如使用某個現成的演算法來解決它。在本章中，我們會學習用來解決各種問題的完全搜尋演算法。

第 10 章：大 O 符號與程式效能。有時候我們設計和編寫出的某支程式，它雖然可以正確完成工作，但因為速度太慢而不實用。在本章中，我們將學習怎麼改善程式的效能，學會使用能設計出更高效率程式碼的工具。

第 1 章
入門起步

程式設計所牽涉的就是設計和寫出程式碼來解決問題。在此，我會與您一起走過解決問題的所有過程。也就是說，我們不是學習一個又一個的 Python 功能和概念之後再來解決問題，而是利用問題來決定需要學習什麼樣的知識和概念。

在本章中，我們會處理兩個問題：確定一行中的單字的數量（類似文書處理軟體中的字數統計功能）和計算圓錐體的體積。解開這兩個問題需要了解相當多的 Python 知識和概念。您可能覺得需要更多詳細資訊才能完全理解我在這裡介紹的某些內容，以及怎麼與 Python 程式設計的過程整合在一起。請別擔心：我們會在後面的章節內容中重新回顧和闡述最重要的知識和概念。

我們要做什麼

如簡介中所介紹的，我們會使用 Python 語言來解開國際程式競賽的題目。國際程式競賽的問題都能在競賽解題系統的網站上找到。我假設讀者已經按照「簡介」章節中的說明內容，安裝好 Python 並建立了解題系統網站的帳號。

對於書中的每個問題，我們都會設計寫出程式來解決它。問題的要求中會指定程式所提供的輸入類型，以及預期的輸出（或結果）類型。如果程式能接受任何合法的輸入並產生正確的輸出結果，就表示這支程式能正確解決問題。

一般來說，輸入內容的可能性有數百萬或數十億種。每個這樣的輸入被稱為一**個問題實例**。舉例來說，在我們要解決的第一個問題中，要求是輸入是一行文字，像 hello there 或 bbaabbb aaabab 之類。我們的工作是輸出這行文字中的單字數量。程式設計中最強大的思維之一是，利用少量通用的程式碼就可以來解決看似無窮無盡的問題實例。一行文字中是 2 個還是 3 個或 50 個單字都不影響程式的運作。我們所設計的程式每次都能處理得很好。

這支程式要處理下列三件工作：

> **讀取輸入**：我們需要確定正要解決問題的具體實例，因此先讀取提供的輸入內容。

> **處理**：處理輸入的內容來找出正確的輸出結果。

> **寫入輸出**：解決問題之後要生成需要的輸出內容。

這些步驟之間的界限並不一定分得那麼清楚，舉例來說，我們可能一邊處理一邊產生一些輸出，步驟有可能是交錯在一起的，但請記住整支程式離不開這三個主要步驟。

您可能一直都在使用遵循著「輸入－處理－輸出」模式的程式。請想一下電腦程式的處理過程：輸入公式（輸入），程式計算數值（處理），然後程式顯示答案（輸出）。或者請思考某個網路搜尋引擎的處理過程：輸入要查詢的內容（輸入），搜尋引擎確定最相關的結果（處理），並顯示這些結果（輸出）。

將這類程式與互動式程式進行對比，它們都有輸入、處理和輸出的過程。舉例來說，我正在使用文字編輯器輸入這本書的內容。當我輸入一個字元時，編輯器會把這個字元新增到我的文件中。它不會等我輸入整份文件才顯示；在我建構時就以互動式顯示出輸入的字元。我們不會在本書中設計和編寫互動式程式。如果您學習了這本書的內容後，對編寫這樣的程式感興趣，您會很高興地發現 Python 真的能勝任這項工作。

每個問題的陳述說明都可以在書中和線上的解題系統網站內找到。但是，陳述說明文字不完全相同，因為我為了整本書的一致性而作了一些修飾。請別擔心：我所改寫的內容與官方問題陳述所傳達的資訊是相同的。

Python Shell 模式

對於書中的每個問題都會編寫一支程式並儲存成檔案，但前提是我們要知道設計編寫什麼樣的程式！對於本書中的許多問題，在解決之前，我們還需要學習一些 Python 的新功能特性。

在 Python shell 模式中試驗 Python 功能是最好的選擇。這是個互動式的環境，您可以在這個模式中鍵入一些 Python 程式碼並按 ENTER 鍵來執行，Python 會顯示執行結果。一旦我們學會了足夠的知識來解決目前的問題，就可以停用 shell 模式並開始在文字檔中輸入解決方案的程式碼。

一開始請在電腦系統的桌面上建立一個名為「programming」的新資料夾。我們會使用這個資料夾來存放書中所完成的所有範例程式檔。

現在請切換這個「programming」資料夾並啟動 Python shell 模式。若想要啟動 Python shell，可依照您的作業系統執行以下步驟。

Windows

若是在 Windows 系統中，請依照下列步驟來操作：

1. 按住 SHIFT 鍵後，再以滑鼠右鍵點按「**programming**」資料夾。

2. 在展開的功能中點選「**在此處開啟 PowerShell 視窗**」，如果沒有這個命令選項，請點選「**在此處開啟命令視窗**」。

3. 接著在顯示的視窗底端會出現大放（>）符號和跳動的游標。這是作業系統的輸入提示字元，表示等待您輸入命令。請輸入作業系統的命令而不是 Python 程式碼。在輸入命令後記得按 ENTER 鍵執行。

4. 在開啟的視窗中已進入「programming」資料夾，可輸入 dir 命令來查看目前所在目錄路徑的內容。

5. 現在輸入 **python** 來啟動 Python shell 模式。

當我們啟動了 Python shell 模式後，會顯示如下的訊息：

```
Python 3.9.2 (tags/v3.9.2:1a79785, Feb 19 2021, 13:30:23)
[MSC v.1928 32 bit (Intel)] on win32
Type "help", "copyright", "credits" or "license" for more information.
>>>
```

這裡的訊息中最重要的是第一行所顯示的至少是 3.6 以後的 Python 版本。如果您使用的是過舊的版本，尤其是 2.x，或者根本無法載入 Python，請按照前面「簡介」章節中的安裝說明，先下載安裝最新版本的 Python。

在此視窗的底端，您將看到 >>> 這個 Python 提示符號。這是鍵入 Python 程式碼的地方。不用自己鍵入 >>> 符號，而是在符號後面輸入程式碼。在試驗完成之後，可以按 CTRL-Z 鍵，再按 ENTER 鍵退出這個 shell 模式。

macOS

在 macOS 系統中，請依照下列步驟來操作：

1. 請開啟「終端機」。可按下 COMMAND-空白鍵，再輸入「**終端機**」或「**terminal**」，然後連按下二下這個結果。

2. 在開啟的視窗中會看到一行以金錢符號（$）結尾的提示行。這就是作業系統的提示符號，表示等待您輸入命令。請輸入作業系統的命令而不是 Python 程式碼。在輸入命令後記得按 ENTER 鍵執行。

3. 輸入「**ls**」命令來查看目前所在目錄路徑的內容。您的 Desktop 目錄會顯示在這裡。

4. 輸入「**cd Desktop**」命令切換到 Desktop 資料夾。cd 命令是 change directory 的意思，directory（目錄）的另一個別稱是 folder（資料夾）。

5. 輸入「**cd programming**」命令切換到 programming 資料夾。

6. 現在輸入「**python3**」啟動 Python shell 模式（您也可以只輸入 **python** 而沒有加 3，這樣啟動的是 python 2。但這個舊版本並不適用於本書的內容）。

當 Python shell 模式啟動後會看到如下訊息：

```
Python 3.9.2 (default, Mar 15 2021, 17:23:44)
[Clang 11.0.0 (clang-1100.0.33.17)] on darwin
Type "help", "copyright", "credits" or "license" for more information.
>>>
```

這裡的訊息中最重要的是第一行所顯示的至少是 3.6 以後的 Python 版本。如果您使用的是過舊的版本，尤其是 2.x，或者根本無法載入 Python，請按照前面「簡介」章節中的安裝說明，先下載安裝最新版本的 Python。

在此視窗的底端，您將看到 >>> 這個 Python 提示符號。這是鍵入 Python 程式碼的地方。不用自己鍵入 >>> 符號，而是在符號後面的完成程式碼。在試驗完成之後，可以按 CTRL-D 鍵，再按 ENTER 鍵退出這個 shell 模式。

Linux

在 Linux 系統中，請依照下列步驟來操作：

1. 請以滑鼠右鍵點按「programming」資料夾。

2. 在展開的功能表中點選「**Open in Terminal**」。（您也可以直接開啟 Terminal 後再切換到 programming 資料夾中）

3. 在開啟的視窗中會看到一行以金錢符號（$）結尾的提示行。這就是作業系統的提示符號，表示等待您輸入命令。請輸入作業系統的命令而不是 Python 程式碼。在輸入命令後記得按 ENTER 鍵執行。

4. 現在應該已在 programming 資料夾中，可輸入「**ls**」命令來查看目前所在路徑的內容。您應該看不到任何內容，因為我們還沒有建立任何檔案。

5. 現在輸入「**python3**」啟動 Python shell 模式（若只輸入 **python** 而沒有加 3，這樣啟動的是 python 2。但這個舊版本並不適用於本書的內容）。

當 Python shell 模式啟動後會看到如下訊息：

```
Python 3.9.2 (default, Feb 20 2021, 20:57:50)
[GCC 7.5.0] on linux
Type "help", "copyright", "credits" or "license" for more information.
>>>
```

這裡的訊息中最重要的是第一行所顯示的至少是 3.6 以後的 Python 版本。如果您使用的是過舊的版本，尤其是 2.x，或者根本無法載入 Python，請按照前面「簡介」章節中的安裝說明，先下載安裝最新版本的 Python。

在此視窗的底端，您將看到 >>> 這個 Python 提示符號。這是鍵入 Python 程式碼的地方。不用自己鍵入 >>> 符號，而是在符號後面的完成程式碼。在試驗完成之後，可以按 CTRL-D 鍵，再按 ENTER 鍵退出這個 shell 模式。

問題#1：計算字數（Word Count）

現在是處理第一個問題的時候了！我們會使用 Python 設計編寫一支小型的計算字數程式。我們將學習如何從使用者那裡讀取輸入內容，再處理輸入內容來解開問題，並輸出結果。我們還要學習如何在程式中處理文字和數值、活用內建的 Python 運算子，以及在解決方案的過程中儲存中間結果。

這個問題在 DMOJ 網站的題庫編號為 dmopc15c7p2。

挑戰

計算提供的英文單字數量。這個問題所指的英文單字是指任何小寫字母所組成的文字序列。例如，hello 是一個單字，但像 bbaabbb 這樣的無意義的英文也算一個單字。

輸入

輸入的內容是一行文字，由小寫字母和空格組成。每對單字之間是以空格分開，第一個單字之前和最後一個單字之後是沒有空格的。

一行的最大長度為 80 個字元。

輸出

輸出的內容為算出輸入行有多少個單字的數量。

字串

值（**value**）是 Python 程式的基本組成區塊。每個值都有一個**型別**（**type**），型別決定了這個值可以執行的操作和處理。在計算單字數量的問題中，我們處理的是一行文字。文字在 Python 中儲存為字串值，因此需要了解**字串**（**string**）的相關知識。為了解開這個問題，計算出文字中的單字數量，我們還需要學習數值（numeric value）。首先讓我們從字串開始。

字串的表示

字串是用來儲存和處理文字的 Python 型別。若想要寫出一個字串值，需要以單引號括住字元。請在 Python shell 中進行下列的操作：

```
>>> 'hello'
'hello'
>>> 'a bunch of words'
'a bunch of words'
```

Python shell 會回應我們輸入的字串。

若字串中含有單引號這個字元時會發生什麼狀況呢？

```
>>> 'don't say that'
  File "<stdin>", line 1
    'don't say that'
         ^
SyntaxError: invalid syntax
```

「don't」內的單引號 ' 變成字串左側的結尾符號，也就是「'don'」被視為一個字串，但這行文字的其餘部分「t say that'」就變得沒有意義，這就是產生語法錯誤的原因。**語法錯誤**（**syntax error**）是指違反了 Python 的語法規則，表示我們設計寫出不合法的 Python 程式碼。

若想要修正這個問題，可以用雙引號 " 來括住字串，因為雙引號也可以當作括住字串的符號：

```
>>> "don't say that"
"don't say that"
```

本書的慣例是以單引號 ' 來括住字串，除非題目中的字串內有用到單引號，
否則不會在書中使用雙引號來表示字串。

字串運算子

我們可以使用一個字串來存放想要計算其單字數量的文字。若想要計算單字數
量或者用字串處理任何其他事情，我們都需要學習運用字串的相關處理。

字串有很多可以搭配使用的運算子。有一些是在運算元之間使用特殊的符號來
表示。例如，+ 運算子可用來處理字串的連接：

```
>>> 'hello' + 'there'
'hellothere'
```

哇！忘了在兩個單字之間加上空格了。讓我們在第一個字串的尾端加上空格：

```
>>> 'hello ' + 'there'
'hello there'
```

另外還有一個 * 運算子，可以讓字串重複很多次：

```
>>> '-' * 30
'------------------------------'
```

上述實例中的 30 是個整數值，稍後我會說明更多關於「整數」的內容。

觀念檢測

下列這行程式碼的執行結果為何？

_____

```
>>> '' * 3
```

_____

A. ''''''
B. ''
C. 顯示語法錯誤（不合法的 Python 程式碼）

答案：B。'' 是個空字串，也還是字串中沒有字元。這題是讓空字串重複 3
次，結果還是空字串。

字串方法

方法（**method**）是特定於某種型別的值才有的操作處理。字串有很多方法可
用。例如，upper 是個很常用的方法，它能讓英文字串變成大寫的版本：

```
>>> 'hello'.upper()
'HELLO'
```

我們從方法中取得的資訊稱為方法的**返回值**（**return value**）。舉例來說，以前
面的範例來說，upper 方法會返回字串 'HELLO'。

對某個值執行方法的這個操作稱為「呼叫方法」。呼叫方法是在值和方法名稱
之間要放上句號運算子（.），它還需要在方法名稱後面加上括號。對於某些方
法，括號中是空的，就像呼叫 upper 方法的操作處理。

但有些方法，則可能需要在括號中放入某些資訊。若沒有放入必需的資訊，這
些方法就根本無法運作。我們在呼叫方法時所引入的資訊稱為方法的**引數**
（**argument**）。

舉例來說，字串中有個 strip 方法，在呼叫時若括號沒有放入引數，strip 方法就
會把要處理的字串中前後的空格都去掉：

```
>>> '   abc'.strip()
'abc'
>>> '   abc      '.strip()
'abc'
>>> 'abc'.strip()
'abc'
```

但我們也可以搭配字串引數來呼叫。如果這樣做，這個字串引數就是用來決定
要刪除哪些字元的：

```
>>> 'abc'.strip('a')
'bc'
>>> 'abca'.strip('a')
'bc'
>>> 'abca'.strip('ac')
'b'
```

接著再介紹另一個字串方法：count。如果傳入一個字串引數，則 count 會告知要處理的字串中有多少個符合該字串引數的數量：

```
>>> 'abc'.count('a')
1
>>> 'abc'.count('q')
0
>>> 'aaabcaa'.count('a')
5
>>> 'aaabcaa'.count('ab')
1
```

如果出現字串引數重疊的情況，則只算一個計數：

```
>>> 'ababa'.count('aba')
1
```

與其他方法不同，這個 count 方法對我們的「計算字數（Word Count）」問題能直接發揮作用。

假設有個「'this is a string with a few words'」這樣的字串。請留意，這裡的每個單字後面都有個空格。事實上，如果我們必須手動計算單字的數量，那就會知道每個單字的結尾位置有個空格。如果我們計算字串中的有多少個空格數量會是怎麼樣的情況呢？我們可以傳入單個空格字元的字串到 count 方法來讓它計數。這個範例看起來像下列這般：

```
>>> 'this is a string with a few words'.count(' ')
7
```

我們得到的計數結果為 7。這不是我們要計算出的正確單字數量（因為這個範例中的字串有 8 個單字），但答案已經很接近囉。為什麼我們得到 7 而不是 8 呢？

原因是上面的範例字串中，除了最後一個單字之外，每個單字後面都有一個空格。因此，計算空格時少算了最後的單字。為了解決這個問題，我們還需要學習如何處理數值資料。

整數和浮點數

表示式（expression）由值和運算子所組成。接下來要了解怎麼寫出數值以及如何與運算子組合運用。

有兩種不同的 Python 型別可用來表示數值：整數（沒有小數點）和浮點數（有小數點）。

我們把整數值寫成沒有小數點的數字。以下是有些範例：

```
>>> 30
30
>>> 7
7
>>> 1000000
1000000
>>> -9
-9
```

值本身是最簡單的一種表示式。

我們所熟悉的數學運算子可用來操作處理整數值，像 + 表示加法， - 表示減法， * 表示乘法。我們可以利用這些運算子來編寫更複雜的表示式。

```
>>> 8 + 10
18
>>> 8 - 10
-2
>>> 8 * 10
80
```

請留意運算子左右的空格。雖然「8+10」和「8 + 10」對 Python 而言都是相同的，但加了空格的表示式會讓人更容易閱讀。

Python 的除法運算子有兩種，不是一種！這個 // 運算子會執行整數除法，且無條件捨去餘數：

```
>>> 8 // 2
4
>>> 9 // 5
1
>>> -9 // 5
-2
```

如果您想要取得除法的餘數，請用 mod 運算子，寫法為 %。舉例來說，8 除以 2 是沒有餘數的：

```
>>> 8 % 2
0
```

而 8 除以 3 則餘 2：

```
>>> 8 % 3
2
```

/ 運算子則與 // 相反，不做任何四捨五入，直接以小數點呈現：

```
>>> 8 / 2
4.0
>>> 9 / 5
1.8
>>> -9 / 5
-1.8
```

這些結果值都不是整數！有小數點且屬於 Python 的**浮點數（float）**型別。加上小數點後就是浮點數了：

```
>>> 12.5 * 2
25.0
```

我們現在把焦點先放在整數，並在本章稍後解決圓錐體體積的問題時再討論浮點數。

當我們在一個表示式中使用多個運算子時，Python 會以運算子的優先順序來確定套用的順序。每個運算子都有其優先等級，和我們在紙上計算數學表示式時是一樣的處理方式，Python 先執行乘法和除法（較高的優先等級）然後再執加法和減法（較低優先等級），也就是先乘除後加減：

```
>>> 50 + 10 * 2
70
```

同樣地，就像在紙上運算一樣，括號內的運算子有最高優先等級。可以使用括號來強制 Python 按照我們想要的順序來執行運算：

```
>>> (50 + 10) * 2
120
```

即使技術上不需要，程式設計師也應該使用括號編寫運算式。這是因為 Python 有很多運算子，我們不一定能正常分辨其優先等級，很容易搞錯，這可不是程式設計師會犯的錯誤。

整數值和浮點值是否也像字串一樣有支援的方法可進行操作處理呢？沒錯，它們是有的！但不是很有用。舉例來說，有一種方法可以告知某個整數佔用了多少電腦的記憶體長度。整數值越大，需要佔用的記憶體就越多：

```
>>> (5).bit_length()
3
>>> (100).bit_length()
7
>>> (99999).bit_length()
17
```

我們需要在整數左右加上的括號；否則，句點運算子很容易與小數點混淆，這樣會產生語法錯誤。

變數

我們現在已經知道怎麼寫出字串和數值了。如果還知道怎麼把它們都存放起來，方便以後可以存取使用，那它們就更有價值了。在「計算字數」問題中，能夠把一行文字儲存在某處，然後再計算單字數量會更方便。

指定陳述句

變數是指定某個值的名稱。每當我們使用變數的名稱時，就會把變數所指到的內容拿來替代。為了讓變數能指到某個值，我們會使用指定陳述句。**指定陳述句（assignment statement）**是由變數、等號（=）和表示式所組成。Python 會對表示式評算求值並讓變數指到結果。以下是一個指定陳述句的範例：

```
>>> dollars = 250
```

現在當我們使用 dollars 時，就會以 250 來替代：

```
>>> dollars
250
>>> dollars + 10
260
>>> dollars
250
```

一個變數一次只會指定一個值。一旦我們使用指定陳述句讓變數指到某個值，則舊的值就不會再用了：

```
>>> dollars = 250
>>> dollars
250
>>> dollars = 300
>>> dollars
300
```

我們在程式想要使用多少個變數都可以。在大型的程式中通常會用到數百個變數。以下是使用兩個變數的範例：

```
>>> purchase_price1 = 58
>>> purchase_price2 = 9
>>> purchase_price1 + purchase_price2
67
```

請留意，我選用的變數名稱能讓讀者對它們存放的內容有所了解。舉例來說，這兩個變數代表的是兩次購買的價格。使用的變數名稱像 p1 和 p2 這種，雖然輸入時很容易，但過幾天後我們可能就了忘記這個變數名稱所代表的含義！

我們也可以讓變數指到字串：

```
>>> start = 'Monday'
>>> end = 'Friday'
>>> start
'Monday'
>>> end
'Friday'
```

如同指到數值的變數，我們一樣可以使用較大一點的表示式來對變數進行操作處理：

```
>>> start + '-' + end
'Monday-Friday'
```

Python 中為變數取名字應該以小寫字母開頭，可用任何的字母，並可用底線來分隔單字和數字。

更改變數的值

假設有個 dollars 變數指定到 250 這個值：

```
>>> dollars = 250
```

現在我們想要加 1，並讓 dollars 指到 251，光靠以下的表示式是做不到的：

```
>>> dollars + 1
251
```

計算的結果是 251，但這個值已經丟掉了，不會存放起來。

```
>>> dollars
250
```

我們需要一個指定陳述句來擷取「dollars + 1」的結果：

```
>>> dollars = dollars + 1
>>> dollars
251
>>> dollars = dollars + 1
>>> dollars
252
```

初學者通常很容易把指定符號「＝」看成是等號。請不要那樣做！指定陳述句是讓變數指到表示式求值結果的命令，而不是宣告兩個個體是相等的意思。

觀念檢測

以下程式碼執行後的 y 值是什麼？

```
>>> x = 37
>>> y = x + 2
>>> x = 20
```

A. 39

B. 22

C. 35

D. 20

E. 18

答案：A。對 y 來說，上面只有一個指定陳述句，會讓 y 指到 39。後續的「x = 20」會讓 x 由 37 指到 20，但不會影數到 y。

使用變數來處理計算字數

讓我們回顧一下在解決計算字數問題的學習進展：

- 我們學過字串了，可以使用字串來存放要計數的文字行。

- 我們知道字串計數方法，可以用 count 方法來計算文字行中的空格數量。只是結果比真正答案的值少 1。

- 我們學過整數了，可以使用整數的 + 運算子對某個數加 1。

- 我們了解變數和指定陳述句，可以幫助我們存放值而不直接丟失。

把上述學會的所有東西整合在一起，我們可以用一個變數指到某個字串，然後計算其中單字的數量：

```
>>> line = 'this is a string with a few words'
>>> total_words = line.count(' ') + 1
>>> total_words
8
```

其實這裡不需要用到 line 和 total_words 變數；以下是沒有變數的做法：

```
>>> 'this is a string with a few words'.count(' ') + 1
8
```

但使用變數來取得中間結果是保持程式碼可讀性的好習慣。一旦程式愈來愈大，長度愈來愈長時，變數還是必須使用的。

讀取輸入內容

因應這個問題所編寫的程式碼只是處理我們所寫的特定字串。程式告知「'this is a string with a few words'」這行字串中有 8 個單字，而且僅能處理這行字而已。如果我們想計算不同字串中有多少單字，則必須以新字串替換目前字串。為了解決計算字數問題，需要讓程式能處理在輸入時所提供的任何字串。

若想要讀取一行輸入，可以使用 input 函式來處理。**函式（function）**類似於方法（methon）：我們要呼叫才能使用它，也許會帶入一些引數，然後它會返回一個值。方法和函式之間的區別是函式不需要使用句點運算子。傳入函式的所有資訊都是透過引數來傳遞的。

下面是呼叫 input 函式然後輸入一些內容的範例。在這個例子中，輸入了一個單字「testing」：

```
>>> input()
testing
'testing'
```

當您輸入 input() 並按下 ENTER 鍵時，不會看到 >>> 提示符號。只會有一個閃動的游標，Python 會等待您從鍵盤輸入內容並按下 ENTER 鍵。隨後 input 函式會返回您輸入的字串。如往常一般，如果我們沒有把這個字串存放起來，那麼這個字串就會消失。讓我們使用指定陳述句來存放輸入的內容：

```
>>> result = input()
testing
>>> result
'testing'
>>> result.upper()
'TESTING'
```

請留意，在最後一行中，我對 input 返回值使用了 upper 方法進行處理。這是合法的操作，因為 input 返回的是字串，而 upper 是字串方法。

印出輸出內容

您已經看過在 Python shell 模式中鍵入表示式後會顯示它們的值：

```
>>> 'abc'
'abc'
>>> 'abc'.upper()
'ABC'
>>> 45 + 9
54
```

但這只是 Python shell 模式提供的便利功能。它是假設我們如果鍵入表示式，那麼表示我們希望看到表示式評算求值的結果。但是在 Python shell 之外執行 Python 程式時，就沒有這種便利性。相反地，如果想要輸出某些東西，就必須明顯地使用 print 函式來處理。print 函式也可以在 shell 模式下執行：

```
>>> print('abc')
abc
>>> print('abc'.upper())
ABC
>>> print(45 + 9)
54
```

請留意，print 輸出的字串左右並沒有引號。這樣子很不錯！無論如何，我們應該不會想要讓程式與使用者互動時還顯示引號！

print 有個很棒的功能是可以放入任意數量的引數，印出時會以空格分隔顯示：

```
>>> print('abc', 45 + 9)
abc 54
```

問題解答：完整的 Python 程式碼

我們現在已經準備好可以設計寫出完整的 Python 程式來解開計算字數問題。請先退出 Python shell 模式，回到作業系統命令提示模式下。

開啟文字編輯器

我們會利用文字編輯器來編寫程式碼。請依照作業系統別來操作以下步驟：

Windows

在 Windows 中，我們會利用「記事本」這個系統內建的文字編輯器。在命令提示字元模式中請先把目錄路徑切換到「programming」資料夾內，隨後再輸入「**notepad word_count.py**」，並按下 ENTER 鍵。如果 word_count.py 檔案不存在，記事本會詢問您是否要新建一個 word_count.py 檔。請按「**是**」鈕，這樣就可以在該檔案中輸入 Python 程式碼了。

macOS

在 macOS 中您想用哪一種文字編輯器都沒問題。其中有個 TextEdit 是內建安裝好的文字編輯器。請在命令提示模式中先把目錄路徑切換到「programming」資料夾內，隨後依照下列輸入二個命令和按下 ENTER 鍵：

```
$ touch word_count.py
$ open -a TextEdit word_count.py
```

touch 命令會建立一個空的檔案，以便讓文字編輯器可以開啟。現在我們已經準備好可以在這個檔案中鍵入 Python 程式碼了。

Linux

在 Linux 中，想用哪一種文字編輯器都沒問題。其中有個 gedit 是內建安裝好的文字編輯器。請在命令提示模式中先把目錄路徑切換到「programming」資料夾內，隨後輸「**gedit word_count.py**」命令和按下 ENTER 鍵，這樣就可以在檔案中鍵入 Python 程式碼了。

程式碼

在開啟的文字編輯器中，我們鍵入問題的解題 Python 程式。Listing 1-1 列出完整的程式碼。

▶Listing 1-1：計算字數的解題程式碼

```
❶ line = input()
❷ total_words = line.count(' ') + 1
❸ print(total_words)
```

輸入上述程式碼時，不用輸入❶、❷或❸。這些只是用來幫助我們瀏覽程式碼的行號，不是程式碼本身的內容。

我們先從輸入中取得文字行並將其指定給變數❶。這樣就得到一個字串，我們可以在該字串上面使用 count 方法。我們求取空格數量後加 1，這樣可以把該行文字字串的最後一個單字也計算進去，並且把結果指定給 total_words 變數❷。最後一行是輸出 total_words 變數指到的值❸。

程式碼輸入完成後，請務必儲存檔案。

執行程式

若要執行這支程式，會利用作業系統中命令提示字元模式的 python 命令。如您所見，輸入 python 命令會啟動 Python shell 模式，但這次我們不想這樣執行。我們想告知 Python 去執行 word_count.py 檔中的程式碼。為此，我們先切換到「programming」資料夾，然後輸入「**python word_count.py**」命令並按下 ENTER 鍵。在這裡和整本書的說明中，如果因為版本的需要，可改用 python3 命令而不是用 python 命令來執行。

執行程式後會出現閃動的輸入提示，等我們輸入內容。請輸入一些單字，按下 ENTER 鍵，這樣應該會看到程式正常執行的結果。舉例來說，輸入以下單字內容：

```
this is my first python program
```

您應該會看到程式輸出 6。

如果您看到 Python 顯示錯誤訊息，請回到程式碼中，檢查並確保您所輸入的程式內容正確無誤。Python 的要求是很精確的，就算少個括號或單引號都會引發錯誤。

如果您花了一些時間才順利執行此程式，請不要感到沮喪。要讓第一支程式順利執行可能需要大量的準備工作。我們先要正確地把程式碼輸入到檔案中，再呼叫 Python 來執行該程式，若發現錯誤還要回頭修改程式檔。無論程式多麼複雜，執行程式的過程大概都是如此，所以在這裡花一些時間學習和體會是值得的，這是繼續完成本書其餘部分的重要基礎。

提交到線上解題系統

恭喜呀！希望在電腦中執行您的第一支 Python 程式的過程是讓您滿意的。但我們怎麼知道這支程式是問題正確的解答呢？程式能處理所有可能的字串嗎？我們可以輸入更多不同字串來測試它，但也可以把程式碼提交到線上解題系統來看看是否得到滿意的回應。解題系統網站會自動對提交的程式碼執行一大堆測試，並告知是否通過了測試或是還有什麼問題。

請連到 https://dmoj.ca/ 網站並使用您的帳號登錄（如果讀者還沒有 DMOJ 帳號，請按照本書前面「簡介」中的說明先建立帳號）。登錄網站後點按「**問題（PROBLEMS）**」連結，並在右側的「**Problem search**」輸入「計算字數」問題的編號 **dmopc15c7p2**。按下「**搜索（Go）**」鈕載入這個問題，網頁顯示結果的問題標題為「Not a Wall of Text」而不是「Word Count」。

這裡有這個問題的原作者的說明描述。請按下左鍵的「**Submit solution**」按鈕來提交解決方案，並將我們的程式碼複製貼上到文字區塊。請務必在程式語言選項中選 Python 3。最後，點按「**Submit**」按鈕。

DMOJ 網站會對我們的程式碼執行測試並展示結果。對於每個測試用例，您都會看到一個狀態碼。「**AC**」代表已接受，是我們希望在每個測試用例中看到的結果。其他狀態碼包括「**WA**（錯誤答案）」和「**TLE**（超出時間限制）」。如果您看到其中之一，請仔細檢查您貼上的程式碼是否有錯，確定它與文字編輯器中的程式碼是完全相同的。

假設所有測試用例都接受通過了，我們應該看到得分是 100/100，我們的解答程式獲得了 3 分。

對於將來要處理每個問題，我們都會遵循以上解決「計算字數」問題的過程和方法。首先，我們會用 Python shell 模式探索和學習解題需要知道的 Python 功能特性。然後會設計編寫出程式碼來解決這個問題。接著透過自己的測試用例在我們的電腦中測試這支程式。最後把程式碼提交到競賽解題系統的網站中。如果發現任何測試用例出現錯誤或失敗，就要再次檢查程式檔並修復問題。

問題#2：圓錐體的體積（Cone Volume）

在「計算字數（Word Count）」問題中，我們需要從輸入中讀取「字串」。而在這次的問題則需要從輸入中讀取「整數」。這是需要額外的步驟來把字串轉換成整數的。我們還要學習更多 Python 進行數學運算的相關知識。

這個問題在 DMOJ 網站的題庫編號為 dmopc14c5p1。

挑戰

計算正圓錐體（right circular cone）的體積。

輸入

輸入內容是由兩行文字組成。第一行是整數 r，也就是圓錐的半徑。第二行是整數 h，代表圓錐的高度。r 和 h 的範圍在 1 到 100 之間的整數（也就是指 r 和 h 的最小值為 1，最大值為 100）。

輸出

輸出半徑為 r 和高度為 h 之正圓錐體的體積。計算體積的公式為「$(\pi r^2 h) / 3$」。

Python 更多的數學運算

我們假設變數 r 和 h 分別指到半徑和高度，如下所示：

```
>>> r = 4
>>> h = 6
```

現在我們要評算求值「$(\pi r^2 h) / 3$」，把公式中的半徑 r 以 4 來代替，把高度 h 以 6 來代替，得到「$(\pi * 4^2 * 6) / 3$」。π 的值使用 3.14159 代入，計算的結果得到 100.531。這個過程在 Python 中要怎麼處理呢？

存取 Pi 值

若想要存取 π 的值，我們要使用適當的變數來處理。下列是 PI 的指定陳述句，指定的值較為精確：

```
PI = 3.141592653589793
```

這更像是個「**常數（constant）**」而不是個變數，因為我們不太會在程式碼中改變 PI 的值。我在這裡的寫法是 Python 的慣例，對這類不會改動值的變數名稱都是使用大寫字母來表示。

指數

請看一下剛才「$(\pi r^2 h) / 3$」這個公式，唯一還沒介紹怎麼處理的部分就是 r^2，由於 r^2 也等於 r * r，因此可以用相乘來代替指數的處理。

```
>>> r
4
>>> r * r
16
```

但是直接使用指數運算的作法更透明直觀。在設計編寫程式碼時我們總是希望盡可能直接和清晰。此外，我們總有一天會需要計算更大的指數，以相乘的作法會變得越來越不容易。Python 的指數運算子是 **：

```
>>> r ** 2
16
```

以下是完整的公式呈現：

```
>>> (PI * r ** 2 * h) / 3
100.53096491487338
```

太好了！求取的值接近我們預期的結果 100.531！

請留意，我們在這裡生成了一個浮點數。正如在本章前面小節「整數和浮點數」中討論的那樣，/ 除法運算子會生成浮點數的結果值。

字串與整數的轉換

我們還是需要讀取半徑和高度作為輸入的內容，然後使用這些值來計算體積。接著試一試怎麼做吧：

```
>>> r = input()
4
>>> h - input()
6
```

input 函式返回的值永遠都是「字串」型別，就算輸入的是整數值也一樣：

```
>>> r
'4'
>>> h
'6'
```

上面以單引號括住的數字表示這些值都是字串。字串型別的值是不能用來進行數學運算的，如果這樣做，就會出現錯誤訊息：

```
>>> (PI * r ** 2 * h) / 3
Traceback (most recent call last):
  File "<stdin>", line 1, in <module>
TypeError: unsupported operand type(s) for ** or pow(): 'str' and 'int'
```

當我們使用錯誤的型別值來進行處理時會生成 TypeError 錯誤訊息。Python 不允許我們在 r 所指到的字串和整數 2 上使用 ** 運算子。 ** 運算子是要進行數學運算，與字串搭配一起使用是沒有任何意義的。

若想要將字串轉換為整數，我們可以使用 Python 的 int 函式：

```
>>> r
'4'
>>> h
'6'
>>> r = int(r)
>>> h = int(h)
>>> r
4
>>> h
6
```

轉換之後就可以將這些值代入公式來運算：

```
>>> (PI * r ** 2 * h) / 3
100.53096491487338
```

每當我們有代表整數的字串時，都可以使用 int 函式將其轉換為整數型別的值。它可以處理掉前置和後置的空格，但不能處理非數字的字元：

```
>>> int(' 12 ')
12
>>> int('12x')
Traceback (most recent call last):
  File "<stdin>", line 1, in <module>
ValueError: invalid literal for int() with base 10: '12x'
```

想要把 input 返回的字串轉換為整數，我們可以分兩步進行，首先把 input 的返回值指定到一個變數，然後再把這個值轉換為整數：

```
>>> num = input()
82
>>> num = int(num)
>>> num
82
```

另外也可以把 input 和 int 的呼叫合併在一起處理：

```
>>> num = int(input())
82
>>> num
82
```

在上面的示範中，傳入 int 的引數是 input 返回的字串。int 函式接受此字串並將其轉成整數返回。

如果我們需要相反的處理，想要把整數型別的值轉換為字串，我們可以使用 str 函式來完成：

```
>>> num = 82
```

```
>>> 'my number is ' + num
Traceback (most recent call last):
  File "<stdin>", line 1, in <module>
TypeError: can only concatenate str (not "int") to str
>>> str(num)
'82'
>>> 'my number is ' + str(num)
'my number is 82'
```

我們不能把字串型別和整數型別的值混合連接。str 函式會把 82 返回成 '82' 字串，以便能夠用於字串的連接。

問題的解答

我們已準備好可以解決圓錐體的體積這個問題。請先建立一個名為 cone_volume.py 的文字檔，並鍵入 Listing 1-2 所示的程式碼。

▶Listing 1-2：圓錐體的體積

```
❶ PI = 3.141592653589793

❷ radius = int(input())
❸ height = int(input())

❹ volume = (PI * radius ** 2 * height) / 3

❺ print(volume)
```

這裡已經放入空行來讓程式碼的邏輯部分區分開來。Python 會忽略這些空行，但是這樣的空行可以讓我們更容易閱讀和區分程式區塊中的內容。

請留意，我使用了具有描述性的變數名稱：以 radius 代替 r、以 height 代替 h 和以 volume 表示體積。單一個字母的變數名稱在數學公式中是通用的規範，但在編寫程式碼時，我們最好使用具有描述性的變數名稱來表達更多資訊。

我們首先讓名為 PI 變數指到 pi 的近似值❶。然後我們從輸入中讀取半徑❷和高度❷，並兩者從字串轉換為整數。我們使用正圓錐的體積公式來計算體積❹。最後輸出算好的體積值❺。

請儲存好 cone_volume.py 檔。

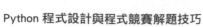
輸入「**python cone_volume.py**」來執行這支程式,然後鍵入半徑值和高度值。可利用計算機來驗證一下這支程式是否算出了正確的結果!

如果在輸入半徑或高度值時鍵入了垃圾資料會發生什麼事情呢?舉例來說,執行程式後鍵入以下內容:

```
xyz
```

接著就會出現下列這樣的錯誤訊息:

```
Traceback (most recent call last):
  File "cone_volume.py", line 3, in <module>
    radius = int(input())
ValueError: invalid literal for int() with base 10: 'xyz'
```

嗯!這樣的程式執行和回應並不友善,但現在我們還在初學程式設計的階段,先不用擔心這個問題。根據問題的輸入規範,解題系統網站上的所有測試用例都會用合法有效的值來測試,因此不必擔心處理無效輸入這個議題。

說到競賽解題系統網站,DMOJ 還欠我們 3 分哦,因為我們已經解開這個問題,並寫完正確的程式碼了。來吧,請連到 DMOJ 並提交完成的作品!

總結

程式設計的旅程啟航了!我們剛才已經編寫 Python 程式碼解決了 2 個競賽題庫中的問題。學習了程式設計的必備基礎知識,包括值、型別、字串、整數、方法、變數、指定陳述句以及輸入和輸出。

一旦您掌握了這些學習素材(也許還要實作一下本章習題),就可以進入下一章的內容。在第 2 章中,我們將學習怎麼讓程式做出決定。我們不再只會設計編寫循序由上而下執行的程式碼了。學會讓程式做出決定的語法能讓程式更加靈活,可以因應某些要解決的特定問題實例。

本章習題

每章結尾都有一些習題讓讀者嘗試。我鼓勵您盡可能完成這些的習題。

有些習題可能要花多一點時間完成。實作過程中您可能會對重複出現的 Python 錯誤感到沮喪，但學習技能的過程就是這樣，集中專注的練習是不可少的歷程。當您開始實作習題時，我建議您以手動方式解決一些範例。這樣您就知道更清楚問題是什麼，以及對應的程式應該做什麼才能解開題目。如果不經歷這些過程，您可能會在沒有計劃的情況下就去設計編寫程式碼，這個時候就要忙著組織構思，同時又要設計編寫程式。

如果您寫的程式碼達不到想要的效果，那麼試著問自己：您真正想要的程式行為究竟是什麼呢？哪些程式碼行可能是引發錯誤的罪魁禍首？有嘗試另一種更簡單的方法嗎？

我在本書網站（https://nostarch.com/learn-code-solving-problems/）中提供了習題的解答。但在您真正動手實作練習之前，不要偷看這些解答。先嘗試二三次再看答案。如果在查閱了解答後並理解了怎麼解開問題後，可先休息一下，然後嘗試自己從頭開始解決這個習題。解決問題的方法往往不止一種，如果您的解答能正確的解開問題，但與我提供的答案不太相同，這並不代表誰對誰錯。相反地，這樣反而提供了比較的機會，或許從這個過程中可學到不同的技巧。

1. DMOJ problem wc16c1j1，A Spooky Season

2. DMOJ problem wc15c2j1，A New Hope

3. DMOJ problem ccc13j1，Next in Line

4. DMOJ problem wc17c1j2，How's the Weather?（請注意方位的轉換）

5. DMOJ problem wc18c3j1，An Honest Day's Work（提示：如何確定瓶蓋的數量和塗完這些瓶蓋所需的油漆總量？）

NOTE

「計算字數（Word Count）」問題來自 DMOPC '15 4 月程式競賽的題目。「圓錐體的體積（Cone Volume）」問題來自於 DMOPC '14 3 月程式競賽的題目。

第 2 章
做出決定

大多數我們每天所使用的程式都會依照執行過程來引發不同的行為。舉例來說，當文書處理程式詢問是否要存檔時，它會依據我們的回應來做出決定：如果回答「是」則存檔，如果回答「否」則不存檔。在本章中，我們將學習 if 陳述句，這種陳述句語法能讓程式做出決定。

　　本章會處理兩個問題：確定籃球比賽的結果以及確定電話號碼是否為電話推銷。

問題#3：勝利的球隊（Winning Team）

在這個問題中會需要輸出一條訊息，其內容取決於籃球比賽的結果。為此，我們會完整說明 if 陳述句的語法。並學習怎麼在程式中儲存和處理 true 與 false 的值。

這個問題在 DMOJ 網站的題庫編號為 ccc19j1。

挑戰

在籃球比賽中有三種得分狀況：三分球、兩分球和一分罰球。

假設您剛才看了蘋果隊（Apples）和香蕉隊（Bananas）的籃球比賽，並分別記錄了兩支球隊所投入的三分球、兩分球和一分球的進球數。請指出比賽結果是蘋果隊贏了，還是香蕉隊贏了，亦或是兩隊平手。

輸入

有 6 行輸入的內容。前 3 行是蘋果隊的，後 3 行是香蕉隊的。

- 第 1 行是蘋果隊的 3 分球進球數。

- 第 2 行是蘋果隊的 2 分球進球數。

- 第 3 行是蘋果隊的 1 分罰球進球數。

- 第 4 行是香蕉隊的 3 分球進球數。

- 第 5 行是香蕉隊的 2 分球進球數。

- 第 6 行是香蕉隊的 1 分罰球進球數。

輸入的整數值範圍是 0 到 100 之間的整數。

輸出

輸出結果為單一個字元。

- 如果蘋果隊得分大於香蕉隊得分，則輸出 A（A 代表 Apples 隊勝）。

- 如果香蕉隊得分大於蘋果隊得分，則輸出 B（B 代表 Bananas 隊勝）。

- 如果蘋果隊得分等於香蕉隊得分，則輸出 T（T 代表 Tie，平手）。

條件執行

利用在第 1 章所學到的知識，在這裡可以進行更大的發揮。運用 input 和 int 從輸入中讀取 6 個整數值，並使用變數來存放這些值。處理時可以把三分球的進球數乘以 3，並把兩分球的進球數乘以 2。最後使用 print 來輸出 A、B 或 T。

現在還沒有學到程式是如何決定比賽的結果，我們先從兩個測試案例來說明為什麼要這樣處理。

首先，請思考下列這個測試案例：

```
5
1
3
1
1
1
```

蘋果隊的得分是 5 * 3 + 1 * 2 + 3 = 20 分，而香蕉隊的得分是 1 * 3 + 1 * 2 + 1 = 6 分。蘋果隊獲勝，所以輸出是：

```
A
```

第二個測試案例是蘋果隊和香蕉隊的進球數對調：

```
1
1
1
5
1
3
```

此時，香蕉隊獲勝，輸出結果為：

```
B
```

我們的程式必須能夠比較蘋果隊和香蕉隊的加總得分數，並使用這個比較的結果來選擇要輸出 A、B 或 T。

我們會使用 Python 的 if 陳述句語法來處理這樣的決策，**條件（condition）**是指表示式（expression）所產生的 true 或 false 值，if 陳述句會使用這個條件結果來決定接下來要進行什麼動作。if 陳述句引導**條件執行**，這是指程式的執行是受條件影響。

首先我們要學習一種新的型別，此種型別能代表 true 或 false 值，並學會怎麼使用這種型別來建立表示式，隨後會在 if 陳述句中使用這個表示式。

布林型別

把表示式放入 Python 的 type 函式中執行，就能得到該表示式的型別是什麼：

```
>>> type(14)
<class 'int'>
>>> type(9.5)
<class 'float'>
>>> type('hello')
<class 'str'>
>>> type(12 + 15)
<class 'int'>
```

這裡還有個布林型別（bool）還沒介紹，此型別不像整數、字串和浮點數這類型別的可能值有非常多，布林型別的值只有兩個，那就是 True 和 False。

```
>>> True
True
>>> False
False
>>> type(True)
<class 'bool'>
>>> type(False)
<class 'bool'>
```

這些值要怎麼處理呢？對於數字，我們使用了 + 和 - 這種數學運算子來把值組合成更複雜的表示式。但布林值則需要使用一組新的運算子來處理。

關係運算子

5 是否大於 2 呢？4 是否小於 1 呢？使用 Python 的關係運算子可以進行這樣的比較處理。**關係運算子**所產生的結果為 True 或 False，這可以用來編寫布林表示式。

> 運算子會比較兩個運算元，如果第 1 個運算元大於第 2 運算元則返回 True，否則返回 False：

```
>>> 5 > 2
True
```

```
>>> 9 > 10
False
```

同樣地，< 運算子可以進行小於的比較：

```
>>> 4 < 1
False
>>> -2 < 0
True
```

另外也有 >= 運算子來進行大於等於的比較，以及 <= 運算子進行小於等於
的比較：

```
>>> 4 >= 2
True
>>> 4 >= 4
True
>>> 4 >= 5
False
>>> 8 <= 6
False
```

若想要比較是否相等，可使用 == 運算子，這是兩個等號而不是一個等號。請
記住一個等號 = 是用來當作指定陳述句，而不是用來檢查是否相等。

```
>>> 5 == 5
True
>>> 15 == 10
False
```

若想要比較是否不相等，可使用 != 運算子，如果比較的兩個運算元不相等則
返回 True，相等則返回 False。

```
>>> 5 != 5
False
>>> 15 != 10
True
```

現實中的程式不會用來評算已經知道其值的表示式。例如，我們不需要 Python
告訴我們 15 不等於 10。一般來說，我們會在此類表示式中使用變數來進行處
理。舉例來說，「number != 10」這個表示式求值結果取決於 number 所指定的
數值。

關係運算子也能用來處理字串值。在檢查字串是否相等時，相同字母的大小寫
是有差別的：

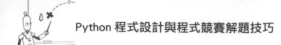

```
>>> 'hello' == 'hello'
True
>>> 'Hello' == 'hello'
False
```

字串在比較時依字母順序為基準,並由第一個字母依序向後來比較:

```
>>> 'brave' < 'cave'
True
>>> 'cave' < 'cavern'
True
>>> 'orange' < 'apple'
False
```

但在字母大小寫混合比較時可能會出現意外:

```
>>> 'apple' < 'Banana'
False
```

上面的例子很奇怪,對吧?原因在於電腦系統存放字元的方式不相同。一般來說,大寫字元在順序上大都放在小寫字元之前。此外請看下面這個例子:

```
>>> '10' < '4'
True
```

如果上述例子比較的是數值則結果是 False。但以字串來看則會逐個字元由左而右來比較,在這個例子中,Python 會比較 '1' 和 '4',因此結果是 '1' 比較小而返回 True。所以在處理時要確定值的型別是您所想要的!

另外還有一個 in 關係運算子只能用於字串而不適用於數值。在比較時,如果第一個字串在第二個字串中至少出現一次,則返回 True,否則返回 False:

```
>>> 'ppl' in 'apple'
True
>>> 'ale' in 'apple'
False
```

觀念檢測

下列的輸出結果為何？

```
a = 3
b = (a != 3)
print(b)
```

A. True

B. False

C. 3

D. 語法錯誤

答案：B。「a != 3」表示式評算求值結果為 False；所以會把 False 值指定到 b 變數中。

---

if 陳述式

接下來會探討和說明 Python 的 if 陳述式中的幾種變化運用。

單獨的 if 處理

假設最終的總得分數放在兩個變數 apple_total 和 banana_total 中，而且如果 apple_total 大於 banana_total，則輸出 A。那麼我們可以這樣做：

```
>>> apple_total = 20
>>> banana_total = 6
>>> if apple_total > banana_total:
...     print('A')
...
A
```

Python 真的如我們所預期地輸出 A。

if 陳述句是由 if 這個關鍵字為起始。**關鍵字（keyword）**是指對 Python 具有特殊含義的單字，程式中不能當作變數名稱。關鍵字 if 後面跟著一個布林表示式，再接著一個冒號，然後是一個或多個內縮的陳述句。內縮的陳述句通常稱為 if 陳述句的區塊（block）。如果布林表示式求值結果為 True，則執行該區塊；如果布林表示式為 False，則跳過這個區塊。

請留意上述例子的提示符號從 >>> 變為 ...。這是用來提醒我們該行內容是在 if 陳述句的區塊內，必須內縮程式碼。標準的內縮為 4 個空格，因此內縮程式碼時請按 4 下空格鍵。有些 Python 程式設計師會按 TAB 鍵來內縮，但本書中我們都以標準的空格來進行縮排。

輸入「print('A')」並按 ENTER 鍵後，應該會看到另一個 ... 提示符號。由於這個例子的 if 陳述句區塊中並沒有其他內容，因此請再次按 ENTER 鍵以關閉此提示，並回到 >>> 提示符號。多按一下 ENTER 鍵是 Python shell 模式中特有的作法。如果我們在程式檔案中編寫 Python 程式碼時，不需要多一行空行。

讓我們看下面這個在 if 陳述句區塊中放置兩條陳述句的範例：

```
>>> apple_total = 20
>>> banana_total = 6
>>> if apple_total > banana_total:
...     print('A')
...     print('Apples win!')
...
A
Apples win!
```

兩條 print 都會執行，所以輸出了二行內容。

接下來試試不同的 if 陳述句，這個例子中的布林表示式的求值結果為 False：

```
>>> apple_total = 6
>>> banana_total = 20
>>> if apple_total > banana_total:
...     print('A')
...
```

這次 print 函式並沒有執行：由於「apple_total > banana_total」的結果為 False，所以 if 陳述句的區塊會跳過不執行。

配合 elif 的 if 處理

讓我們使用三個連續的 if 陳述句來印出：如果蘋果隊獲勝，則印出 A；如果香蕉隊獲勝，則印出 B；如果平手，則印出 T：

```
>>> apple_total = 6
>>> banana_total = 6
>>> if apple_total > banana_total:
...     print('A')
...
>>> if banana_total > apple_total:
...     print('B')
...
>>> if apple_total == banana_total:
...     print('T')
...
T
```

上述例子會跳過前兩個 if 陳述句的區塊，因為它們的布林表示式結果為 False。但是第三個 if 陳述句的區塊會執行，因此輸出 T。

當我們以上述這種方式一個接一個寫入 if 陳述句時，它們是獨立分開的。不管先前的布林表示式是 True 還是 False，都會對各個 if 陳述句中的布林表示式求值並判斷。

不管 apple_total 和 banana_total 給定什麼值，之後只會執行三個 if 陳述句中的一個而已。舉例來說，如果「apple_total < banana_total」為 True，則第一個 if 陳述句就執行了，而其他兩個 if 陳述句就不執行。我們可以設計程式碼來突顯只允許執行某個程式碼區塊。其做法如下：

```
❶ >>> if apple_total > banana_total:
   ...     print('A')
❷ ... elif banana_total > apple_total:
   ...     print('B')
❸ ... elif apple_total == banana_total:
   ...     print('T')
   ...
   T
```

現在這個例子就變成單一個的 if 陳述句，而不是三個獨立的 if 陳述句。因此，不要在區塊 ... 提示符號下按 ENTER 鍵放入空行，而是要輸入 elif 行。

在執行這整個 if 陳述句時，Python 會先評判第一個布林表示式❶。如果為 True，則輸出 A，其餘的 elif 都會跳過。如果為 False，則 Python 繼續評判第二

個布林表示式❷，如果為 True 則輸出 B，而剩下的 elif 會跳過。如果為 False，則 Python 繼續對第三個布林表示式求值評判❸，如果為 True，則輸出 T。

關鍵字 elif 是指「else-if」的意思，以此提醒我們，只有在 if 陳述句的區塊沒有執行時才會對「其他」elif 區塊進行處理。

這個版本的程式碼與之前的程式碼等效，而之前的程式碼中使用了三個單獨的 if 陳述句。如果我們希望能夠對多個區塊都進行檢查和執行，則必須使用三個單獨的 if 陳述句，而不用帶有 elif 區塊的單獨 if 陳述句。

配合 else 的 if 處理

如果 if 陳述句中的所有布林表示式均為 False，則使用 else 關鍵字後的程式碼區塊就會執行。以下是一個範例：

```
>>> if apple_total > banana_total:
...     print('A')
... elif banana_total > apple_total:
...     print('B')
... else:
...     print('T')
...
T
```

Python 會由上而下對布林表示式進行評算求值。如果其中的任何一個為 True，Python 就會執行對應的區塊並跳過 if 陳述句的其餘程式。如果所有布林表示式均為 False，Python 則會執行 else 區塊。

請注意，上述例子不再檢查「apple_total == banana_total」。因為執行到 if 陳述句的 else 部分時，「apple_total > banana_total」和「banana_total > apple_total」都為 False，那麼就表示「apple_total == banana_total」這個條件一定成立。

什麼時候應該使用單獨的 if 陳述句？要使用帶有 elif 的 if 陳述句嗎？又什麼情況要用 if 陳述句與 else 配合？答案並不一定，通常與偏好相關。如果我們最多就只要執行某一個程式碼區塊，則使用一連串的 elif 配合是不錯的作法。另一種情況是希望讓程式碼更簡潔，會省略掉某些明顯的布林表示式的條件情況。此外，if 陳述句最重要的是寫出正確的邏輯，而不是在意其精確語法樣式！

觀念檢測

執行以下程式碼後，x 的值為何？

```
x = 5
if x > 2:
    x = -3
if x > 1:
    x = 1
else:
    x = 3
```

A. -3

B. 1

C. 2

D. 3

E. 5

答案：D。因為 x > 2 這條件為 True，所以 if 陳述句的區塊會執行，x = -3 這個指定執行後 x 的值就變成 -3。接著第 2 個 if 陳述句的 x > 1 為 False，所以執行 else 的區塊 x = 3，讓 x 的值指到 3。我建議讀者把「if x > 1」改成「elif x > 1」，並觀察執行時會讓程式發生什麼變化。

觀念檢測

以下兩段程式碼是否完全相同？假設 temperature 已指到一個數字。

```
片段 1：
if temperature > 0:
    print('warm')
elif temperature == 0:
    print('zero')
else:
    print('cold')
```

片段 2：
```python
if temperature > 0:
    print('warm')
elif temperature == 0:
    print('zero')
print('cold')
```

A. Yes

B. No

答案：B。片段 2 的程式碼一定會執行最後一行的程式印出 cold，因為「print('cold')」這行沒有內縮！這行並不屬於 if 陳述句的結構。

問題的解答

現在要真的解決「勝利的球隊」這個問題了。本書的說明慣例通常會介紹完整的程式碼，然後進行討論。但由於這裡的解決方案比第 1 章中的解決方案要長很多，因此在這種情況下，我決定先把程式碼分成 3 部分來介紹，然後再整體呈現。

第一步是讀取輸入的資料。這裡需要 6 個 input 的呼叫，因為有兩支球隊，每支球隊有三段資訊。另外還需要把輸入值都轉換為整數。以下為程式碼：

```python
apple_three = int(input())
apple_two = int(input())
apple_one = int(input())

banana_three = int(input())
banana_two = int(input())
banana_one = int(input())
```

第二步，需要確定蘋果隊和香蕉隊得分的總數。把球隊的三分球、兩分球和一分球的得分相加。我們可以像下面這樣做：

```python
apple_total = apple_three * 3 + apple_two * 2 + apple_one
banana_total = banana_three * 3 + banana_two * 2 + banana_one
```

第三步是讓程式輸出結果。如果蘋果隊贏了，就輸出 A；如果香蕉隊獲勝，則輸出 B；否則就是平手，因此輸出 T。我們使用 if 陳述句來執行這些操作處理，如下所示：

```python
if apple_total > banana_total:
    print('A')
elif banana_total > apple_total:
    print('B')
else:
    print('T')
```

這就是我們需要的完整程式碼。如下列 Listing 2-1 所示為此題的解答。

▶Listing 2-1：找出獲勝的球隊

```python
apple_three = int(input())
apple_two = int(input())
apple_one = int(input())

banana_three = int(input())
banana_two = int(input())
banana_one = int(input())

apple_total = apple_three * 3 + apple_two * 2 + apple_one
banana_total = banana_three * 3 + banana_two * 2 + banana_one

if apple_total > banana_total:
    print('A')
elif banana_total > apple_total:
    print('B')
else:
    print('T')
```

如果您把這段程式碼提交到解題系統網站，您應該會看到所有測試用例的測式都能通過。

觀念檢測

下列這個版本的程式碼是否為本題的正確解決方案？

```python
apple_three = int(input())
apple_two = int(input())
apple_one = int(input())
```

```
banana_three = int(input())
banana_two = int(input())
banana_one = int(input())

apple_total = apple_three * 3 + apple_two * 2 + apple_one
banana_total = banana_three * 3 + banana_two * 2 + banana_one

if apple_total < banana_total:
    print('B')
elif apple_total > banana_total:
    print('A')
else:
    print('T')
```

A. Yes

B. No

答案：A。這段程式碼的運算子和處理順序並不相同，但是這段程式的邏輯
仍然是正確的。如果蘋果隊輸了，則輸出 B（因為香蕉隊贏了）；如果蘋果隊
贏了，則輸出 A；不然比賽就是平手，因此輸出 T。

在繼續本章內容之前，您可以試著到本章最後的「本章習題」中解開第 1 題。

問題#4：判斷是否為電話推銷（Telemarketers）

有時候，我們需要處理的條件可能比到前面學到的布林表示式還更複雜些。在
這裡的問題中，我們將要學習布林運算子，用來協助完成本題的相關處理。

這個問題在 DMOJ 問題的題庫編號為 ccc18j1。

挑戰

在這個問題中，我們假設電話號碼為 4 位數。如果電話號碼的 4 位數全都滿足
以下三個屬性，則該電話號碼就是電話推銷：

· 第 1 位數是 8 或 9。

- · 第 4 位數是 8 或 9。

- · 第 2 位數和第 3 位數的數字相同。

例如，如果電話號碼的 4 位數為 8119，那就表示這組電話號碼為電話推銷。

請確定電話號碼是否為電話推銷，並指示要接聽電話或是忽略電話。

輸入

輸入有 4 行，分別給定電話號碼的第 1、第 2、第 3 和第 4 位數字。輸入的數字都是 0 到 9 之間的整數。

輸出

如果電話號碼判定是推銷則輸出「ignore」，不然就輸出「answer」。

布林運算子

判定屬於電話推銷的號碼必須是什麼呢？該號碼的第 1 位數字必須是 8 或 9；而且其第 4 位數字也必須是 8 或 9；另外第 2 和第 3 位數字必須相同。我們可以用 Python 的 or 和 and **布林運算子**來處理「或」和「與」的邏輯。

or 運算子

or 運算子處理 2 個布林表示式的運算元，當這 2 個布林表示式的運算元中至少有一個求值結果為 True 時，則返回 True，不然就返回 False。

```
>>> True or True
True
>>> True or False
True
>>> False or True
True
>>> False or False
False
```

只有在二個運算元都為 False 時，才會返回 False。

我們可以利用 or 運算子來判定數字是否為 8 或 9。

```
>>> digit = 8
>>> digit == 8 or digit == 9
True
>>> digit = 3
>>> digit == 8 or digit == 9
False
```

還記得第 1 章的「整數和浮點數」小節，Python 利用運算子優先等級來決定運算子的應用順序。「or」的優先級低於關係運算子的優先等級，這表示在一般情況下不需要在運算元兩側加上括號。舉例來說，在「digit == 8 or digit == 9」這個例子中，or 的兩個運算元分別為「digit == 8」和「digit == 9」。如果寫成「(digit == 8) or (digit == 9)」這樣也可以。

在英文口語中，「if the digit is 8 or 9」這樣的語法是對的，但在 Python 的程式設計語法中就不能這樣寫：

```
>>> digit = 3
>>> if digit == 8 or 9:
...     print('yes!')
...
yes!
```

請注意，上面把第 2 個運算元寫成「9」（錯的寫法！），而不是「digit == 9」。Python 執行程式後輸出「yes!」，但這不是我們要的結果，因為 digit 指的是 3。原因是 Python 把非 0 的數字都當成 True。由於「9」被認定是 True，因此使整個條件式或表示式求值結果永遠都是 True。從英文口語轉換為 Python 程式語法時，請仔細檢查所用的布林表示式，以避免發生此類錯誤。

and 運算子

and 運算子處理 2 個運算元時，若兩個運算元都是 True，則返回 True，不然返回 False。

```
>>> True and True
True
>>> True and False
False
>>> False and True
False
>>> False and False
False
```

and 運算子在處理時，只有在二個運算元都為 True 時，才會返回 True。

and 運算子的優先等級高於 or 運算子，下列的例子說明了優先等級的重要性：

```
>>> True or True and False
True
```

Python 直譯器在處理上述表示式時，會對 and 優先處理：

```
>>> True or (True and False)
True
```

結果返回 True 是因為 or 的第 1 個運算元為 True。

如果把 or 部分的運算元以括號括起來看，結果是：

```
>>> (True or True) and False
False
```

結果返回 False，因為 and 的第 2 個運算元為 False。

not 運算子

接著介紹另一個重要的 not 布林運算子。不像 or 和 and 要用 2 個運算元，not 只有一個運算元。如果其運算元為 True，則返回 False，反之亦然：

```
>>> not True
False
>>> not False
True
```

not 運算子的優先等級高於 or 和 and 運算子。

觀念檢測

以下表示式和加了括號的版本，哪一個求值結果為 True？

A. not True and False

B. (not True) and False

C. not (True and False)

D. 以上皆非

答案：C。「(True and False)」表示式的求值結果為 False；再用 not 來處理後就變成 True。

觀念檢測

請以「not a or b」這個表示式為例來思考。

以下那種情況會讓上述表示式結果為 False？

A. a False, b False
B. a False, b True
C. a True, b False
D. a True, b True
E. 以上皆是

答案：C。如果 a 是 True，那麼 not a 就為 False；由於 b 也是 False，所以 or 運算子左右 2 個運算元都為 False，因此整個表示式求值結果就是 False。

問題的解答

有了布林運算子，我們就可以解決電話推銷這個的問題。解決方案會列在 Listing 2-2 中。

▶Listing 2-2：判斷是否為電話推銷

```
num1 = int(input())
num2 = int(input())
num3 = int(input())
num4 = int(input())
```

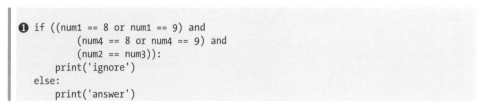

```
❶ if ((num1 == 8 or num1 == 9) and
      (num4 == 8 or num4 == 9) and
      (num2 == num3)):
    print('ignore')
else:
    print('answer')
```

如同前面找出勝利球隊的問題一樣,都是從輸入和轉換成整數為起始。

這個 if 陳述句❶的高階結構是由 and 運算子連接的 3 個表示式,所有求值結果都必須為 True,整個表示式才能為 True。其條件要求第 1 位數字為 8 或 9、第 4 位數字為 8 或 9、第 2 位和第 3 位數字相等。如果所有這 3 個條件都成立,那麼就知道該電話號碼屬於電話推銷,並且輸出「ignore」字樣。否則,該電話號碼就不是電話推銷,要輸出「answer」。

我把布林表示式分為三行。就像這裡所列出的那樣,需要把整個表示式包在另外一對括號內(如果沒加括號會容易出現語法錯誤,因為 Python 不會對同一個表示式在分行時提出接續的指示)。

Python 風格樣式指南建議程式一行的長度不要超過 79 個字元。這個例子的完整布林表示式若放在同一行約需要擠入 76 個字元,雖然沒有超過風格指南建議的長度,但是我認為分成三行的版本更為清晰易讀,強調每行的條件必須為 True 才成立。

我們在這裡有個很好的解決方案。為了進一步探討和說明,讓我們討論和介紹一些替代方法。

程式碼可以使用布林表示式來檢測電話號碼屬於電話推銷的條件式,另外也可以寫出程式碼來檢測電話號碼不屬於電話推銷的條件式。如果電話號碼不屬於電話推銷,應該要輸出「answer」;否則輸出「ignore」。

如果第 1 位數字不是 8 也不是 9,則該電話號碼不屬於電話推銷。或者,如果第 4 位數字不是 8 也不是 9,則該電話號碼不屬於電話推銷。又或者,如果第 2 位和第 3 位數字不相等時,該電話號碼也不屬於電話推銷。只要這些條件的表示式之一為 True,該電話號碼就不屬於電話推銷。

請看 Listing 2-3 這個版本的程式碼,這支程式是以上述邏輯來設計的。

▶Listing 2-3：判斷是否為電話推銷（另一個版本）

```python
num1 = int(input())
num2 = int(input())
num3 = int(input())
num4 = int(input())

if ((num1 != 8 and num1 != 9) or
        (num4 != 8 and num4 != 9) or
        (num2 != num3)):
    print('answer')
else:
    print('ignore')
```

要正確地使用 !=、or 和 and 運算子並不是件容易事！請留意，以這個實例來說，我們必須把所有 == 運算子都更改成 !=，把所有 or 運算子更改為 and，把所有 and 運算子更改為 or。

還有另一種方法是使用 not 運算子一次性否定「是電話推銷」的條件表示式。相關程式碼內容，請參考 Listing 2-4。

▶Listing 2-4：判斷是否為電話推銷（not 版本）

```python
num1 = int(input())
num2 = int(input())
num3 = int(input())
num4 = int(input())

if not ((num1 == 8 or num1 == 9) and
        (num4 == 8 or num4 == 9) and
        (num2 == num3)):
    print('answer')
else:
    print('ignore')
```

您覺得上述哪些解決方案最為直觀呢？一般來說，解決方案都會有多種方法可建構 if 陳述句的邏輯，而我們應該選用最容易正確使用的方法。對我來說，Listing 2-2 是最自然的處理方式，但您可能不認同！

選擇您最喜歡的版本並提交到競賽解題系統網站，您就會看到所有測試用例的執行都能順利通過。

注釋

我們要一直努力地讓程式碼盡可能簡潔易讀。這有助於在程式設計和編寫時能避免引入錯誤，並在錯誤滲入時更容易修復。有意義的變數名稱、運算子周圍的空格、程式中屬於邏輯部分的分隔空行、簡易的 if 陳述句邏輯等等，所有這些做法都能提升程式碼的品質。另外還有一個好習慣是在程式碼中加入**注釋**（**comment**）。

注釋以 # 字元為起始，一直持續到該行的末尾。Python 會忽略注釋的內容，所以對程式的運作是沒有影響的。我們會新增注釋到程式碼中，用來提醒自己或其他人在程式中所做之設計決策的相關資訊。我們要假設閱讀程式碼的人已經會用 Python，因此避免放入簡單執行說明的注釋內容。以下的程式碼範例中就帶有不必要的注釋：

```
>>> x = 5
>>> x = x + 1   # Increase x by 1
```

對知道 Python 語法的人來說，從上述的指定陳述句語法中就已經知道執行內容了，加上這個「# Increase x by 1（x 加 1）」注釋就等於是廢話。

有關 Listing 2-2 程式碼及其加入注釋的版本，請看 Listing 2-5。

▶Listing 2-5：判斷是否為電話推銷（注釋版）

```
❶ # ccc18j1, Telemarketers

   num1 = int(input())
   num2 = int(input())
   num3 = int(input())
   num4 = int(input())

❷ # Telemarketer number: first digit 8 or 9, fourth digit 8 or 9,
   # second digit and third digit are same
   if ((num1 == 8 or num1 == 9) and
           (num4 == 8 or num4 == 9) and
           (num2 == num3)):
       print('ignore')
   else:
       print('answer')
```

這裡加了 3 行注釋：最頂端的注釋❶是提醒我們此問題的題庫編號和名稱，而 if 陳述句之前❷的兩行注釋是提醒我們檢測判斷是否為電話推銷的號碼規則。

請不要放入過多的注釋。只要有可能，寫程式時先編寫不需要注釋的程式碼。但是，對於較棘手的程式碼部分，或需要記錄為何選用這種特定方式進行操作的部分，放入適當的注釋說明能節省時間和以後的工作量。

輸入與輸出的重新導向

當我們把 Python 程式碼提交到線上解題系統時，該系統會執行許多測試用例來確定程式碼是否正確。這是有人在背後盡職地等待著我們提交新程式碼，然後從鍵盤瘋狂輸入測試用例嗎？

當然不是！這些過程全都是自動化處理的，不需要用人由鍵盤上輸入測試用例。如果我們的程式是通過鍵盤輸入內容來滿足輸入的要求，那麼線上解題系統要如何測試我們的程式碼？

事實上 input 不一定要要從鍵盤讀取輸入。從輸入來源讀取的處理稱為標準輸入，預設是由鍵盤輸入和讀取。

我們也可以試著把輸入重新導向。對於輸入量很小的程式（僅有一行文字或幾個整數），輸入的重新導向並不會省下多少時間。但若是測試用例長達數十行或數百行的程式，輸入的重新導向能讓測試工作變得更輕鬆。不必一遍又一遍地鍵入相同的測試用例，我們可以把這些用例儲存在一個檔案中，有了這個檔案想要在程式上執行幾次都沒問題。

讓我們試著在電話推銷這支程式上進行輸入的重導向。請到放置這支程式的資料夾中建立一個名為 telemarketers_input.txt 的新檔案。然後在該檔案中，鍵入以下內容：

```
8
1
1
9
```

題目要求每行提供一個整數值，所以電話號碼的 4 個整數分別輸入成 4 行。

請儲存檔案。隨後使用輸入重新導向的方式來執行這支程式，請輸入「**python telemarketers.py < telemarketers_input.txt**」指令來執行。程式執行結果應該是 ignore，正如之前從鍵盤輸入測試用例的執行結果。

< 符號是用來指示作業系統提供輸入的是檔案而不是由鍵盤輸入。在 < 符號後面的是存放輸入資料的檔案名稱。

若想要用不同的測試用例來執行，只要修改 telemarketers_input.txt 檔案，並再次執行程式即可。

我們也可以更改輸出的重新導向，但我們在本書中是不需要這樣做的。print 函式會把輸出結果放到標準輸出，預設是螢幕。我們可以更改標準輸出，改為指到某個檔案。輸出的重新導向就能做到以上的功能，請使用 > 符號，後面放上檔案名稱即可。

輸入「**python telemarketers.py > telemarketers_output.txt**」來執行程式，就可將執行結果的輸出重新導向到檔案中。提供 4 個整數的輸入，之後會返回到作業系統提示符號下。但不會看到電話推銷這支程式的任何輸出！那是因為我們已經把輸出重新導向到 telemarketers_output.txt 檔案內。如果使用文字編輯器來開啟 telemarketers_output.txt，應該會看到輸出的結果。

請小心使用輸出重新導向的功能。如果使用的檔案名稱是已經存在的檔案，則原本舊檔案的內容會被覆蓋掉！請小心仔細檢查輸出重新導向時使用的是檔案是否真的是您想要的檔名。

總結

在本章中，您將學到如何使用 if 陳述句來指示程式做出選擇來進行處理。If 陳述句的關鍵組成是代表條件的布林表示式，它是求值結果為 True 或 False 值的表示式。若想要建構布林表示式，我們可以使用 == 和 >= 之類的關係運算子，且可以使用諸如 and 和 or 等布林運算子來搭配。

根據 True 與 False 的判別來決定處理什麼工作，這樣能讓程式更靈活，且更能適應當下的狀況。但是我們的程式仍然受限於只處理少量的輸入和輸出，程式大都透過單獨呼叫 input 和 print 來讀取和輸出任何內容。在下一章中，我們將開始學習迴圈的處理，迴圈能重複程式碼的執行，以便我們可以根據需要處理更多的輸入和輸出。

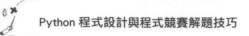
想想看處理 100 個值是什麼樣的情況呢？那如果是 1000 個值呢？是不是只需少量的 Python 程式碼就能搞定？我知道在這裡挑起您的學習欲望還為時過早，因為您仍然需要進行本章的課後習題。但是當您準備就緒後，請繼續閱讀後續章節！

本章習題

請嘗試練習實作以下題目：

1.　DMOJ 題庫的問題 ccc06j1，Canadian Calorie Counting。

2.　DMOJ 題庫的問題 ccc15j1，Special Day。

3.　DMOJ 題庫的問題 ccc15j2，Happy or Sad。

4.　DMOJ 題庫的問題 dmopc16c1p0，C.C. and Cheese-Kun。

5.　DMOJ 題庫的問題 ccc07j1，Who is in the Middle。

NOTE

「勝利的球隊（Winning Team）」這個問題來自 2019 年加拿大計算機競賽（Canadian Computing Competition）的初級程度題目。「判斷是否為電話推銷（Telemarketers）」問題來自 2018 年加拿大計算機競賽（Canadian Computing Competition）的初級程度題目。

第 3 章
重複執行：有確定
次數的迴圈

電腦的功用的發揮就在於能夠讓某項處理一遍又一遍地重複。電腦不會疲倦，無論是做 10 次、100 次還是 10 億次，它都會遵照我們的要求去執行。在本章中，我們將學習迴圈的處理，也就是指示電腦重複執行某部分程式的陳述句。

我們會利用迴圈來解決三個問題：追蹤杯子裡面球的位置、計算佔用的停車位數量、以及確定手機還可使用的資料流量。

問題#5：三個杯子（Three cups）

在這個問題中，我們會在杯子移動時追蹤杯子裡面球的位置。但是杯子可以多次移動交換，我們無法對每次移動單獨編寫程式碼。但我們會學習並使用 for 迴圈來處理，這項功能會輕鬆地為每次移動執行需要的程式碼。

這個問題在 DMOJ 網站的題庫編號為 coci06c5p1。

挑戰

Borko 有一排三個不透明的杯子：一個在左邊（位置 1），一個在中間（位置 2），一個在右邊（位置 3）。左邊的杯子蓋住有一個球。我們的工作是在 Borko 移動交換杯子的位置時追蹤球的位置。

Borko 會進行的移動交換有下列三種類型：

A 左邊與中間的移動交換

B 中間與右邊的移動交換

C 左邊與右邊的移動交換

舉例來說，如果 Borko 的第一次移動交換是類型 A，那麼他是把左邊與中間的杯子交換了；因為球一開始是蓋在左邊杯子下，這個移動交換把球移動到中間。如果他的第一次移動交換是類型 B，那麼他是把中間與右邊的杯子交換了；左邊的杯子保持在原位，因此球不會改變位置。

輸入

輸入的內容為一行，最多 50 個字元。每個字元為指定 Borko 進行的一次交換類型（A、B 或 C）。

輸出

輸出球最後的位置：

- 　如果球最後在左邊則輸出 1。

- 　如果球最後在中間則輸出 2。

- 　如果球最後在右邊則輸出 3。

為什麼要使用迴圈？

請思考下列這個例子：

ACBA

這裡進行了 4 次移動交換，若想要知道球的最後位置，那就要執行 4 次移動交換的處理。

第 1 次移動交換是類型 A，左邊與中間的杯子移動交換。由於球一開始放在左邊，這次交換後讓球移動到中間的杯子。第 2 個移動交換是類型 C，左邊與右邊的杯子移動交換。由於球目前是在中間，這次交換對球的位置沒有影響。第 3 次移動交換是類型 B，中間和右邊的杯子移動交換。這次會讓球從中間移動到右邊。第 4 次移動交換是類型 A，左邊和中間的杯子移動交換。這次對球的位置並沒有影響，因此正確的輸出是 3，因為球停在右邊就沒再移動了。

請留意，對於每次的移動交換，必須確定球是否移動，如果有，就要適當地調動球的位置。作出決定是我們在第 2 章中已學過要的知識和技能。舉例來說，如果移動交換類型為 A 而且球一開始在左邊，那麼球就會移動到中間位置。其程式的作法看起來會像下列這般：

```
if swap_type == 'A' and ball_location == 1:
    ball_location = 2
```

我們可以對球移動的每種其他情況新增 elif 的處理：移動交換類型 A 且球在中間、移動交換類型 B 且球在中間、移動交換類型 B 且球在右邊，依此類推各種情況。這個大型的 if 陳述句足以應付一次移動交換的相關處理，但還不足以解決「三個杯子（Three cups）」問題，因為這個問題的輸入可以有多達 50 次移動交換的測試用例。我們需要對每次移動交換重複執行 if 陳述句的判斷邏輯。我們當然不會想用複製和貼上相同程式碼 50 次的方式來設計程式。請想像一下，如果這麼做之後，萬一這段程式有一個錯字，那就不得不修正 50 次。又

或者，突然想要進行多達百萬次移動交換的測試用例。天呀！到目前為止我們
所學習到的知識並不能應付這樣的需求。我們需要一種方法來走遍整個移動交
換的處理，並對每次移動交換執行相同的處理邏輯。因此我們需要使用到「迴
圈」功能。

for 迴圈

Python 的 for 陳述句能生成 for 迴圈，會對序列的每個元素進行處理。目前我們
只學過「字串」這種序列型別，本書後續還會學到其他的序列型別，for 迴圈
都會對這些序列型別進行處理。

以下是我們的第一個 for 迴圈範例：

```
>>> secret_word = 'olive'
>>> for char in secret_word:
...     print('Letter: ' + char)
...
Letter: o
Letter: l
Letter: i
Letter: v
Letter: e
```

在關鍵字 for 後面接著要寫出迴圈變數的名稱。迴圈變數是在迴圈每次處理時
會指到不同值的變數。在字串的 for 迴圈處理中，迴圈變數會指到字串的每個
字元。

這裡我選用了變數名稱「char」（代表 character，字元），以此來提醒變數指到
的是字串中的一個字元。有時候我們使用和上下文脈相關的變數名稱會更清楚
好懂，舉例來說，在這個「三個杯子（Three cups）」競賽問題中，我們可以改
用名稱「swap_type」來提示所指到的是一種移動交換的類型。

在變數名稱之後，有個關鍵字 in，然後是想要迴圈處理的字串。在前面的範例
中，迴圈會遍訪由 secret_word 變數指到的字串，也就 'olive'。

與 if 陳述句的 if、elif 和 else 行一樣，for 這行是以冒號（:）結尾。而且，也像
if 陳述句一樣，for 陳述句的內縮區塊中可放入一行或多行陳述句。

迴圈所迭代執行的就是內縮區塊中的陳述句。這是前述範例的迴圈在每次迭代中所做的處理：

- 在第 1 次迭代中，Python 把 char 設定成指到 'o'，也就是 'olive' 的第 1 個字元。然後執行迴圈區塊，這裡只是呼叫 print 印出資料。由於 char 指到 'o'，所以印出來的結果就是「Letter: o」。

- 在第 2 次迭代中，Python 把 char 設定成指到 'l'，也就是 'olive' 的第 2 個字元。然後呼叫 print 印出資料，結果就是「Letter: l」。

- 這個過程會重複三次，直到把 'olive' 中的每個剩餘的字元都執行一次。

- 然後迴圈就終止。這個範例迴圈之後並沒有程式碼，所以程式算是已經執行完畢。如果迴圈之後還有其他程式碼，則會執行接續的程式碼。

我們可以放多行陳述句到 for 迴圈的區塊中。以下是一個範例：

```
>>> secret_word = 'olive'
>>> for char in secret_word:
...     print('Letter: ' + char)
...     print('*')
...
Letter: o
*
Letter: l
*
Letter: i
*
Letter: v
*
Letter: e
*
```

現在有兩行陳述句在迴圈的每次迭代中執行：一行是輸出字串的目前指到的字母，另一行輸出 * 字元。

for 迴圈會遍訪序列的所有元素，因此序列的長度會告知將有多少次迭代會進行。把一個字串傳入 len 函式後會返回該字串的長度：

```
>>> len('olive')
5
```

因此在 'olive' 上的 for 迴圈會進行 5 次迭代：

```
  >>> secret_word = 'olive'
❶ >>> print(len(secret_word), 'iterations, coming right up!')
```

```
>>> for char in secret_word:
...     print('Letter: ' + char)
...
5 iterations, coming right up!
Letter: o
Letter: l
Letter: i
Letter: v
Letter: e
```

這裡使用多個引數來呼叫 print ❶，而不是使用連接的方式來處理字串，這樣就不必把長度轉換為字串再來連接。

for 迴圈就是所謂的**有確定次數的迴圈**，指的是迭代次數已預先確定了。另外還有不確定次數的無窮迴圈，其迭代次數取決於程式執行時發生的變化。我們會在下一章探究這些內容。

觀念檢測

以下程式碼的執行結果為何？

```
s = 'garage'
total = 0

for char in s:
    total = total + s.count(char)

print(total)
```

A. 6

B. 10

C. 12

D. 36

答案：B。'garage' 的每個字元都會進行一次計數並加到 total 變數。這裡的加總處理是加了計數 2 個 g、計數 2 個 a、計數 1 個 r、再計數 2 個 a、再計數 2 個 g 和計數 1 個 e。

巢狀嵌套處理

for 迴圈區塊中可以放一個或多個陳述句。這些陳述句可以放入單行陳述句，例如函式呼叫或指定陳述句。但也可以放入多行陳述句，例如 if 陳述句或另一個迴圈。

讓我們從 for 迴圈中放入 if 陳述句的範例來介紹。假設我們只想輸出字串中大寫字元。字串的 isupper 方法能用來確定某個字示是否為大寫：

```
>>> 'q'.isupper()
False
>>> 'Q'.isupper()
True
```

我們可以在 if 陳述句中使用 isupper 來控制 for 迴圈每次迭代要處理的事情：

```
>>> title = 'The Escape'
>>> for char in title:
...     if char.isupper():
...         print(char)
...
T
E
```

請留意這裡的內縮區塊。for 迴圈本身有一層內縮是要處理的區塊，而其中巢狀嵌套一個 if 陳述句，這個 if 的區塊是另一層內縮。

在第 1 次迭代中，char 指到的是 'T'。由於 'T' 是大寫字母，isupper 判斷返回 True，因此 if 語句區塊會執行，這樣就印出 T。在第 2 次迭代中，char 指到的是 'h'。這一次，isupper 返回 False，所以 if 陳述句的區塊不會執行。總體來看，for 迴圈遍訪字串的每個字元，但巢狀嵌套的 if 陳述句的區塊只執行兩次：在字串開頭的 'T' 和在 'Escape' 開頭的 'E'。

在 for 迴圈中再巢狀嵌套一個 for 迴圈會怎麼樣呢？我們來看下面這個範例：

```
>>> letters = 'ABC'
>>> digits = '123'
>>> for letter in letters:
...     for digit in digits:
...         print(letter + digit)
...
A1
A2
A3
```

```
B1
B2
B3
C1
C2
C3
```

這段程式碼會生成所有兩個字元的字串,其第一個字元來自 letters,第二個字元來自 digits。

在外部(letters)迴圈的第 1 次迭代中,letter 指到的是 'A'。而這次迭代中又會執行完內部(digits)迴圈。內部迴圈執行的整個過程中,letter 指到的是 'A'。在內部迴圈的第 1 次迭代中,digit 指到的是 1,這形成了 A1 輸出結果。在內部迴圈的第 2 次迭代中,digit 指到的是 2,輸出 A2 結果。在內部迴圈的第 3 次也是最後一次迭代中,digit 指到的是 3,輸出 A3 結果。

現在還沒有執行完!上面只經歷了第 1 次外部迴圈的迭代處理。在外部迴圈的第 2 次迭代中,letter 指到的是 'B'。然後要對內部迴圈進行的三次迭代的執行,因為這次 letter 指到的是 'B',所以形成了 B1、B2 和 B3 的輸出結果。最後,在外部迴圈的第 3 次迭代中,letter 指到的是 'C',配合內部迴圈迭代的 3 次執行,產生了 C1、C2 和 C3 的輸出結果。

觀念檢測

下列程式碼的輸出結果為何?

```
title = 'The Escape'
total = 0

for char1 in title:
    for char2 in title:
        total = total + 1

print(total)
```

A. 10

B. 20

C. 100

D. 這段程式執行後會出現語法錯誤，因為兩個迴圈不能同時使用 title

答案：C。total 變數的起始值為 0，然後每執行一次內部迴圈就會加 1，而 'The Escape' 這個字串長度為 10。外部迴圈會迭代 10 次，每次迭代內部迴圈都會迭代 10 次。因此內部迴圈就會有 10 * 10 = 100 次的迭代。

問題的解答

回到「三個杯子（Three cups）」問題。我們需要的結構是一個 for 迴圈來遍訪每次的移動交換，以及一個巢狀嵌套的 if 陳述句來追蹤球的位置：

```
for swap_type in swaps:
    # Big if statement to keep track of the ball
```

有 3 種移動交換的類型（A、B 與 C）和 3 個球的可能位置，因此很容易得出結論，我們必須用 3 * 3 = 9 個布林表示式（一個放在 if 之後和另一個放在 8 個 elif 之後）。事實上，我們只需要 6 個布林表示式就可以了。因為 9 個中的有 3 個根本不會移動交換球的位置（當球在右邊時而移動交換為類型 A、當球在左邊時而移動交換為類型 B、當球在中間時而移動交換為類型 C）。

Listing 3-1 列出了「三個杯子（Three cups）」問題解決方案的程式碼。

▶Listing 3-1：「三個杯子（Three cups）」問題的解答

```
swaps = input()

ball_location = 1

❶ for swap_type in swaps:
❷     if swap_type == 'A' and ball_location == 1:
❸         ball_location = 2
       elif swap_type == 'A' and ball_location == 2:
           ball_location = 1
       elif swap_type == 'B' and ball_location == 2:
           ball_location = 3
       elif swap_type == 'B' and ball_location == 3:
           ball_location = 2
       elif swap_type == 'C' and ball_location == 1:
```

```
            ball_location = 3
        elif swap_type == 'C' and ball_location == 3:
            ball_location = 1

    print(ball_location)
```

這裡使用 input 函式把輸入的移動交換字串指定給 swaps 變數。for 迴圈❶會遍訪 swaps 的所有移動交換。每個移動交換都由巢狀嵌套的 if 陳述句進行判斷處理。if 和 elif 分支會分別對給定的移動交換類型和給定的球位置進行判斷處理，然後相應地移動球的位置。舉例來說，如果移動交換類型是 A 而且球在位置 1 ❷，那麼杯子移動結束後球的位置會變成 2 ❸。

以上的程式碼範例中，重點是讓我們體會是要使用多個 elif（一個大型的 if 陳述句），還是多個 if（多個 if 陳述句）的結構。如果我們把多個 elif 更改為 if，那麼這裡的程式碼就不再正確了。Listing 3-2 列出了不正確的程式碼內容。

▶Listing 3-2：「三個杯子（Three cups）」問題的錯誤解答

```
# This code is incorrect

swaps = input()

ball_location = 1

for swap_type in swaps:
❶   if swap_type == 'A' and ball_location == 1:
        ball_location = 2
❷   if swap_type == 'A' and ball_location == 2:
        ball_location = 1
    if swap_type == 'B' and ball_location == 2:
        ball_location = 3
    if swap_type == 'B' and ball_location == 3:
        ball_location = 2
    if swap_type == 'C' and ball_location == 1:
        ball_location = 3
    if swap_type == 'C' and ball_location == 3:
        ball_location = 1

print(ball_location)
```

如果我們說上述程式碼不正確，那是因為它至少在一個測試用例中是失敗的。讀者能找到讓此段程式碼產生錯誤答案的測試用例嗎？

以下就是這樣的測試用例：

```
A
```

對我們來說，每次杯子移動交換時球的位置最多只會移動一次。但是 Python 沒有判斷力，只會機器式地執行您編寫的程式碼，無論程式碼是否符合我們的預期。在上述的測試用例中，我們只有一次移動交換，所以球的位置最多應該只會移動一次。但在 for 迴圈的第一次也是唯一一次迭代中，Python 會逐一由上而下檢查所有 if 表示式，它檢查了第一個 if 表示式❶，條件符合，所以 Python 會把 ball_location 設為 2，隨後 Python 再檢查第二個 if 表示式❷。因為剛才已將 ball_location 改為 2，所以這個表示式又為 True！因此 Python 又將 ball_location 設為 1。程式最後的輸出結果是 1，但正確應該是 2。

這是一個很典型的**邏輯錯誤**範例：讓程式遵循了錯誤的處理邏輯，因而產生了錯誤答案。邏輯錯誤有個常用術語是 **bug**。程式設計師檢視所有程式碼來修復 bug 的相關處理，就稱之為**除錯**（**debug**）。

通常只需要一個簡單的測試用例就能示範程式的錯誤。當我們試圖縮小程式碼的問題範圍時，不要用較長的測試用例來試。這樣的測試用例所產生的結果也較難以手動方式來驗證，這會造成較複雜的執行路徑，從中能學到的東西很少。相比之下，使用小型的測試用例不會讓程式做很過多的事情，如果會讓程式出錯，一下子就能找到問題點而不用再找罪魁禍首。設計小型、有針對性的測試用例並不容易，但這是可以透過練習來產生的技能。

請將上述正確的程式碼提交到競賽解題系統網站，然後繼續後面的學習。不過在繼續之前，您可能會想要試著練習解開後面「本章習題」中的第 1 和 2 個練習題。

問題#6：佔用空間（Occupied Spaces）

我們已學會怎麼遍訪字串的所有字元。但有時候需要知道我們在字串中的位置，而不僅是知道儲存在那裡的是哪一個字元。「佔用空間（Occupied Spaces）」問題就是一個這樣的應用範例。

這個問題在 DMOJ 網站的題庫編號為 ccc18j2。

挑戰

假設您管理一個有 n 個停車位的停車場。昨天您記錄了每個停車位是被汽車佔用還是空的。今天您再次記錄每個停車位是否被佔用還是留空。請指出這兩天都被佔用的停車位數量。

輸入

輸入的內容包含三行：

- 第 1 行是整數 n，代表停車場的停車位數量。n 值是 1 到 100 之間的整數。

- 第 2 行是一串有 n 個字元的資訊，各個字元代表昨天停車位是否被佔用或是留空。以 C 表示佔用的停車位（C 表示汽車），句號（.）表示空位。舉例來說，「CC.」表示前兩個停車位被佔用，第三個停車位留空。

- 第 3 行是一串有 n 個字元的資訊，各位字代表今天停車位是否被佔用或是留空。字元用法與第 2 行的規則相同。

輸出

輸出為這兩天都被佔用的停車位總數。

新的迴圈

我們最多可以有 100 個停車位，因此您不會驚訝這裡會用到迴圈來進行相關處理。我們在解決「三個杯子（Three Cups）」問題時所學過的 for 迴圈一定能遍訪一串停車位的字串資訊：

```
>>> yesterday = 'CC.'
>>> for parking_space in yesterday:
...     print('The space is ' + parking_space)
...
The space is C
The space is C
The space is .
```

上述例子告知昨天停車位是否有被佔用了。但是我們還需要知道今天停車位是否也被佔用了。請思考下列這個測試用例：

```
3
CC.
.C.
```

第一個停車位昨天有被佔用了，但這個位置是否兩天都被佔用呢？要回答這個問題，我們還需要查看代表今天的字串中所對應字元。而它是句號（代表是留空），所以這個停車位不是兩天都被佔用。

那第二個停車位的情況呢？此停車位昨天也被佔用了。而且，查看代表今天資訊的字串中第二個字元也是被佔用。所以這個停車位是兩天都被佔用（這是上述測試用例中唯一兩天被佔用的停車位；所以正確輸出結果是 1）。

遍訪字串的每個字元並不能幫助我們找到另一個字串中的相應字元。但是如果我們能夠追蹤字串中的位置（如在第一個位、在第二個位…等依此類推），就可以從字串的位置中查找其對應的字元。到目前為止我們學到的 for 迴圈好像不能做這樣的處理。若想要這樣做就需要用到「索引（index）」和新的 for 迴圈來處理。

索引

字串中的每個字元都有一個索引編號值代表其位置。第一個字元在索引 0、第二個字元在索引 1 … 依此類推。一般在自然的口語中大都是從 1 開始計數。例如在英語的用法中，沒有人會說「hello 字串中第 0 個位置的字元是 h」。但是在大多數的程式設計語言中，包括 Python，在用索引來表示位置編號時都是從 0 開始計數的。

若想要使用索引，需要在字串後面加上中括號和索引編號。以下是一些索引的運用範例：

```
>>> word = 'splore'
>>> word[0]
's'
>>> word[3]
'o'
>>> word[5]
'e'
```

如果有需要，我們還可以使用變數來代表索引編號值：

```
>>> where = 2
>>> word[where]
'l'
>>> word[where + 2]
'r'
```

字串的最大索引編號值是該字串的長度減 1（前題這個字串不是空的字串，如果是空字串則沒有合法的索引值）。舉例來說，'splore' 這個字串的長度為 6，所以索引編號 5 是該字串的最大的索引編號。如果使用索引編號超出該字串的最大編號值，則會顯示錯誤訊息：

```
>>> word[len(word)]
Traceback (most recent call last):
  File "<stdin>", line 1, in <module>
IndexError: string index out of range
>>> word[len(word) - 1]
'e'
```

我們如何存取字串從右側倒數過來第二個字元呢？以下是程式範例：

```
>>> word[len(word) - 2]
'r'
```

但還有個更簡單的方法。Python 支援以負號索引值當作存取某個位置字元的另一種選擇。索引 -1 是指最右側的字元，索引 -2 是從右邊倒數過來第 2 個字元，依此類推：

```
>>> word[-2]
'r'
>>> word[-1]
'e'
>>> word[-5]
'p'
>>> word[-6]
's'
>>> word[-7]
Traceback (most recent call last):
  File "<stdin>", line 1, in <module>
IndexError: string index out of range
```

我們計劃使用索引編號值來存取昨天和今天停車位字串中對應位置的字元。以前面的停車位字串為例，索引 0 可存取到第一個停車位的字元，使用索引 1 可存取第二個停車位的字元，依此類推。但是在我們執行這個計劃之前，還需要學習另一種新的 for 迴圈語法。

觀念檢測

以下程式碼的輸出結果為何？

```
s = 'abcde'
t = s[0] + s[-5] + s[len(s) - 5]

print(t)
```

A. aaa

B. aae

C. aee

D. 出現錯誤

答案：A。這三個位置都指到 'abcde' 字串的第一個字元。首先，s[0] 指到 'a'，因為索引 0 就是指字串的第一個字元。s[-5] 指到 'a'，因為從右側倒數 過來第 5 個就是 'a'。s[len(s) - 5] 也指到 'a'，因為字串長度 len(s) 是 5， 而 5 - 5 = 0，所以 s[0] 指到 'a'。

迴圈的範圍

Python 的 range 函式可生成整數範圍，我們可以利用這個範圍來控制 for 迴圈 的迭代次數。迴圈範圍不是遍訪某個字串中的所有字元，而是遍訪某個範圍中 的所有整數。如果我們傳入一個整數引數到 range 函式，則可得到從 0 起算到 該引數減 1 的整數範圍：

```
>>> for num in range(5):
...     print(num)
...
0
1
2
3
4
```

請留意，上面的輸出中沒有 5。

如果我們傳入兩個引數到 range 函式中，我們會得到一個從第一引數起算到第二引數前一個整數值的序列範圍：

```
>>> for num in range(3, 7):
...     print(num)
...
3
4
5
6
```

另外還可以透過傳入第三個引數來變更不同的步進值來進行遞增計數。預設的步進值為 1，也就遞增 1。讓我們嘗試幾個不同的步進遞增計數：

```
>>> for num in range(0, 10, 2):
...     print(num)
...
0
2
4
6
8
>>> for num in range(0, 10, 3):
...     print(num)
...
0
3
6
9
```

我們也取得遞減倒數的範圍，但作法不能像下列這般：

```
>>> for num in range(6, 2):
...     print(num)
...
```

上述的例子不起作用，因為預設的步進是遞增 1。所以要加上第三個引數 -1，把步進變成遞減 1，這樣就能遞減倒數：

```
>>> for num in range(6, 2, -1):
...     print(num)
...
6
5
4
3
```

若想要從 6 倒數到 0（且包括 0），我們需要把第二個引數設為 -1：

```
>>> for num in range(6, -1, -1):
...     print(num)
...
6
5
4
3
2
1
0
```

在不寫出迴圈程式的情況下，若能快速查看 range 取得範圍中的數字是滿有幫助。不幸的是，range 函式並不會直接顯示這些數字：

```
>>> range(3, 7)
range(3, 7)
```

還好我們可以把 range 傳入 list 函式來取得想要的結果：

```
>>> list(range(3, 7))
[3, 4, 5, 6]
```

上述的例子中，list 函式會把 range 的範圍整數生成串列。以後的章節中會介紹說明串列相關的所有內容；現在只需記住 list 能幫助我們診斷 range 函式運用的問題。

觀念檢測

下列的程式碼總共執行了多少次迭代？

```
for i in range(10, 20):
    # Some code here
```

A. 9

B. 10

C. 11

D. 20

答案：B。range 會生成 10、11、12、13、14、15、16、17、18 和 19 這個整數序列。共有 10 個數字，因此有 10 次迭代。

迴圈的索引範圍

假設我們有兩個字串指到昨天和今天的停車位佔用資訊：

```
>>> yesterday = 'CC.'
>>> today = '.C.'
```

透過索引的運用，我們可以取得兩個字串中某個索引編號位置的字元：

```
>>> yesterday[0]
'C'
>>> today[0]
'.'
```

我們可以使用範圍型的 for 迴圈遍訪索引編號值來處理兩個字串中對應的字元。我們知道 yesterday 和 today 的字串長度是一樣的。但是這個長度可以是 1 到 100 之間的任何值，所以我們不能寫類似 range(3) 這樣的固定範圍。我們想要用索引編號 0、1、2 循序進行迭代處理，一直到字串的長度減 1。我們可以透過使用其中一個字串的長度作為 range 的引數來做到這一點：

```
>>> for index in range(len(yesterday)):
...     print(yesterday[index], today[index])
...
C .
C C
. .
```

這個迴圈使用了 index 變數，另外還有很多人會使用像 i（index 的第一個字母）和 ind 這類變數名稱。從現在開始，之後的範例程式中我都會使用 i 這個名稱。

迴圈不要用 status 或 information 這類變數名稱，這類名稱好像是暗示它取有 'C' 和 '.' 這種值，但迴圈的變數其實用的是整數來遍訪的。

問題的解答

把 range 函式和 for 迴圈搭配起來使用，這樣就能解開「佔用位置（Occupied Spaces）」問題了。我們的策略是從字串的開頭到結尾以迴圈遍訪每個索引編號位置。可以在 yesterday 和 today 指到的字串資訊中檢查兩個字串每個索引位置的字元。配合巢狀嵌套的 if 陳述句判斷兩個位置的字元是否都等於 'C'（被佔用），就能確定兩天的停車位是否都被佔用。

Listing 3-3 列出了問題解答的程式碼。

▶Listing 3-3：佔用位置（Occupied Spaces）問題的解答

```
    n = int(input())
    yesterday = input()
    today = input()

❶ occupied = 0

❷ for i in range(len(yesterday)):
❸     if yesterday[1] == 'C' and today[i] == 'C':
❹         occupied = occupied + 1

    print(occupied)
```

程式會先讀取三行輸入的內容：n 代表停車位數量；而 yesterday 和 today 分別是指昨天和今天停車位是否被佔用的資訊。

請留意，我們不再用到停車位數量（n）。雖然可以用 n 來得知字串的長度，但我選擇忽略它，因為在現實生活中一般是不太會需要提供停車位數量。

我們使用 occupied 變數來計算昨天和今天都被佔用停車位的數量。變數的初始值從 0 開始❶。

現在要談到 for 迴圈的 range 範圍，此迴圈會遍訪 yesterday 和 today 所有合法的索引編號❷。使用這樣的索引編號值，我們可以檢查判別 yesterday 和 today 都是否被佔用（ 'C' 代表被佔用）❸。如果是，則對 occupied 變數遞增 1 ❹。

當 for 迴圈的範圍終止時，就表示已經遍訪了所有的停車位。昨天和今天被佔用的停車位總數都加總到 occupied 變數中，可以存取這個變數來得知結果。接著就是把這個結果輸出。

解決這個問題後，請您把程式碼提交到競賽解題系統的網站。

問題#7：資料流量規劃（Data Plan）

我們已經了解從輸入內容讀取資料後，for 迴圈對資料的處理很有用。但 for 迴圈對於讀取資料本身也很有用。在這次的問題中，我們會捉取分佈在多行輸入的資料，使用 for 迴圈來協助我們讀取所有資料。

這個問題在 DMOJ 網站的題庫編號為 coci16c1p1。

挑戰

Pero 與手機電信商有個資料的流量規劃，電信商每月提供 x mb 的資料流量。此外，在某月份未使用的資料流量可延續到下個月使用。舉例來說，假設 x 是 10，而 Pero 在給定的月份只使用了 4 MB，剩餘的 6MB 會結轉到下個月（因此就有 10 + 6 = 16 MB 可用）。

我們得到了 Pero 在前 n 個月中的每個月用掉的資料流量 mb 數。這個問題要求解的是確定下個月可用的 mb 數是多少。

輸入

輸入的內容包括下列這幾行：

· 一行是個 x 的整數值，表示 Pero 每個月約定的資料流量 mb 數。x 是 1 到 100 之間的整數值。

· 一行是個 n 的整數值，表示約定資料流量規劃有幾個月。n 是 1 到 100 之間的整數值。

· n 行，每一行代表一個月份，數入的是 Pero 在該月份用掉的 mb 數，是個整數值。數字至少為 0，且不會超過可用數量（例如，如果 x 為 10，而 Pero 目前有 30 MB 可用量，則下一個數字最多為 30）。

輸出

下個月可用的 mb 數。

以迴圈讀取輸入資料

到目前為止，在前面所有的問題中，我們已經確切地知道要從輸入中讀取多少行的資料。例如，在「三個杯子（Three cups）」問題中只讀取了一行；在「佔用位置（Occupied Spaces）」問題中讀取了三行。但在「資料流量規劃（Data Plan）」問題中，則事先不知道要讀取多少行，因為這取決於我們從第二行讀取的值。

我們可以先處理第一行的讀取：

```
monthly_mb = int(input())
```

（這裡的變數名稱使用 monthly_mb 而不是 x，這樣更能顯示出該變數所代表的意義。）

第二行的讀取為：

```
n = int(input())
```

接下來如果不使用迴圈就無法讀取後續 n 個月份的資料了。因此使用 for 迴圈搭配 range 來處理，我們可以精確指定迴圈迭代 n 次：

```
for i in range(n):
    # Process month
```

問題的解答

解決這個問題的策略是追蹤前幾個月結轉沒使用到的 mb 數。這裡把剩餘沒使用的流量稱為 excess。

以下列這個測試用例來說明：

```
10
3
4
```

```
12
1
```

Pero 每個月約定的資料流量為 10 MB，我們必須處理他所約定的三個月所使用的資料流量。在第一個月，Pero 在約定的 10 MB 中只用了 4 MB，因此結轉的剩餘量為 6 MB。在第二個月，Pero 除了原本約定 10 MB 為還要加上結轉的剩餘量，所以現在他總共有 16 MB。而他這個月使用了 12 MB，因此結轉的剩餘量為 16 - 12 = 4 MB。在第三個月，Pero 除了原本約定 10 MB 為還要加 4 MB，所以現在他總共有 14 MB。他在第三個月使用了 1 MB，因此結轉的剩餘量為 14 - 1 = 13 MB。

我們需要知道 Pero 在下個月（即第四個月）可用的 mb 數。他前三個月結轉剩餘 13 MB，而每個月原本約定有 10 MB 可用，因為 Pero 總共有 13 + 10 = 23 MB 可以使用。

當我根據上述這些說明去設計編寫程式碼時，我常會忽略了原本約定的 10 mb，所以我的輸出是 13 而不是 23。我只關注計算剩餘下來的量，卻忘記了我們原本約定的數量也要加上去，這樣才是該月份可用的總共 mb 數量。正確解答是計算後的剩餘量還要再加每個月原本約定的量。

請看 Listing 3-4 中正確的程式碼。

▶Listing 3-4：資料流量規劃（Data Plan）的解答

```
  monthly_mb = int(input())
  n = int(input())

  excess = 0

❶ for i in range(n):
      used = int(input())
    ❷ excess = excess + monthly_mb - used

❸ print(excess + monthly_mb)
```

excess 變數的初始值是從 0 開始。在 for 迴圈搭配 range 的每次迭代中，我們為對 excess 指定一個值，該值是剩餘量加上每月約定的 mb 數再減掉當月已用的 mb 數。

for 迴圈的 range 是迭代 n 次，每一次表示 Pero 一個月的資料流量規劃❶。i 取的值我們不感興趣（0、1 … 等等），因為我們不用管正在處理的月份是哪一

個。因此不會在程式的其他地方使用 i 值。我們也可以把 i 改換為 ＿（底線）以明確指出該變數是「無關」的狀態，但為了與其他範例保持一致性，我還是保留使用 i 這個變數。

在 for 迴圈配合 range 的每次迭代中，我們讀取該月用掉的 mb 數。然後，更新 excess 的 mb 數❷：和之前一樣，會加上每個月約定的 mb 數，再減去該月用掉的 mb 數。

在計算了 n 個月後所剩餘的 mb 數之後，我們就可以回報下個月可用的 mb 數量了❸。

解決問題的方案一直都有很多種。程式設計是一種創作的行為，我很喜歡觀察別人所提出的解決方案和策略。就算讀者已經成功解開了某個問題，建議您還是可以到 Google 上搜尋問題來了解其他人的解法。此外，有些競賽解題系統（例如 DMOJ）會允許我們在解決問題後查閱其他人的提交方案。閱讀已經通過所有測試用例的提交方案，看看別人的做法與您有什麼不同？閱讀一些測試用例失敗的提交方案，看看這程式碼出了什麼樣的問題？以閱讀別人的程式碼來提升自己程式設計技能是很不錯的學習方法！

您還能想出另一種解決「資料流量規劃（Data plan）」問題的方案嗎？

這裡有個提示給您參考：可先計算 Pero 每個月約定的 mb 數，然後減去他用掉的 mb 數。我鼓勵您在繼續學習下個主題之前，花一些時間來解開這個不同的做法！

算出給 Pero 的總流量 mb 數中包含了下個月原本約定的 mb 數，也就是「x * (n + 1)」，其中 x 是每月約定的 mb 數。要算出下個月的可用 mb 數，我們可以把總流量減去 Pero 在各個月用掉的量。這個解題策略的程式碼列在 Listing 3-5 中。

▶Listing 3-5：資料流量規劃（Data Plan）另一種解題方案

```python
monthly_mb = int(input())
n = int(input())

total_mb = monthly_mb * (n + 1)

for i in range(n):
    used = int(input())
```

```
    total_mb = total_mb - used
print(total_mb)
```

選擇您最喜歡的解決方案，然後提交到競賽解題系統網站。某個人覺得不錯的
東西不見得適用於另一個人。您可能閱讀了上述的解說或程式碼後仍無法理解
其原理，這並不表示您不夠聰明。只能說您可能需要另一種不同的示範說明，
一個更符合您目前思維方式的示範。請先把覺得困難的解釋和範例先標注起
來，等日後再回頭查看閱讀。等您的學習經歷和實作練習有了更進一步的進展
後，您會發現原本覺得困難的東西會變得不算什麼，多作一些練習之後，您也
會發現這些的作法是很有用的。

總結

在本章中我們學習了 for 迴圈。標準 for 迴圈會遍訪字串序列的所有字元；for
迴圈搭配 range 函式則可遍訪範圍內的所有整數。上述解決的每個問題都需要
處理許多輸入內容，如果沒有迴圈的配合是很難管理和取用。

當您需要重複執行指定次數的某段程式碼時，for 迴圈是首選的語法。Python
還有另一種迴圈語法可用，我們會在下一章學習怎麼使用它。有了 for 迴圈，
為什麼還需要另一種呢？for 迴圈難道還有做不到的地方嗎？這是個好問題！
我現在要對您說：先熟練了 for 迴圈的運用是為接下來的學習作好準備。

本章習題

下列有一些練習題可讓您嘗試：

1.   DMOJ 題庫的問題 wc17c3j3，Uncrackable

2.   DMOJ 題庫的問題 coci18c3p1，Magnus

3.   DMOJ 題庫的問題 ccc11s1，English or French

4.   DMOJ 題庫的問題 ccc11s2，Multiple Choice

5.   DMOJ 題庫的問題 coci12c5p1，Ljestvica

6.　DMOJ 題庫的問題 coci13c3p1，Rijeci

7.　DMOJ 題庫的問題 coci18c4p1，Elder

NOTE

「三個杯子（Three cups）」問題來自於 2006/2007 年 COCI（Croatian Open Competition in Informatics）克羅埃西亞資訊公開賽的 Contest 5。「佔用空間（Occupied Spaces）」問題來自 2018 年加拿大計算機競賽（Canadian Computing Competition）的初級程度題目。「資料流量規劃（Data Plan）」來自 2016/2017 COCI（Croatian Open Competition in Informatics）克羅埃西亞資訊公開賽的 Contest 1。

第 4 章
重複執行：不確定
次數的迴圈

您在第 3 章中學到的 for 迴圈和 for 迴圈搭配 range，這都能很方便地迭代遍訪字串或某個索引範圍。但是當我們沒有字串或索引範圍可參考，不能遵循某個固定模式時，我們該怎麼辦呢？那就要使用 while 迴圈，這也是本章要學習的主題。while 迴圈比 for 迴圈更通用，可以處理 for 迴圈無法處理的各種情況。

我們將介紹不能用 for 迴圈解決的三個問題：確定吃角子老虎機還可玩幾次、組織歌曲播放清單直到使用者想停止、以及訊息的編碼與解碼。

問題#8：吃角子老虎機（Slot Machines）

在錢花完之前，吃角子老虎機還可以玩多少次？這是一個微妙的問題，不僅取決於我們的初始資金，還取決於玩之後的贏錢模式。我們會發現這種情況需要一個 while 迴圈來處理，for 迴圈是不能解決這個問題。

這個問題在 DMOJ 網站的題庫編號為 ccc00s1。

挑戰

Martha 去了一家賭場，帶來了 n 個硬幣（25 美分）。賭場有三台角子老虎機，她按順序玩，直到她硬幣都花光為止。也就是說，她先玩第一台角子老虎機，接著是第二台，然後是第三台，再回到第一台，再接是第二台，依此類推。玩一次要用一個硬幣。

角子老虎機是按照以下規則執行：

- 第一台老虎機每玩 35 次就會出 30 個硬幣。

- 第二台老虎機每玩第 100 次會出 60 個硬幣。

- 第三台老虎機每玩 10 次會出 9 個硬幣。

- 沒有其他玩法會出硬幣了。

請確定 Martha 在花光硬幣前共玩了幾次。

輸入

輸入的內容共分 4 行：

- 第 1 行是整數 n，所代表的是 Martha 帶去賭場的硬幣數量。n 是 1 到 1000 之間的整數。

- 第 2 行是一個整數，代表第一台角子老虎機自上次出錢後已玩過的次數。這些次數發生在 Martha 到達之前，Martha 會從這裡繼續玩的。舉例來說，假設第一台老虎機自上次出錢後已玩了 34 次，那麼接著玩的 Martha 會在她第一次玩時就贏得 30 個硬幣。

- · 第 3 行是一個整數，代表第二台角子老虎機自上次出錢後已玩過的次數。

- · 第 4 行是一個整數，代表第三台角子老虎機自上次出錢後已玩過的次數。

輸出

輸出以下句子，其中 x 是指 Martha 在花光硬幣所玩的次數：

```
Martha plays x times before going broke.
```

探討測試用案

讓我們以一個例子來執行一次，只是為了確保我們對問題能完全掌握。以下是我們會使用的測試用例：

```
7
28
0
8
```

為了仔細追蹤 Martha 投幣玩的次數，我們需要追蹤 6 項資訊。使用表格來處理會很方便，因為一列代表我們每次投幣後的狀態。以下是表格各欄的內容：

Plays　Martha 玩的角子老虎機的次數

Quarters　Martha 的硬幣數量

Next play　Martha 接下來玩的角子老虎機

First Play　自上次出錢後第一台角子老虎機已玩過的次數

Second Play　自上次出錢後第二台角子老虎機已玩過的次數

Third plays　自上次出錢後第三台角子老虎機已玩過的次數

一開始把 Martha 的狀態設為玩第 0 台角子老虎機（也就是還沒玩過三台中任何一台），她帶了 7 個硬幣，接下來會從第一台角子老虎機開始玩。第一台角子老虎機自上次出錢以來已玩了 28 次，第二台自上次出錢以來已玩了 0 次，第三台自上次出錢以來已玩了 8 次。我們的狀態是這樣的：

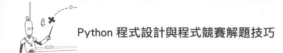

Plays	Quarters	Next play	First plays	Second plays	Third plays
0	7	first	28	0	8

Martha 從第一台角子老虎機開始玩，投了 1 個硬幣，由於這是這台機器自上次出錢以來第 29 次被投幣，而不是第 35 次，所以不會出錢。Martha 接下來將玩第二台角子老虎機。以下是用表格表示這個新狀態：

Plays	Quarters	Next play	First plays	Second plays	Third plays
1	6	second	29	0	8

玩第二台老虎機，投 1 個硬幣。由於這是這台角子機自上次出錢以來的第 1 次玩，而不是第 100 次，所以不會出錢。Martha 接下來將玩第三台老虎機。以下是用表格表示這個新狀態：

Plays	Quarters	Next play	First plays	Second plays	Third plays
2	5	third	29	1	8

玩第三台老虎機，投 1 個硬幣。由於這是這台角子機自上次出錢以來的第 9 次玩，而不是第 10 次，所以不會出錢。Martha 接下來循環回去玩第一台老虎機。以下是用表格表示這個新狀態：

Plays	Quarters	Next play	First plays	Second plays	Third plays
3	4	first	29	1	9

現在玩第一台角子老虎機：

Plays	Quarters	Next play	First plays	Second plays	Third plays
4	3	second	30	1	9

接著繼續玩第二台角子老虎機：

Plays	Quarters	Next play	First plays	Second plays	Third plays
5	2	third	30	2	9

Martha 幾乎要花光硬幣！不過，好消息來囉，因為她接下來要玩第三台角子老虎機。這台自上次出錢以來已經玩過 9 次，下一次是它的第 10 次，因此這台會讓 Martha 贏 9 個硬幣。她原本還有 2 個硬幣，投了一個來玩這台角子機，然後贏了 9 個，所以在這場之後她會有 2 - 1 + 9 = 10 個硬幣：

Plays	Quarters	Next play	First plays	Second plays	Third plays
6	10	first	30	2	0

請留意，第三台角子老虎機這次出錢了，所以要改成自上次出錢後已經玩了 0 次。

到目前為止玩到第 6 場。我建議讀者繼續依照上述表格追蹤。最後您應該看到 Martha 贏不到錢，而且再玩 10 次後（總共玩了 16 次），Martha 就會把硬幣都花光。

for 迴圈的限制

在第 3 章中，我們學了 for 迴圈的用法。標準的 for 迴圈會遍訪一個序列，例如某個字串。但在角子老虎機這個問題並沒有用到任何字串。

另外 for 搭配 range 的迴圈會遍訪某個整數範圍，可用來處理某特定次數的迭代。但是這個問題中角子老虎機會玩幾次多少次？10 次？50 次？誰知道呢？這取決於 Martha 在花光硬幣之前各台角子機的特定因素。

這裡沒有字串可用，也不知道會迴圈迭代多少次。如果我們只有 for 迴圈可用，那這個問題就會被卡住。

接下來我們要進入 while 迴圈這個議題，這是 Python 最通用的迴圈結構。我們可以設計和編寫出與字串或整數序列無關的 while 迴圈。因為增加了很多設計上的靈活度與彈性，我們在運用上需要更加小心，並在設計編寫這種迴圈時承擔更多的責任。讓我們一起深入了解吧！

while 迴圈

若想要設計和寫出 while 迴圈，需要用到 Python 的 while 陳述句。while 迴圈是由布林表示式控制的。如果布林表示式為 True，則 Python 會執行一次 while 迴圈的迭代。如果迭代返回到表示式後仍是 True，則 Python 又會執行 while 迴圈的另一次迭代，以此類推，一直到布林表示式為 False 才停止。如果布林表示式一開始為 False，則迴圈根本不會執行。

while 迴圈是不確定（indefinite）迴圈次數的，迭代的次數無法提前知道。

使用 while 迴圈

就讓我們以 while 迴圈的範例作為解說的起點：

```
❶ >>> num = 0
❷ >>> while num < 5:
   ...     print(num)
❸ ...     num = num + 1
   ...
   0
   1
   2
   3
   4
```

在 for 迴圈中，迴圈變數會幫我們建立的；我們不必在迴圈之前使用指定陳述句先建立變數。但是在 while 迴圈中，就必須自己動手先建好才能用。如果我們需要一個變數來遍訪 while 迴圈中的值，那麼必須自己先建立這個變數。在上述的例子中是在迴圈之前先讓 num 變數指到 0 ❶。

while 迴圈本身由布林表示式「num < 5」❷控制。如果「num < 5」為 True，則迴圈區塊中的程式碼會執行。一開始的 num 指到的是 0，所以布林表示式為 True。因此會執行迴圈區塊，會先印出 0，然後對 num 遞增 1 ❸。

接著跳回到迴圈的頂端並再次判別「num < 5」布林表示式。由於 num 指到的是 1，因此表示式為 True。因此再次執行迴圈區塊，印出 1 後再對 num 遞增 1，現在 num 變成 2。

回到迴圈的頂端：判別「num < 5」布林表示式是否為 True。num 指到的是 2，所以還是 True。這會啟動迴圈的另一次迭代，輸出 2 後把 num 增加到 3。

以這樣的模式繼續進行，迴圈又進行了兩次迭代：一次是 num 指到 3，一次是 num 指到 4。當 num 增加到 5 時，「num < 5」這個布林表示式為 False，迴圈就終止執行。

重點是要記得遞增 num ❸。for 迴圈會自動以適當的值逐步遞增迴圈的變數。但是在 while 迴圈中就不會自動幫您處理，必須自己更新變數，讓變數的值遞增到超出迴圈的布林表示式條件，這樣迴圈就會終止。如果我們忘記遞增 num 的值，就會發生下面這種情況：

```
>>> num = 0
>>> while num < 5:
...     print(num)
...
0
0
0
0
0
0
0
0
... 一直印出 0
```

如果您在電腦中執行上述的程式碼，您的螢幕會一直印出 0，而且程式不會終止。不過我們仍然可以透過按下 CTRL-C 鍵或關閉 Python 視窗來停止這支程式的執行。

上面程式的問題在於「num < 5」永遠都是 True；迴圈中的處理並沒有讓這個條件變為 False。這種迴圈一直執行永不終止的情況稱為**無窮迴圈**（**infinite loop**）。寫程式時一不小心很容易生成 while 無窮迴圈。如果看到相同的值重複出現，又或者您的程式似乎什麼也沒做，就很可能陷入了無窮迴圈。請仔細檢查 while 迴圈的布林表示式以及迴圈區塊中是否做了相關處理，讓表示式的條件有向終止邁進。

我們可以對 num 變數做任何處理。以下的 while 迴圈區塊中是以 3 為步進值來遞增：

```
>>> num = 0
>>> while num < 10:
...     print(num)
...     num = num + 3
...
0
3
6
9
```

下面這個 while 迴圈是從 4 倒數到 0：

```
  >>> num = 4
❶ >>> while num >= 0:
  ...     print(num)
  ...     num = num - 1
  ...
  4
  3
```

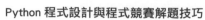

```
2
1
0
```

請注意，在這裡使用了「>=」❶而不是「>」。如此一來，num 指到 0 時，while 迴圈還是執行。

觀念檢測

下列程式碼執行後的輸出為何？

```
n = 3
while n > 0:
    if n == 5:
        n = -100
    print(n)
    n = n + 1
```

A.

　　3

　　4

B.

　　3

　　4

　　5

C.

　　3

　　4

　　-100

D.

　　3

　　4

　　5

　　-100

答案：C。while 迴圈的布林表示式僅在每次迭代開始時檢查。即使它在迭代過程中的某個時刻變為 False，迭代的剩餘部分也會執行。

一開始 n 指到 3 大於 0，迴圈的迭代會執行。if 陳述句區塊會跳過（因為它的布林表示式是 False），所以這次迭代輸出 3 並把 n 設為 4。由於 4 大於 0，另一個迴圈迭代會執行，輸出 4 並將 n 設為 5。因為 5 大於 0，另一個迴圈迭代再執行。這一次的 if 陳述句區塊會執行，它會把 n 設為 -100。接著輸出 -100，並將 n 加 1 變成 -99。回到迴圈頂端後，因為「n > 0」是 False，迴圈就終止了。

觀念檢測

下列程式碼執行後的輸出為何？

```
x = 6
while x > 4:
    x = x - 1
    print(x)
```

A.
```
6
5
```

B.
```
6
5
4
```

C.
```
5
4
```

D.
```
5
4
3
```

E.
```
6
5
4
3
```

答案：C。大多數的 while 迴圈會先處理一些工作後再更新迴圈的變數，但上述例題則不是這樣。這裡先對變數 x 減 1 再印出它。由於 6 大於 4，迴圈會迭代執行，將 6 - 1 的 5 再指定給 x，然後輸出 5。接下來 5 還是大於 4，所以有另一個迭代，這次把 5 - 1 的 4 指定給 x 並輸出 4。回到迴圈頂端條件式中，這時 x 是 4，並不大於 4，所以迴圈終止。

在迴圈中的巢狀嵌套迴圈

我們可以在 while 迴圈中再嵌套迴圈，就像我們可以在 for 迴圈中嵌套迴圈一樣。在第 3 章的「巢狀嵌套處理」小節中，我注意到內部的 for 迴圈會在外部迴圈的下一次迭代開始之前會先完成了它的所有迭代。這也同樣適用於 while 迴圈。以下是一個實際的範例：

```
>>> i = 0
>>> while i < 3:
...     j = 8
...     while j < 11:
...         print(i, j)
...         j = j + 1
...     i = i + 1
...
0 8
0 9
0 10
1 8
1 9
1 10
2 8
2 9
2 10
```

符合外部迴圈條件的 i 值有三個，所以輸出有三行，而每個 i 值的迭代都有內部 j 迴圈的所有迭代。

觀念檢測

下列這個巢狀嵌套的迴圈共輸出了多少行？

```
x = 0
y = 1
while x < 3:
    while y < 3:
        print(x, y)
        y = y + 1
    x = x + 1
```

A. 2

B. 3

C. 6

D. 8

E. 9

答案：A。外部迴圈的布林表示式「x < 3」為 True，因此執行外部迴圈的迭代。這使得內部迴圈經歷了兩次迭代：一次是當 y 為 1 時，一次是當 y 為 2 時，這兩次都印出一行輸出。到目前為止，只印出兩行。

由於程式碼中並沒有重置 y 值，由於 y 已指到 3，條件「y < 3」不再為 True，內部迴圈不會再執行。

在處理巢狀嵌套的 while 迴圈時，忘記重置迴圈變數是很常見的錯誤。

加上布林運算子

在解開這個「吃角子老虎機（Slot Machines）」問題時，我們迴圈的終止條件布林表示式設成 Martha 的硬幣小於 1，也就當硬幣大於等於 1 時會執行。程式碼如下所示：

```
while quarters >= 1:
```

上面這個簡單的布林表示式已足夠解決這個問題。但就像 if 陳述句一樣，while 後面的條件布林表示式中可以包含關係運算子或布林運算子。下面是個實際的範例：

```
>>> x = 4
>>> y = 10
>>> while x <= 10 and y <= 13:
...     print(x, y)
...     x = x + 1
...     y = y + 1
...
4 10
5 11
6 12
7 13
```

while 迴圈由布林表示式「x <= 10 and y <= 13」控制。and 運算子的評算求值是左右兩個運算元都必須為 True 才能讓整個表示式為 True。當 x 指到 8 且 y 指到 14 時，迴圈就會終止，因為「y <= 13」這個運算元為 False。

問題的解答

想要解決「吃角子老虎機（Slot Machines）」問題，我們需要 while 迴圈而不是 for 迴圈，因為我們無法提前預測迭代的次數。迴圈的每次迭代都會投幣玩一次目前的角子老虎機。當迴圈終止，就表示 Martha 花完硬幣，我們會輸出她玩角子老虎機的次數。

以下我們在每次迭代中需要處理的工作：

· 要減少 Martha 的硬幣（quarters）（因為玩一次角子老虎機要投 1 個硬幣）。

· 如果 Martha 目前在第一台角子老虎機上，就投幣玩那台角子老虎機。這裡需要增加這台角子機被玩過的次數。如果這次是第 35 次，則要讓 Martha 贏錢，並把這台機器已玩過的次數重置為 0。

· 如果 Martha 目前在第二台老虎機上，就投幣玩那台角子老虎機（處理的工作類似於我們玩第一台角子老虎機的方式）。

· 如果 Martha 目前在第三台老虎機上，就投幣玩那台角子老虎機（處理的工作類似於我們玩第一台角子老虎機的方式）。

- 新增 Martha 玩的次數（因為我們剛剛玩過一台角子老虎機）。

- 移動到下一台機器。如果 Martha 剛才玩第一台機器，則轉到第二台；如果她剛才玩第二台，則要轉到第三台；如果她剛才玩第三台，則循環轉回到第一台。

我們的程式碼現在愈來愈長了，所以像上述內容把要處理的工作先規劃列好是很重要的技巧，可以控制複雜性並引導我們設計寫出正確的程式碼。我們可以使用像上述條列的綱要重點來確保程式是否有遵循規劃，且沒有遺漏要處理的相關工作。

我們的程式碼列示在 Listing 4-1 中。

▶Listing 4-1：「吃角子老虎機（Slot Machines）」問題的解答

```
    quarters = int(input())
    first = int(input())
    second = int(input())
    third = int(input())

    plays = 0
❶ machine = 0

❷ while quarters >= 1:
    ❸ quarters = quarters - 1

    ❹ if machine == 0:
            first = first + 1
        ❺ if first == 35:
                first = 0
                quarters = quarters + 30
        elif machine == 1:
            second = second + 1
            if second == 100:
                second = 0
                quarters = quarters + 60
        elif machine == 2:
            third = third + 1
            if third == 10:
                third = 0
                quarters = quarters + 9

    ❻ plays = plays + 1
    ❼ machine = machine + 1
    ❽ if machine == 3:
            machine = 0

    print('Martha plays', plays, 'times before going broke.')
```

quarters 變數是用來追蹤 Martha 還擁有的硬幣數。first、second 和 third 變數分別用來追蹤第一台、第二台和第三台角子老虎機自上次出錢（被贏錢）以來的玩過的次數。

machine 變數用來追蹤 Martha 接下來要玩的角子老虎機台。第一台角子老虎機用數字 0 代表，第二台用數字 1 代表，第三台用 2 代表。讓 machine 指到數字 0 表示接下來要玩的是第一台角子老虎機❶。

我們也可以用 1、2 和 3 而不是 0、1 和 2 來代表角子老虎機台。或者使用字串：'first'、'second' 和 'third' 來代表。但是從 0 開始編號是程式設計時常用的慣例，所以在這裡筆者也這麼做。

這支程式中的最後一個變數是 plays，它用來追蹤 Martha 玩過角子老虎機的次數。一旦 Martha 花光了硬幣，我們就把這個值輸出。

大部分的程式碼是由一個 while 迴圈組成，只要 Martha 還有硬幣（quarters 大於等於 1）❷，迴圈就會繼續執行。

迴圈的每次迭代都會投幣玩一台角子老虎機。因此，我們要做的第一件事就是讓 Martha 的硬幣（quarters）減 1 ❸。接著是玩目前的角子老虎機。

那我們是在編號 0 的角子老虎機嗎？或是在編號 1 的角子老虎機？還是編號 2 的角子老虎機？這需要用 if 陳述句來處理。

首先檢查我們是否在編號 0 的角子老虎機上❹。如果是，那麼就對這台角子老虎機已玩過的次數加 1。另外還要確定 Martha 是否贏錢，所以檢查這台角子老虎機器自上次出錢以來是否剛好玩到第 35 次❺。如果是，則這台機器的玩過次數要重置為 0，並出錢給 Martha，也就是對 quarters 加 30 。

這裡有幾個層的巢狀嵌套，所以要花一些時間來搞清楚程式碼的邏輯是正確的。特別要注意的是，每次我們玩第一台機器時，都會把它的玩過次數加 1。但會在每玩過 35 次會出錢，這就是為什麼要嵌套一個內部 if 陳述句來處理❺！

我們處理第二台和第三台角子老虎機的方式與處理第一台相似。唯一的區別是，各台角子老虎機都有各自出錢的玩過次數，且出錢的數目也不同。

玩過角子老虎機後，我們把 Martha 投幣玩的次數加 1 ❻。現在剩下工作是移到下一台角子老虎機，如果有下一次迴圈迭代，我們就會停在正確的角子老虎機台上。

為了要移到下一台角子老虎機，我們把 machine 加 1 ❼。如果我們在編號 0 的角子老虎機上，加 1 後會移到編號 1 的角子老虎機。如果在編號 1 的角子老虎機，加 1 後則會我們移動到編號 2 的角子老虎機。如果我們在編號 2 的角子老虎機上，加 1 會變成移到編號 3 的角子老虎機。

…咦！編號 3 的角子老虎機？這裡並沒有編號 3 的角子老虎機啊！如果我們剛剛玩了編號 2 的角子老虎機，下一台應該是循環回編號 0 的角子老虎機重新開始。為此，我們新增一個檢查：如果是移到編號 3 的角子老虎機❽，就表示剛才玩了編號 2 的角子老虎機，所以要把角子老虎機重置設回編號 0。

當迴圈終止時，我們就知道 Martha 花光了剩餘的硬幣。作為這支程式的最後一步，我們要輸出一句文字說明 Martha 共玩了幾次。

這段程式碼做了很多事情：當 Martha 花光了剩餘的硬幣時停止、追蹤目前角子老虎機、在適當的時候出錢給 Martha，以及計算 Martha 投幣玩的次數。現在您可以提交這段程式碼到競賽解題系統網站，但也請思考一下是否還有不同的處理方式可重新設計程式碼中的某一部分。如果在迴圈的頂端而不是底部把 plays 次數加 1 會發生什麼事情呢？在迴圈頂端或底部對 quarters 減 1 是否會影響程式的判斷？您是否能使新的變數來追蹤 Martha 玩每台角子老虎機的次數，而不是修改原本的 first、second 和 third 來處理？我強烈建議您嘗試上述所列的變化運用。如果您修改後發現程式碼不能通過測試，別灰心，這是好事呀！現在您有了新的學習機會，重新檢視修復程式碼，並了解為什麼您的修改會引發錯誤，以什麼情況讓程式無法通過測試。

接下來的兩小節所提供的程式碼會做進一步細緻處理。我們會使用 % 運算子來減少程式中變數的數量，並學習 f-strings 來簡化建構字串的方式。

取模運算子

在第 1 章的「整數和浮點數」小節中,我介紹了整數取模的運算,使用取模(%)運算子來取餘數。舉例來說,16 除以 5 的餘數為 1:

```
>>> 16 % 5
1
```

若 15 除以 5 則餘數為 0(因為 5 可以整除):

```
>>> 15 % 5
0
```

第二個運算元指定了 % 可能返回值的範圍。返回值可能為 0 到第二個運算元(但不包括本身)。舉例來說,如果第二個運算元為 3,那麼 % 可以返回的值是 0、1 和 2。此外,當我們遞增第一個運算元來處理時,會發現循環出現所有可能的返回值。下列為示範的實例:

```
>>> 0 % 3
0
>>> 1 % 3
1
>>> 2 % 3
2
>>> 3 % 3
0
>>> 4 % 3
1
>>> 5 % 3
2
>>> 6 % 3
0
>>> 7 % 3
1
```

請留意上面的輸出模式:0、1、2、0、1、2,依此類推。

這種行為模式對於計數到某個指定的數字然後循環回到 0 是很有用。這正是我們玩角子老虎機時需要的行為模式:我們玩編號 0 的角子老虎機,然後是編號 1,然後是編號 2,然後回編號 0,然後是編號 1,然後是編號 2,然後回編號 0,然後是編號 1,依此類推(這是正是我使用 0、1 和 2 而不是其他值來表示角子老虎機的重要原因)。

假設變數 plays 是指 Martha 投幣玩過的次數。在確定下一台要玩的角子老虎機
（0、1 或 2）時，可以使用 % 運算子來處理。舉例來說，假設 Martha 到目前
為止只玩過一次老虎機，我們想知道她接下來會玩哪一台？使用 % 運算子來
處理可得知她接下來會玩的角子老虎機是編號 1：

```
>>> plays = 1
>>> plays % 3
1
```

如果到目前為止 Martha 已經玩了 6 次，那麼她玩過的角子老虎機編號順序是
0、1、2、0、1、2。她接下來要玩角子老虎機是編號 0。從這裡來看，她玩了
所有三台角子機兩次，沒有漏下其他機台，準備循環回到編號 0。這樣的行為
模式正好像是以 % 運算子處理的返回值 0：

```
>>> plays = 6
>>> plays % 3
0
```

我們用最後一個例子來示範，假設到目前為止 Martha 已經玩了 11 次。她完成
了三個完整的循環：0、1、2、0、1、2、0、1、2（玩 9 次）。剩下的 2 次是
0、1，所以 Martha 下一次玩的會是編號 2：

```
>>> plays = 11
>>> plays % 3
2
```

也就是說，我們不需要用到 machine 變數也能計算出要接下來要玩的角子老虎
機編號是哪一台。

我們還可以使用 % 來簡化判斷邏輯，以此來處理目前角子老虎機下一次投幣
玩時是否要出錢給 Martha。請用第一台角子老虎機來思考。在 Listing 4-1 中，
我們計算了角子老虎機自出錢以來所玩的次數。如果這個數字是 35，則要出錢
給 Martha 並把計數重置為 0。但如果我們使用 % 運算子來處理，則不需要重
置計數。我們可以檢查角子老虎機是否是 35 的倍數，如果是，則出錢給
Martha。要檢測某個數字是否為 35 的倍數，可以使用 % 運算子來幫忙。如果
某個數除以 35 沒有餘數，就表示該數為 35 的倍數：

```
>>> first = 35
>>> first % 35
0
>>> first = 48
>>> first % 35
```

```
13
>>> first = 70
>>> first % 35
0
>>> first = 175
>>> first % 35
0
```

我們可以先檢查「first % 35 == 0」來確定是否要出錢給 Martha。

我使用 % 運算子修改並更新了 Listing 4-1 程式碼。新的程式碼列示在 Listing 4-2 中。

▶Listing 4-2：「吃角子老虎機」問題的解答（使用 % 運算子）

```
quarters = int(input())
first = int(input())
second = int(input())
third = int(input())

plays = 0

while quarters >= 1:
❶   machine = plays % 3
    quarters = quarters - 1
    if machine == 0:
        first = first + 1
❷       if first % 35 == 0:
            quarters = quarters + 30
    elif machine == 1:
        second = second + 1
        if second % 100 == 0:
            quarters = quarters + 60
    elif machine == 2:
        third = third + 1
        if third % 10 == 0:
            quarters = quarters + 9

    plays = plays + 1

print('Martha plays', plays, 'times before going broke.')
```

我在本節中描述了兩種使用 % 的方式：根據 plays（玩的次數）❶來確定目前機台，以及確定 Martha 是否在該次投幣玩某個機台時贏錢（例如，在❷）。

只把 % 想成是除法取餘數而已，那就會掩蓋了它在運用上的靈活性。每當您需要在某種序列模式（如 0, 1, 2, 0, 1, 2 …）循環計數時，請思考是否能夠用 % 運算子來簡化您的程式碼。

F-strings

我們在「吃角子老虎機（Slot Machines）」問題的解決方案中需要做的最後一件工作是輸出玩了幾次的句子，如下所示：

```
print('Martha plays', plays, 'times before going broke.')
```

一整個句子必須截斷成三個部分，我們必須截斷第一個字串，以便接著輸出玩的次數，然後再接句子後半部分的另一個字串。此外，這裡是使用多個引數傳入 print 來輸出，這樣可以避開必須把 plays 的整數值轉換為字串值。如果我們把結果字串指定到某個變數中存放，而不是直接印出來，那就必須使用 str 來轉換：

```
>>> plays = 6
>>> result = 'Martha plays ' + str(plays) + ' times before going broke.'
>>> result
'Martha plays 6 times before going broke.'
```

把字串和整數連接在一起的處理方式，對於處理簡單的句子是還能應付，但如果連接數量太多時就不好處理。以下是嘗試嵌入三個整數值時的樣子：

```
>>> num1 = 7
>>> num2 = 82
>>> num3 = 11
>>> 'We have ' + str(num1) + ', ' + str(num2) + ', and ' + str(num3) + '.'
'We have 7, 82, and 11.'
```

我們不太想追蹤記錄這些引號、加號和空格的相關位置。

建構出字串和數值組成的字串的最具彈性的做法是使用 f-strings。以下是使用 f-strings 來處理上一個範例的樣貌：

```
>>> num1 = 7
>>> num2 = 82
>>> num3 = 11
>>> f'We have {num1}, {num2}, and {num3}.'
'We have 7, 82, and 11.'
```

請留意字串開頭引號前有個 f。這個 f 代表格式（format 縮寫），因為 f-strings 允許我們格式化字串的內容。在 f-strings 內部，我們可以把表示式放在大括號內。在建構字串時，各個表示式都被它們指到的值所替換，並插入到字串對應的位置中。最後結果只是個普通的一般字串，這裡並沒有什麼新型別：

```
>>> type(f'hello')
<class 'str'>
>>> type(f'{num1} days')
<class 'str'>
```

大括號中的表示式可以放入比單純變數名稱更複雜的東西：

```
>>> f'The sum is {num1 + num2 + num3}'
'The sum is 100'
```

我們可以在「吃角子老虎機（Slot Machines）」問題程式碼的最後一行中使用 f-strings。下面是程式碼的樣子：

```
print(f'Martha plays {plays} times before going broke.')
```

即使在這種最簡單的字串格式文脈中，我認為使用 f-strings 能增加整個句子的清晰度。當您需要用較小的元件來組建字串時，請記得使用 f-strings。

關於 f-strings 的使用，有一點要注意：這項功能是在 Python 3.6 版新增的，在撰寫本書時，這已經算是 Python 的滿新的版本了。如果您在更舊版本的 Python 中使用 f-strings 會引發語法錯誤。

如果您使用 f-strings，請務必檢查您提交上去的競賽解題系統網站是否已支援 Python 3.6 或更高版本。

在繼續學習之前，請嘗試解決後面「本章習題」中的第 1 題。

問題#9：歌曲播放清單（Song Playlist）

有時我們在編寫程式時不知道會提供多少輸入。在這個問題中就會有這種情況發生，我們需要使用 while 迴圈來協助。

這個問題在 DMOJ 網站的題庫編號為 ccc08j2。

挑戰

假設我們有 5 首最喜歡的歌曲 A、B、C、D 和 E。我們建立了這些歌曲的播放清單，並使用 App 來管理播放清單。歌曲的順序會以 A、B、C、D、E 來播放。這個 App 有四個按鈕：

- 按鈕 1：會把播放清單的第一首歌曲移動到播放清單的末尾。舉例來說，如果播放清單目前為 A、B、C、D、E，則會改為 B、C、D、E、A。

- 按鈕 2：會把播放清單的最後一首歌曲移動到播放清單的開頭。舉例來說，如果播放清單目前為 A、B、C、D、E，則會改為 E、A、B、C、D。

- 按鈕 3：會把播放清單的前二首歌曲對調。舉例來說，如果播放清單目前為 A、B、C、D、E，則會改為 B、A、C、D、E。

- 按鈕 4：播放這個歌曲清單。

我們讓使用者按下按鈕，當按下按鈕 4 時就把歌曲清單的內容輸出。

輸入

輸入是由多行組成，二行為一對，第一行是要按下的按鈕編號（1、2、3 或 4），第二行是使用者按下該按鈕的次數（1 到 10）。也就即第一行是按鈕的編號，第二行是按下的次數，第三行是按鈕的編號，第四行是按下的次數，以此類推。輸入要以下列兩行為結尾：

```
4
1
```

指出使用者按下按鈕 4 一次。

輸出

在處理完所有按下的按鈕後輸出播放清單依序的歌曲名稱。輸出必須在同一行，歌曲名稱之間用空格隔開。

字串的切片處理

「歌曲播放清單（Song Playlist）」這個問題的解決方案中整體結構的最頂層是個 while 迴圈，只要不是按下按鈕 4 的情況，這個迴圈會一直持續執行。在每次迭代中，我們會讀取兩行輸入並處理它們。程式的結構如下：

```
❶ button = 0
```

```
while button != 4:
    # Read button
    # Read number of presses
    # Process button presses
```

在 while 迴圈之前，我們建立了變數 button 並讓它指到數值 0 ❶。若沒有這一行初始化，button 變數是不存在的，執行時會出現 NameError，指出在 while 迴圈的布林表示式出錯。只要 button 不是 4，就會觸發迴圈的第一次迭代。

在這個 while 迴圈中，我們會搭配使用 for 迴圈來處理按鈕的按下。對於每次按下都會使用 if 陳述句來檢查是按了哪個按鈕。我們需要在 if 陳述句中使用 4 個內縮的陳述句區塊來對應 4 個按鈕各自的處理。

接下來讓我們談談該怎麼處理每個按鈕的動作。按鈕 1 會把播放清單的第一首歌曲移動到播放清單的末尾。由於我們有少量已知數量的歌曲，所以我們可以使用字串索引編號來連接每個字元。請記住，字串的第一個字元是位於索引編號 0 的位置，而不是 1。我們把這個字元移到字串的末尾，如下所示：

```
>>> songs = 'ABCDE'
>>> songs = songs[1] + songs[2] + songs[3] + songs[4] + songs[0]
>>> songs
'BCDEA'
```

這種處理方式並不太聰明，而且這裡只有 5 首歌曲而已。除了這種方式外，我們還可以利用字串切片（string slicing）來編寫更通用且不易出錯的程式碼。

切片是 Python 的功能，可以讓我們引用字串的子字串（事實上，切片適用於任何序列值，在本書後面會看到相關應用）。切片時需要用到兩個索引編號：起始的索引，以及結尾的右側索引。舉例來說，如果我們使用索引 4 和 8，那麼切片後可取得索引 4、5、6 和 7 這幾個字元。切片使用的是中括號，其中是兩個索引編號，索引之間還加個冒號：

```
>>> s = 'abcdefghijk'
>>> s[4:8]
'efgh'
```

切片不會改變 s 原本所指到的內容。我們可以使用指定陳述句，把 s 指到切片的結果：

```
>>> s
'abcdefghijk'
>>> s = s[4:8]
>>> s
'efgh'
```

這裡很容易出錯，一不小心就會把 s[4:8] 認定為索引 8 位置的字元也包含進去。但並非如此，這裡的計算方式就像 range(4, 8) 的範圍不包括 8 一樣。雖然有點違反直覺，但這種右側少 1 的計算方式適用於範圍和切片。

在處理字串切片時，中括號中一定要有冒號，但起始和結束的索引則是可以選擇性看需要放入。如果把起始索引去掉，Python 會從索引 0 開始切片：

```
>>> s = 'abcdefghijk'
>>> s[:4]
'abcd'
```

如果我們把結束索引去掉，Python 會切片直到字串的尾端：

```
>>> s[4:]
'efghijk'
```

並起始和結束兩個都去掉呢？這會切出整個字串：

```
>>> s[:]
'abcdefghijk'
```

在切片的中括號中也可以用負數來處理，下列是實例示範：

```
>>> s[-4:]
'hijk'
```

起始索引的負數是倒數的意思，上述的例子之中是從右側尾端倒數回來第 4 個字元，也就是 'h'，然而結束索引被省略掉。因此得到了從 'h' 到字串尾端的切片。

與索引的處理不同，切片不會出現索引錯誤的訊息（如果索引給的範圍切不出字串，則會返回空字串）。如果我們給予的字串結尾索引超出範圍，Python 在切片時也只會切到字串的結尾：

```
>>> s[8:20]
'ijk'
>>> s[-50:2]
'ab'
```

我們將使用字串切片來實作按鈕 1、2 和 3 的行為。以下是按鈕 1 的程式碼：

```
>>> songs = 'ABCDE'
>>> songs = songs[1:] + songs[0]
>>> songs
'BCDEA'
```

上面的例子中，切片會把索引 0 的字元之後的整個字串切出來（這裡沒有指定結尾索引，所以可以處理長度不是 5 個字元的字串；這段程式碼適用於任何長度的非空字串）。切下來的字串後面連接（加上）少掉的第一首歌曲就是我們想要的按鈕 1 行為。其他按鈕的切片處理很類似；在接下來的內容中會看到這些程式碼。

觀念檢測

下列程式碼執行的輸出結果為何？

```
game = 'Lost Vikings'
print(game[2:-6])
```

A. st V
B. ost V
C. iking
D. st Vi
E. Viking

答案：A。索引 2 位置的字元是「Lost」中的「s」。而索引 -6 是從右側倒數回來第 6 個字元，是「Vikings」的第一個「i」。切出範圍是從索引 2 到倒數回來第 6 個字元（但不包括這個字元），因此得到「st V」。

觀念檢測

哪一個字串密碼可以讓我們跳開下面的迴圈？

```
valid = False

while not valid:
```

```
    s = input()
    valid = len(s) == 5 and s[:2] == 'xy'
```

A. xyz

B. xyabc

C. abcxy

D. 以上皆是

E. 以上皆非

答案：B。while 迴圈在 valid 為 True 時才會終止（因為「not valid」表示式為 False）。上面的字串密碼長度是 5 且前兩個字元為「xy」的密碼是「xyabc」。因此，這是唯一一個能把 valid 設為 True，而且能讓迴圈終止的字串密碼。

問題的解答

前面已經有了一些使用 while 迴圈來處理的實作練習，再來是搞定多個按鈕需要處理，並使用切片進行字串的操作，這樣就能解決「歌曲播放清單（Song Playlist）」問題了。完整的程式碼請參見 Listing 4-3。

▶Listing 4-3：歌曲播放清單（Song Playlist）問題的解答

```
    songs = 'ABCDE'

    button = 0

❶ while button != 4:
        button = int(input())
        presses = int(input())
    ❷ for i in range(presses):
            if button == 1:
            ❸ songs = songs[1:] + songs[0]
            elif button == 2:
            ❹ songs = songs[-1] + songs[:-1]
            elif button == 3:
            ❺ songs = songs[1] + songs[0] + songs[2:]
```

```
❻ output = ''

    for song in songs:
        output = output + song + ''

❼ print(output[:-1])
```

只要按鈕 4 沒有被按下，while 迴圈就會持續執行❶。在 while 迴圈的每次迭代中，會讀取按鈕編號，然後讀取該按鈕被按下的次數。

現在，在外部的 while 迴圈中，我們嵌套了一個 for 迴圈來處理一到多次按下按鈕的操作。在決定使用哪種迴圈類型前要先了解所有迴圈的類型。以這裡為例，使用 for 迴圈配合 range 函式是最好的選擇❷，因為它可以精確指定迴圈的次數，這也是最簡單方法。

for 迴圈配合 range 範圍的相關處理取決於按下的是哪一個按鈕。因此，我們使用 if 陳述句來檢查按鈕編號並對應修改播放清單。如果按下按鈕 1，則使用切片把第一首歌曲移動到播放清單的尾端❸。如果按下按鈕 2，則使用切片將最後一首歌曲移動到播放清單的開頭❹。為此，我們從字串右端的字元開始，然後使用切片出來的字串來連接所有其他字元。對於按鈕 3，我們需要修改播放清單，讓前兩首歌曲交換位置。這裡會用到索引 1 的字元、索引 0 的字元以及索引 2 之後的所有字元❺來組建出新字串。

一旦執行脫離了 while 迴圈，則需要輸出歌曲，我們要在歌曲之間加一個空格。我們不能直接把結果播放清單這個字串輸出，因為它沒有空格。我們需要重新建構一個加上適當空格的輸出字串。為此，我們先建立一個空字串❻，然後使用 for 迴圈連接每個字元（字元代表一首歌曲）和一個空格。但這裡有個小小的麻煩是，在最後一首歌曲之後的字串末尾也會加一個空格，而我們不希望出現這種情況。因此要再使用切片來刪除最後一個空格字元❼。

現在您已經準備好可以把解答提交到競賽解題系統的網站了。

在繼續學習之前，建議您可以先試著解決「本章習題」中的第 3 題。

問題#10：加密的句子（Secret Sentence）

假設有一個字串，就算已知會提供多少的輸入內容，我們還是可以利用 while 迴圈來進行相關迭代的處理。此問題的解決方案剛好符合了這種應用的情況。

這個問題在 DMOJ 網站的題庫編號為 coci08c3p2。

挑戰

Luka 正在課堂上寫出一個加密的句子。他不想讓老師看懂，所以他沒寫下原本的句子，而是寫出經過加密編碼的版本。加密的規則是在句子的每個母音（a、e、i、o 或 u）之後，再次加個字母 p 和原來那個母音。舉例來說，他不會寫出「i like you」這種句子，而是寫出「ipi lipikepe yopoupu」這樣加密後的句子。

老師取得了 Luka 加密編碼的句子。請幫老師解密，還原 Luka 加密的句子回原本的樣子。

輸入

輸入是一行文字，也就是 Luka 加密編碼的句子。這是由小寫字母和空格所組成，單字之間正都有一個空格。這行輸入的最大長度為 100 個字元。

輸出

輸出解密還原後 Luka 原本的句子。

for 迴圈的另一種限制

在第 3 章中，我們學會如何使用 for 迴圈來處理字串。for 迴圈會從頭到尾遍訪字串的每個字元，每一次迭代處理一個字元。在大多數的情況下，這正是我們想要的效果。舉例來說，在「三個杯子（Three cups）」問題中，我們需要從左到右查看每次的移動交換，因此在交換字串上使用了 for 迴圈。

在某些其他的情況下，這種針對字串的迭代太過局限了，使用 for 迴圈搭配 range 範圍來迭代可能更合適。迴圈是在某個範圍下迭代，這樣可以存取字串的索引編號而不是字元。這樣的做法還允許選用的任何步進長度來遞增某種序列。舉例來說，我們可以使用 for 迴圈和 range 函式來存取字串中每隔三個位置的字元：

```
>>> s = 'zephyr'
>>> for i in range(0, len(s), 3):
...     print(s[i])
...
z
h
```

我們可以使用 for 迴圈和 range 函式來處理字串由右到左而不是由左到右的每個字元：

```
>>> for i in range(len(s) - 1, -1, -1):
...     print(s[i])
...
r
y
h
p
e
z
```

所有上述這些例子都是假設我們希望在每次迭代中都按某個固定數來步進。

如果有時要向右移動一個字元而有時又要向右移動三個字元該怎麼辦呢？這樣的需求並不太離譜。事實上，如果能做到這一點，那麼就可以很快地解決「加密句子」這個問題了。

若想要了解其原由，可思考以下的測試用例：

| ipi lipikepe yopoupu

請試著想像一下，我們要透過複製字元來重新建構 Luka 的原句。加密編碼的句子中的第一個字元是母音 i。這也是 Luka 解密後原句的第一個字元。根據 Luka 對句子的加密編碼規則，我們知道接下來的兩個字元將是 p 和 i。我們不想把加入的編碼字元放入在 Luka 的原句，因此要跳過它們。也就是說，在處理完索引 0 位置之後，就要跳轉移到索引 3。

索引 3 是一個空格字元。由於它不是母音，可直接把這個字元照原樣複製到 Luka 的原句，然後跳轉移到索引 4。索引 4 是 l，另一個非母音的字元，所以我們也把它複製過去，再跳轉移到索引 5。在索引 5 位置有一個母音，複製後則是跳轉移到索引 8。

這裡的步進長度是多少呢？有時跳 3 位，但有時跳 1 位，並非全然都一種跳轉步進長度。這裡混合了跳 3 位和跳 1 位。for 迴圈並不能應付這樣的需求。

透過 while 迴圈，我們可以隨意拉開字串中每個字元的位置，不受預定步進長度的影響。

用 while 迴圈來處理索引

這裡設計編寫一個遍訪字串所有索引的 while 迴圈，這個迴圈與其他的 while 迴圈並沒有什麼不同。我們只需要配合字串的長度來處理即可。下面的例子是怎麼從左到右迭代遍訪字串的每個字元：

```
>>> s = 'zephyr'
>>> i = 0
❶ >>> while i < len(s):
...     print('We have ' + s[i])
...     i = i + 1
...
We have z
We have e
We have p
We have h
We have y
We have r
```

變數 i 當作索引編號可以讓我們存取字串的每個字元。它從 0 開始，每次透過迴圈遞增 1。

只要 i 還沒有達到字串的長度，迴圈就持續執行，我就在迴圈的布林表示式中使用 < 來當作條件式❶。如果這裡使用 <= 而不是 <，程式會引發索引錯誤 IndexError：

```
>>> i = 0
>>> while i <= len(s):
...     print('We have ' + s[i])
...     i = i + 1
...
We have z
```

```
We have e
We have p
We have h
We have y
We have r
Traceback (most recent call last):
  File "<stdin>", line 2, in <module>
IndexError: string index out of range
```

字串的長度是 6，其索引編號是 0 到 5。這個錯誤是因為迴圈試圖存取 s[6]，它已超出字串長度的有效索引。

想要以每隔三個字元來遍訪字串中的字元？沒問題，只需在迴圈中讓 i 加 3 而不是加 1 就能搞定：

```
>>> i = 0
>>> while i < len(s):
...     print('We have ' + s[i])
...     i = i + 3
...
We have z
We have h
```

我們也可以從右到左而不是從左到右來存取字串中的各個字元。我們必須從「len(s) - 1」這個最右側的位置而不是從 0 開始，而且必須在每次迭代中對 i 的處理是遞減而不是遞增。我們還必須修改迴圈的布林表示式，這裡的條件變成是檢測是否已到達字串的開頭（位置為索引 0）。下面是怎麼從右到左遍訪字串中每個字元的例子：

```
>>> i = len(s) - 1
>>> while i >= 0:
...     print('We have ' + s[i])
...     i = i - 1
...
We have r
We have y
We have h
We have p
We have e
We have z
```

下面介紹 while 迴圈處理字串的最後一個使用案例：在滿足某個條件的第一個索引位置停止。

其設計的策略是使用布林 and 運算子來配合，如果字串中還有更多字元需要檢測且還沒有滿足條件時，就讓迴圈持續執行。舉例來說，下面的例子是找出字串中第一個「y」的索引位置：

```
>>> i = 0
>>> while i < len(s) and s[i] != 'y':
...     i = i + 1
...
>>> print(i)
4
```

如果字串中都沒有「y」字元，則當 i 等於字串長度時迴圈會停止：

```
>>> s = 'breeze'
>>> i = 0
>>> while i < len(s) and s[i] != 'y':
...     i = i + 1
...
>>> print(i)
6
```

當 i 指到 6 時，and 條件式的第一個運算元為 False，因此迴圈就終止了。您可能想要知道為什麼 and 條件式的第二個運算元在這裡不會引發錯誤，這個索引 6 已超出字串的有效索引長度了。原因是布林運算子在評算求值時使用的是「**短路求值（short-circuiting evaluation）**」，這表示如果運算子的結果已知，就停止對運算元求值。以這個 and 例子來看，第一個運算元已知是 False，那麼無論第二個運算元求值結果是什麼，都會返回 False；因此 Python 不會對第二個運算元評算求值。同樣地，or 條件式中，如果第一個運算元為 True，則 or 已知會返回 True，因此 Python 也不會處理第二個運算元。

問題的解答

現在我們知道怎麼利用 while 迴圈來遍訪字串了。

對於「加密的句子（Secret Sentence）」這個問題，我們需要做一些調整，還要判斷字元是不是母音。如果是母音，則在複製該字元後要向右跳轉三個字元（跳過 p 和該母音的第二次重現）。如果字元不是母音，那麼我們在複製字元後移到下一個字元。因此這裡需要處理的動作是複製目前的字元，然後根據目前字元是否為母音來跳移三個或一個字元。我們可以在 while 迴圈中使用 if 陳述句來判斷字元並做出對應的動作。

這個問題的解決方案列示在 Listing 4-4 中。

▶Listing 4-4：加密的句子（Secret Sentence）的解答

```
    sentence = input()

❶  result = ''
    i = 0

❷  while i < len(sentence):
        result = result + sentence[i]
    ❸  if sentence[i] in 'aeiou':
            i = i + 3
        else:
            i = i + 1

print(result)
```

result 變數❶是用來放置建構的原句，一次處理一個字元。

while 迴圈的布林表示式是標準的迴圈條件式，用來判斷是否已處理到字串的尾端❷。在這個迴圈中，我們先把目前字元連接到 result 的末尾，然後檢查目前字元是否為母音❸。請回顧第 2 章「關係運算子」小節的內容，有介紹過使用 in 運算子來檢查第一個字串是否出現在第二個字串中。如果在目前字元有出現在母音字串中，則向右跳移三個字元；如果沒有，則跳移一個字元。

一旦迴圈終止，就表示已經遍訪了整個加密編碼的句子，並照規則把正確的字元複製連接到 result 中。因此，最後要做的就是輸出 result 變數。

現在我們已準備好要把程式碼提交到競賽解題系統網站了。請動手完成吧！

break 和 continue

在本節中，我介紹 Python 所支援的另外兩個迴圈關鍵字：**break** 和 **continue**。根據我的經驗，這兩個關鍵字會讓初習者過度使用，進而影響迴圈的運用。我在本書的其他地方都會避免使用。儘管如此，能適度和正確的使用，它們還是很有用的，另外讀者也可能會在其他 Python 程式碼中看到它們，所以我在這裡會簡短的介紹與說明。

break

break 關鍵字會立即終止迴圈，不需任何原因理由。

回到解決「歌曲播放清單（Song Playlist）」的內容中，我們使用了一個 while 迴圈，當按鈕不是 4 時持續迴圈的執行。這個問題我們也可以使用 break 來解決；其程式碼如 Listing 4-5 所示。

▶Listing 4-5：歌曲播放清單的解答（break 版本）

```
    songs = 'ABCDE'

❶ while True:
        button = int(input())
❷     if button == 4:
❸         break
        presses = int(input())
        for i in range(presses):
            if button == 1:
                songs = songs[1:] + songs[0]
            elif button == 2:
                songs = songs[-1] + songs[:-1]
            elif button == 3:
                songs = songs[1] + songs[0] + songs[2:]

    output = ''
    for song in songs:
        output = output + song + ' '

    print(output[:-1])
```

迴圈的布林表示式❶看起來很怪：直接放一個 True（迴圈執行的條件總是 True），所以這個迴圈似乎永遠不會終止（這是使用 break 的缺點。我們不能直接從布林表示式來了解迴圈終止的條件）。但這個迴圈還是可以終止的，因為我們使用了 break。迴圈中加了一個 if 陳述句判斷如果按下按鈕 4 ❷，就執行 break ❸中斷迴圈的執行。

讓我們再觀察另一個使用 break 的實例。在本章的「用 while 迴圈來處理索引」小節中，我們設計了程式碼來查找字串中第一個「y」的索引編號。以下是使用 break 版本的程式碼樣貌：

```
>>> s = 'zephyr'
>>> i = 0
>>> while i < len(s):
...     if s[i] == 'y':
...         break
...     i = i + 1
...
>>> print(i)
4
```

請留意，迴圈的布林表示式具有誤導性：它表示迴圈會執行到字串的末尾，但進一步檢查迴圈的區塊，就會發現有潛在的 break 可能會讓迴圈終止。

如果迴圈內部有巢狀嵌套的迴圈，那麼 break 僅影響自己所在的那個迴圈，不會影響外部的迴圈。下列為實例示範：

```
>>> i = 0
>>> while i < 3:
...     j = 10
...     while j <= 50:
...         print(j)
...         if j == 30:
❶ ...             break
...         j = j + 10
...     i = i + 1
...
10
20
30
10
20
30
10
20
30
```

請注意 break ❶ 是怎麼中斷內部的 j 迴圈。但它不會影響外部的 i 迴圈執行：i 迴圈有 3 次迭代，並不受 break ❶ 的影響。

continue

continue 關鍵字會結束迴圈目前的迭代，不執行迴圈剩下的程式碼。但它與 break 不同，continue 不會結束整個迴圈，而是回到迴圈頂端，如果迴圈條件為 True，則迴圈的迭代繼續執行。

以下是使用 continue 印出字串中每個母音及其索引編號的範例：

```
>>> s = 'zephyr'
>>> i = 0
>>> while i < len(s):
❶ ...     if not s[i] in 'aeiou':
...         i = i + 1
❷ ...         continue
❸ ...     print(s[i], i)
...     i = i + 1
...
e 1
```

如果目前字元不是母音❶，就不會印出來。而是把 i 遞增 1 來讓我們逐個遍訪字元，然後使用 continue 來結束目前迭代❷。如果我們不符合 if 陳述句❸，那麼這個字元就是母音（若符合 if 陳述句的條件，則 continue 會阻止執行到達這裡）。因此，輸出該字元並將索引編號 i 遞增 1 來準備繼續下個字元。

continue 關鍵字很有用，因為它似乎為我們提供了一種脫離目前迭代的方法。「這不是母音，我這就跳出目前迭代」。但是直接使用 if 陳述句判別相同的行為就好了，這樣的處理邏輯更清晰簡單：

```
>>> s = 'zephyr'
>>> i = 0
>>> while i < len(s):
...     if s[i] in 'aeiou':
...         print(s[i], i)
...     i = i + 1
...
e 1
```

上述的 if 陳述句不是判別目前字元「不是」母音時跳出迭代，而是在目前字元「是」母音時才印出該字元。

總結

本章問題有個統一的特徵，那就是我們事先不知道需要多少次迴圈迭代。

吃角子老虎機（Slot Machines）　迭代次數取決於初始硬幣數目和角子老虎機被贏了多少硬幣。

歌曲播放清單（Song Playlist）　迭代次數取決於按下按鈕的次數。

加密的句子（Secret Sentence）　迭代次數以及每次迭代的處理取決於母音在字串中的位置。

當迭代次數未知時，我們就使用 while 迴圈來處理，它會根據需要一直執行。使用 while 迴圈比使用 for 迴圈的程式更容易出錯。while 迴圈應用上更靈活，因為我們可以擺脫 for 迴圈只能依據某個序列或是某個範圍系統化地迭代。

在下一章中，我們將要學習串列（list），串列允許我們存放大量的數值或字串資料。您覺得我們應該要怎麼處理這些資料呢？沒錯！就是用迴圈來處理。請

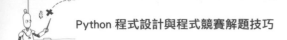

動手實作以下習題來磨練您的迴圈運用技巧。當我們使用串列來解決問題時，您會常常使用到迴圈。

本章習題

您現在可以使用三種類型的迴圈：for 迴圈、for 迴圈搭配範圍和 while 迴圈。使用迴圈來解決問題時，其中的重要挑戰是決定使用哪一種迴圈！對於下列的每個習題，請嘗試使用不同類型的迴圈來找出您最喜歡的解決方案。

1. DMOJ 題庫的問題 ccc20j2，Epidemiology

2. DMOJ 題庫的問題 coci08c1p2，Ptice

3. DMOJ 題庫的問題 ccc02j2，AmeriCanadian

4. DMOJ 題庫的問題 ecoo13r1p1，Take a Number

5. DMOJ 題庫的問題 ecoo15r1p1，When You Eat Your Smarties

6. DMOJ 題庫的問題 ccc19j3，Cold Compress

NOTE

「吃角子老虎機（Slot Machines）」問題是來自 2000 年加拿大計算機競賽（Canadian Computing Competition）的初級/中級程度題目。「歌曲播放清單（Song Playlist）」問題來自 2008 年加拿大計算機競賽（Canadian Computing Competition）的初級程度題目。「加密的句子（Secret Sentence）」問題來自 2008/2009 年 COCI（Croatian Open Competition in Informatics）克羅埃西亞資訊公開賽的 Contest 3。

第 5 章

使用串列來管理多個值

我們已經學習過怎麼使用字串來處理字元序列。在本章中則會講解「串列（list）」的運用，串列能協助我們處理其他型別值的序列，例如整數和浮點數。我們還會學到怎麼在串列中巢狀嵌套串列，這樣就能讓我們可以活用資料網格。

我們將使用「串列」來解決三個問題：找到一組村莊中最小的街區、確定是否已為學校旅行籌集了足夠的資金，以及計算麵包店提供的獎金數量是多少。

問題#11：村莊的街區（Village Neighborhood）

這個問題是要從很多村莊中找出最小街區的規模大小。從問題中會發現把所有鄰近街區的規模數據都儲存起來是很有幫助的。不過，我們可能有多達上百個的村莊要調查，若對每個村莊都使用單獨的變數會是場噩夢。在這裡您會發現串列允許我們把原本是單獨的變數聚合到一個集合中。我們還要學習怎麼使用 Python 對串列進行修改、搜尋和排序，這些都是強大且重要的串列相關處理和操作。

這個問題在 DMOJ 網站的題庫編號為 ccc18s1。

挑戰

有 n 個村莊位於一條路上不同的地點。每個村莊由一個整數來表示，用來代表該村莊在道路上的位置。

村莊的左鄰是下一個位置最小的村莊；右鄰則是下一個位置最大的村莊。村莊的鄰里街區組成區域是由該村莊與左鄰村莊的中間位置連到該村莊與右鄰的中間位置之間的區域。舉例來說，如果在位置 10 有個村莊，它的左鄰在位置 6，右鄰在位置 15，那麼這個村莊的鄰里街區是從位置 8（6 和 10 的中間位置）開始連接到位置 12.5（10 和 15 的中間位置）。

路的最左側和最右側的村莊各只有一個鄰村，所以上面的鄰村的定義對他們來說沒有意義。在這個問題中，我們忽略這兩個村莊的街區。

計算鄰里街區的規模大小是以街區最右邊的位置減去街區最左邊的位置。舉例來說，從 8 到 12.5 的街區規模大小為 12.5 - 8 = 4.5。

請找出最小街區的規模大小。

輸入

輸入的的內容有下列幾行：

- 一行是個整數 n，代表村莊的數量。n 是 3 和 100 之間的整數。

- n 行，每一行列出村莊的位置。每個位置的代表數值都是 -1,000,000,000
  到 1,000,000,000 之間的整數。位置不必按照從左到右的順序排列；村莊的
  鄰里街區可能在路中的任何位置。

輸出

輸出最小街區的規模大小。請計算到小數點後一位。

為什麼要用串列？

作為讀取輸入的一部分，我們需要讀取 n 個整數（代表村莊位置的整數）。我
們在第 3 章解決「資料流量規劃（Data Plan）」時已經處理過一次。在那個問
題中，我們使用 for 迴圈配合 rangc 準確迭代 n 次。在這裡我們也會這樣做。

「資料流量規劃（Data Plan）」和「村莊的街區（Village Neighborhood）」兩個
問題之間有一個重要的區別。在資料流量規劃問題中，我們讀取整數，使用
它，然後就不再引用了。我們不需要保留這些資料。但在在村莊的街區問題
中，每個整數只用一次是不夠的。村莊的街區規模取決於它的左右鄰村位置。
如果無法存取這些鄰村位置資料，我們就無法計算該村街區的規模大小。我們
需要儲存所有村莊位置以備後面使用。

為什麼我們需要儲存所有村莊位置呢？這裡用一個測試用例示範：

```
6
20
50
4
19
15
1
```

這個測試用例有 6 個村莊。想要找出村莊街區的規模大小，我們需要用到村莊
的左右鄰村。

輸入中的第一個村莊位於位置20。該村莊的街區規模大小是多少呢？為了回答
這個問題，我們需要存取所有村莊的位置，以便找出它的左右鄰村。掃描位置
後，您可以確定它的左鄰村在位置 19，右鄰村在位置 50。因此，該村莊的街
區規模大小為「(20 - 19) / 2 + (50 - 20) / 2 = 15.5」。

輸入中的第二個村莊位於位置 50。該村莊的街區規模大小是多少呢？再次需要掃描位置來弄清楚。這個村莊恰好是最右邊的一個，照題目的規定，我們忽略這個村莊的街區計算。

輸入中的第三個村莊在位置 4。左鄰村在位置 1，右鄰村在位置 15，所以這個村莊的街區規模大小是「$(4 - 1) / 2 + (15 - 4) / 2 = 7$」。

輸入中的第四個村莊在位置 19。左鄰村在位置 15，右鄰村在位置 20，所以這個村莊的街區規模大小是「$(19 - 15) / 2 + (20 - 19) / 2 = 2.5$」。

剩的一個村莊是位置 15。用以上方式計算其街區大小後得到 7.5 的答案。

比較我們計算的所有街區規模大小後，我們得到最小值是 2.5（這也是這個測試用例的正確答案）。

我們需要一種方法來儲存所有村莊的位置資料，以便可以找出各個村莊的鄰村。字串無法處理這樣的需求，因為字串只能存放字元，而不是整數值。還好 Python 的串列可以拯救我們！

串列

串列（**list**）是一種存放一串序列值的 Python 型別（有時我們把串列的值稱為元素）。我們使用中括號（[ ]）把一串序列的值括起來，各個值以逗號分隔。

我們只能在字串中存放字元，但在串列中則可以存放任何型別的值。下列這個整數串列中存放的就是上一小節範例中村莊的位置。

```
>>> [20, 50, 4, 19, 15, 1]
[20, 50, 4, 19, 15, 1]
```

以下是存放字串的串列：

```
>>> ['one', 'two', 'hello']
['one', 'two', 'hello']
```

甚至也能在一個串列中可存放不同的資料型別：

```
>>> ['hello', 50, 365.25]
['hello', 50, 365.25]
```

您所學到很多關於字串的相關知識也適用於串列。例如，串列也支援用來連接的 ＋ 運算子和用來多重複製的 ＊ 運算子：

```
>>> [1, 2, 3] + [4, 5, 6]
[1, 2, 3, 4, 5, 6]
>>> [1, 2, 3] * 4
[1, 2, 3, 1, 2, 3, 1, 2, 3, 1, 2, 3]
```

我們甚至還可以用 in 運算子來處理串列，能告知某個值是否在串列中：

```
>>> 'one' in ['one', 'two', 'hello']
True
>>> 'n' in ['one', 'two', 'three']
False
```

還有個 len 函式可以返回串列的長度：

```
>>> len(['one', 'two', 'hello'])
3
```

串列算是個序列，所以能用 for 迴圈來遍訪串列中的每個值：

```
>>> for value in [20, 50, 4, 19, 15, 1]:
...     print(value)
...
20
50
4
19
15
1
```

我們可以讓變數指到串列，就像指到字串、整數和浮點數一樣。讓我們用兩個變數指到串列，然後把它們連接起來以生成一個新的串列。

```
>>> lst1 = [1, 2, 3]
>>> lst2 = [4, 5, 6]
>>> lst1 + lst2
[1, 2, 3, 4, 5, 6]
```

這裡連接串列表後僅返回顯示，並沒有存放起來，透過再次查看原本的串列得知並沒有修改原本的兩個串列：

```
>>> lst1
[1, 2, 3]
>>> lst2
[4, 5, 6]
```

若想要用變數指到連接串列所得到結果，可以使用指定陳述式來處理：

```
>>> lst3 = lst1 + lst2
>>> lst3
[1, 2, 3, 4, 5, 6]
```

如果不需要具體地表示串列所存放的內容時，可以使用 lst、lst1 和 lst2 之類的名稱來代表。

但是不要使用 list 這個關鍵字作為變數名稱。這個 list 關鍵字可以讓我們把某個序列轉換成串列：

```
>>> list('abcde')
['a', 'b', 'c', 'd', 'e']
```

如果您建立一個名為 list 的變數，這會失去 list 原本很有價值的功能，而且還會讓別人在閱讀您程式時與原本的 list 功能出現混淆。

最後要說明的是，串列也支援索引和切片處理。索引編號能返回串列中某個值，切片則返回切出來的串列：

```
>>> lst = [50, 30, 81, 40]
>>> lst[1]
30
>>> lst[-2]
81
>>> lst[1:3]
[30, 81]
```

假設這裡有一個字串串列，我們可以透過兩層的索引編號來存取其中某個字串的字元，第一層索引編號選的是串列中的某個字串，第二層索引編號選的是該字串中的某個字元：

```
>>> lst = ['one', 'two', 'hello']
>>> lst[2]
'hello'
>>> lst[2][1]
'e'
```

觀念檢測

以下程式碼執行後，total 變數中存放了什麼？

```
lst = [a list of numbers]
total = 0
i = 1

while i <= len(lst):
    total = total + i
    i = i + 1
```

A. 串列的總和

B. 串列的總和，但不包括第一個值

C. 串列的總和，不包括它的第一個和最後一個值

D. 此程式碼引發錯誤，因為存取了串列無效的索引

E. 以上皆非

答案：E。這段程式碼處理的都是數字 1、2、3 之類數字的遞增和相加，迴圈迭代是從 1 到串列的長度。它根本不會從串列取得其中的元素來加總！

串列的可變性

字串是**不可變的**（**immutable**），這表示字串中字元是不能單獨修改的。當看起來我們是正在更改某個字串時（例如，使用字串連接），實際上是建立了新的字串，而不是修改已存在的字串。相反來看，串列則是**可變的**（**mutable**），這表示我們可以修改串列中的元素。可透過使用索引來觀察這兩者的差異。假設我們試圖修改字串的某個字元，則會得到錯誤訊息：

```
>>> s = 'hello'
>>> s[0] = 'j'
Traceback (most recent call last):
  File "<stdin>", line 1, in <module>
TypeError: 'str' object does not support item assignment
```

這條錯誤訊息說明字串是不支援其中項目的個別指定，這表示我們不能改變其字元。

但因為串列是可變的，所以能夠變更其中的值：

```
>>> lst = ['h', 'e', 'l', 'l', 'o']
>>> lst
['h', 'e', 'l', 'l', 'o']
>>> lst[0] = 'j'
>>> lst
['j', 'e', 'l', 'l', 'o']
>>> lst[2] = 'x'
>>> lst
['j', 'e', 'x', 'l', 'o']
```

如果對指定陳述句沒有準確的理解，可變性反而可能會讓人產生困惑。以下是一個實際的案例：

```
   >>> x = [1, 2, 3, 4, 5]
❶ >>> y = x
   >>> x[0] = 99
   >>> x
   [99, 2, 3, 4, 5]
```

上面沒有什麼意外的驚喜。但下面則可能會讓您感到驚訝：

```
>>> y
[99, 2, 3, 4, 5]
```

為什麼 y 也會跟著修改呢？

當我們把 x 指定給 y 時❶，y 是參照到與 x 相同的串列。指定陳述句不是複製串列。這裡只有一個串列，而且恰好有兩個變數名稱（或別名）指向它。因此，如果我們對該串列進行變更，無論是透過 x 還是 y 參照到該串列來處理，我們都會看到是同一個串列被修改了。

可變性很有用，因為它直接反應我們對串列中的值所做的處理。如果我們想改變某個值，我們只需改變它即可。如果不是可變性，則不可能只修改其中某個值。除了想要修改的值外，還必須建立一個與舊串列相同的新串列。雖然這樣的做法也可以，但這種修改值的方式迂迴重複太多的內容，且不太透明。

如果您真的想要複製一個串列的副本，而不僅僅是參照的另一個名字，則需要使用切片來處理。省略開始和結尾的索引，就能生成整個串列的副本：

```
>>> x = [1, 2, 3, 4, 5]
>>> y = x[:]
>>> x[0] = 99
>>> x
[99, 2, 3, 4, 5]
>>> y
[1, 2, 3, 4, 5]
```

觀察上面這次的範例，當 x 串列改變時，y 串列並沒有改變。它們分別指向不同的串列。

觀念檢測

下列程式碼執行後的輸出結果為何？

```
lst = ['abc', 'def', 'ghi']
lst[1] = 'wxyz'

print(len(lst))
```

A. 3

B. 9

C. 10

D. 4

E. 程式碼引發錯誤

答案：A。這裡是允許變更串列中的值（因為串列是可變的）。但把索引 1 位置的值修改為更長的字串並不會改變串列只有三個值的事實。

學習一些好用的方法

和字串一樣，串列也有很多好用的方法。我會在下一小節介紹展示其中的一些好用的方法，但現在我先介紹如何自學這些方法。

讀者可以利用 Python 的 dir 函式來獲取特定型別的方法清單。只需使用一個值
作為引數來呼叫 dir 函式，就可獲得該值所屬型別的方法。

以下是我們使用字串值作為引數呼叫 dir 時所取得的結果：

```
>>> dir('')
['__add__', '__class__', '__contains__', '__delattr__',
<more stuff with underscores>
'capitalize', 'casefold', 'center', 'count', 'encode',
'endswith', 'expandtabs', 'find', 'format',
'format_map', 'index', 'isalnum', 'isalpha', 'isascii',
'isdecimal', 'isdigit', 'isidentifier', 'islower',
'isnumeric', 'isprintable', 'isspace', 'istitle',
'isupper', 'join', 'ljust', 'lower', 'lstrip',
'maketrans', 'partition', 'replace', 'rfind', 'rindex',
'rjust', 'rpartition', 'rsplit', 'rstrip', 'split',
'splitlines', 'startswith', 'strip', 'swapcase', 'title',
'translate', 'upper', 'zfill']
```

請留意，上述是使用空字串來呼叫 dir 函式。我們其實可以使用任何字串值呼
叫 dir，但空字串是輸入最快的內容。

忽略頂端帶有底線的名稱；這些名稱是供 Python 內部使用的，程式設計師通常
不會對這些名稱感興趣。其餘的名稱則是我們可以呼叫的字串方法。在這份清
單中，您會發現其中不少字串方式您已經用過，例如 isupper 和 count 等，另外
還有許多我們尚未遇過的方法。

要了解如何使用某個方法，可在呼叫 help 時帶入方法的名稱來取得相關說明。
以下是我們在字串 count 方法上所取得的說明內容：

```
>>> help(''.count)
Help on built-in function count:

count(...) method of builtins.str instance
❶ S.count(sub[, start[, end]]) -> int

    Return the number of non-overlapping occurrences of
    substring sub in string S[start:end]. Optional
    arguments start and end are interpreted as in
    slice notation.
```

這裡的說明講述如何呼叫這個方法❶。

中括號標示為選擇性的引數。如果您只想計算字串某個切片中 sub（子字串）
的出現次數，則可以利用 start 和 end 當作切片的起始和結尾索引。

值得花一點時間瀏覽一下方法清單，以檢查是否有某種方法可以協助您完成目前的程式設計工作。即使您以前已經會用某個方法了，但查看其說明內容也有可能發掘到以前不知道的功能！

若想要查看有哪些串列方法可用，請呼叫 dir([])。若想要進一步了解某個方法，請呼叫 help([].xxx)，其中 xxx 是指串列方法的名稱。

觀念檢測

以下是字串方法 center 的說明內容：

```
>>> help(''.center)
Help on built-in function center:

center(width, fillchar=' ', /) method of builtins.str instance
    Return a centered string of length width.

    Padding is done using the specified fill character
    (default is a space).
```

下列程式碼的執行結果為何？
```
'cave'.center(8, 'x')
```

A. 'xxcavexx'

B. ' cave '

C. 'xxxxcavexxxx'

D. ' cave '

答案：A。這裡呼叫 center 方法，把寬度設為 8，填滿字元是「x」(如果只提供一個引數，那預設是以一個空格當作填滿字元)。因此，結果字串的長度為 8。字串「cave」有四個字元，所以還需要四個填滿字元才能把長度設為 8。因此，Python 會在「cave」開頭和結尾加入兩個「x」，讓「cave」字串置中。

串列方法

現在繼續回到「村莊的街區」問題進一步思考。我可以想到串列上的兩個操作能協助我們解開此問題。

第一個操作處理是新增值到串列中。我們從沒有村莊位置為起始,並從輸入中一次讀取一個。因此,我們需要一種方法把每個位置新增到串列內:首先串列是沒有任何內容的,然後逐一新增村莊位置到串列中。

第二個操作是排序串列。讀取了村莊位置後,我們需要找出最小的街區。這裡需要查看每個村莊的位置以及與其左右鄰村的距離。村莊的位置可能按任何順序排放,因此很難找到給定村莊的左右鄰村。請回想一下在本章前面「為什麼要用串列?」小節中所做的工作。對於每個村莊,我們必須掃描整個串列才能找到它的左右鄰村。但如果我們按順序排列村莊的位置,那就容易處理了。隨後就可以確切地知道鄰村在哪裡(村莊的左側和右側)。

舉例來說,下列是我們原本輸入的村莊位置範例:

```
20 50 4 19 15 1
```

真是糟糕!上述位置並沒有照順序排放,一般真實的街道上,位置號碼會按順序排列,如下所示:

```
1 4 15 19 20 50
```

想要知道位置 4 村莊的鄰村?只要向左看和向右看就知道是 1 和 15。若想要知道位置 15 村莊的鄰村?對!沒錯,它們就是 4 和 19。不用再對整個串列搜尋了。對村莊位置串列進行排序能簡化我們的程式碼設計工作。

我們可以利用 append 方法把位置新增到串列中,並使用 sort 方法對串列進行排序。以下會先學習這兩種方法,另外也會介紹一些在繼續使用串列時可能會有用的其他方法,隨後再回來解決「村莊的街區」問題。

新增到串列

append 方法會新增值到串列中,也就是會把某個值新增到串列的尾端。以下是把三個村莊位置新增到 positions 串列(初始是空串列):

```
>>> positions = []
>>> positions.append(20)
>>> positions
[20]
>>> positions.append(50)
>>> positions
[20, 50]
>>> positions.append(4)
>>> positions
[20, 50, 4]
```

請留意，這裡使用 append 方法而不是用指定陳述句。append 方法不會返回串列；它會就地修改現有串列。

指定陳述句與呼叫方法一起使用時可能會出現一個常見的錯誤。這個錯誤會導致串列遺失，如下列範例所示：

```
>>> positions
[20, 50, 4]
>>> positions = positions.append(19)
>>> positions
```

結果變成什麼都沒有了！從技術上來講，positions 現在指到的是 None 值；請看使用 print 印出的結果：

```
>>> print(positions)
None
```

None 值通常用來表示沒有可用的資訊。但這絕對不是我們所期望的，我們想要的應該是有 4 個村莊位置的資訊才對！不過已經因為錯誤的指定陳述句而弄丟了串列的正確內容。

如果您的串列內容弄丟了，或是變成 None 值相關的錯誤訊息，請確定是否在使用修改串列的方法時又用了指定陳述句。

extend 方法與 append 方法很相似。如果想要把某個串列（不是單個值）連接到現有串列的尾端時，可以使用 extend 方法來處理。以下是實際範例：

```
>>> lst1 = [1, 2, 3]
>>> lst2 = [4, 5, 6]
>>> lst1.extend(lst2)
>>> lst1
[1, 2, 3, 4, 5, 6]
>>> lst2
[4, 5, 6]
```

如果要在串列中某個位置而不是在尾端插入值時，可以使用 insert 方法。此方法會接受一個索引位置和一個值，然後在該索引位置插入這個值：

```
>>> lst = [10, 20, 30, 40]
>>> lst.insert(1, 99)
>>> lst
[10, 99, 20, 30, 40]
```

串列的排序

sort 方法會對串列進行排序，將串列中的值按順序重新排列。如果我們不帶引數呼叫 sort 方法，預設情況下的排放順序是從小到大排序：

```
>>> positions = [20, 50, 4, 19, 15, 1]
>>> positions.sort()
>>> positions
[1, 4, 15, 19, 20, 50]
```

如果在呼叫時使用「reverse=True」當引數來呼叫，排放順序會變成從大到小降冪排序：

```
>>> positions.sort(reverse=True)
>>> positions
[50, 20, 19, 15, 4, 1]
```

這裡使用的「reverse=True」引數是第一次出現。根據之前在本書中所學的呼叫方法和函式的方式，您可能會認為只要用 True 就會起作用。但不是，sort 方法需要整個「reverse=True」式子，原因我會在第 6 章說明解釋。

從串列中移除某個值

pop 方法可以把串列中指定索引位置的值移除掉。如果沒有提供索引位置的引數，pop 預設是移除並返回最右側的值。

```
>>> lst = [50, 30, 81, 40]
>>> lst.pop()
40
```

我們把要刪除的值的索引編號當作引數傳給 pop 方法來處理。在下面的例子中，我們刪除並返回索引 0 位置的值：

```
>>> lst.pop(0)
50
```

因為 pop 方法會返回一些東西（append 和 sort 方法不會返回），所以把它的返回值指定到某個變數是有意義的：

```
>>> lst
[30, 81]
>>> value = lst.pop()
>>> value
81
>>> lst
[30]
```

remove 方法按照「值」來刪除，而不是按照「索引」來刪除。把想要刪除的值傳給 remove，它會從串列中找到最左邊第一個出現的那個值並刪除掉。如果「值」不存在，則 remove 會產生錯誤訊息。在下面的範例中，串列內有兩個 50 的值，因此 remove(50) 處理兩次後再用同個指令時才會產生錯誤：

```
>>> lst = [50, 30, 81, 40, 50]
>>> lst.remove(50)
>>> lst
[30, 81, 40, 50]
>>> lst.remove(50)
>>> lst
[30, 81, 40]
>>> lst.remove(50)
Traceback (most recent call last):
  File "<stdin>", line 1, in <module>
ValueError: list.remove(x): x not in list
```

觀念檢測

下列程式碼執行後 lst 的值是什麼？

```
lst = [2, 4, 6, 8]
lst.remove(4)
lst.pop(2)
```

A. [2, 4]

B. [6, 8]

C. [2, 6]

D. [2, 8]

E. 程式出現錯誤

答案：C。remove 方法會把 4 刪掉，lst 變成 [2, 6, 8]。再用 pop 方法把索引位置 2 的值刪掉（也就是刪掉 8），最後 lst 為 [2, 6]。

問題的解答

假設我們已經成功讀取並排序了村莊的位置。如下面串列這個樣子：

```
>>> positions = [1, 4, 15, 19, 20, 50]
>>> positions
[1, 4, 15, 19, 20, 50]
```

若想要找出最小街區的規模大小，我們先處理索引 1 村莊的街區大小（請注意這裡不是從索引 0 開始：索引 0 的村莊是最靠左側的，根據問題說明，我們可以忽略它）。處理後可以找到這個街區大小：

```
>>> left = (positions[1] - positions[0]) / 2
>>> right = (positions[2] - positions[1]) / 2
>>> min_size = left + right
>>> min_size
7.0
```

left 變數存放街區左側部分的大小，right 存放右側部分的大小。然後把這個相加就能獲得街區的總共大小。這裡得到的結果值為 7.0。

這就是我們找出來的值。但我們怎麼知道其他村莊是否還有更小的街區呢？我們可以使用迴圈來處理其他村莊。如果發現比目前最小街區更小的值，我們就把目前最小的街區更新為更小的值。

這一題的解決方案程式碼在 Listing 5-1 中。

▶Listing 5-1：村莊的街區（Village Neighborhood）的解答

```
   n = int(input())

❶ positions = []

❷ for i in range(n):
   ❸ positions.append(int(input()))
```

```
❹ positions.sort()

❺ left = (positions[1] - positions[0]) / 2
  right = (positions[2] - positions[1]) / 2
  min_size = left + right

❻ for i in range(2, n - 1):
      left = (positions[i] - positions[i - 1]) / 2
      right = (positions[i + 1] - positions[i]) / 2
      size = left + right
    ❼ if size < min_size:
          min_size = size

  print(min_size)
```

我們先從輸入中讀取 n ，這個數字代表村莊的數量。我們還設定了 positions 變數來指到空串列❶。

第一個 for 迴圈❷配合 range 函式的每次迭代負責讀取村莊位置並將其新增到 positions 串列中。這是透過 input 來讀取下一個村莊位置，並使用 int 將其轉換為整數，然後使用 list 的 append 方法把這個整數新增到串列中❸。這一行❸等於以下的三行：

```
position = input()
position = int(position)
positions.append(position)
```

讀取村莊位置後，接下來按照升冪對串列進行排序❹。然後我們在索引 1 位置算出村莊左右街區的大小，並使用 min_size 變數存放❺。

接下來，在第二個迴圈中會遍訪其他需要村莊來計算街區大小❻。這些村莊從索引 2 位置開始，到索引 n - 2 位置結束（我們不需考慮索引 n - 1 位置的村莊，因為那是最右側的村莊）。因此 range 的第一個引數為 2（從 2 開始）和第二個引數為 n - 1（到 n - 2 結束）。

在迴圈內部計算目前村莊街區的大小，與對第一個村莊所做的完全一樣。到目前為止我們發現的最小街區的規模大小是存放在 min_size 變數。目前村莊算出的街區大小有比最小的街區 min_size 還小嗎？為了判斷檢查，我們使用 if 陳述句來處理❼。如果這個村莊的街區小於 min_size，就把 min_size 更新為這個街區的大小。如果這個村莊的街區沒有小於 min_size，則什麼都不做，因為不需要改變 min_size。

遍訪所有村莊後，min_size 就是最小的街區。因此直接輸出 min_size 的值。

此問題描述的「輸出」部分指定要求計算到「小數點後一位」。如果 min_size 是 6.25 或 8.33333 呢？我們需要做什麼處理嗎？

不需要，程式碼所做的一切已符合需要。我們能取得的街區大小大都是 3.0（小數點後一位為 0）和 3.5（小數點後為 5）之類的數字。為什麼呢？當在計算街區的左側部分時是兩個整數相減的結果再除以 2。如果是偶數除以 2，則會整除得到 .0 的小數位（沒有餘數）。如果是奇數除以 2，則小數位數會是 .5 的數字。街區的右側部分也是如此：不是 .0 就是 .5 的數字。因此，左右部分的數字相加後也會保證得到另一個小數位是 .0 或 .5 的數字。

避免程式碼的重複：另外兩個解決方案

有點令人失望的是，我們是在第二個 for 迴圈之前和迴圈內部都進行「計算街區大小」，這裡是重複的程式碼。一般來說，出現重複的程式碼代表我們可以改進程式碼的設計。我們希望避免程式碼的重複出現，因為會增加程式維護的工作量，而且當重複的程式碼有缺陷時，更難修復程式碼中的問題。在上述的例子中，重複的程式碼對我來說似乎還能接受（只有三行），但我還是要談談可以避免重複的兩種方法。學會這種通用的解決方法之後就能應用到其他類似問題。

使用超大的值

在迴圈之前計算街區大小的唯一原因是讓迴圈中有一個最小值可以和其他街區算出來的大小進行比較。如果在沒有 min_size 值的情況下進入迴圈，當程式碼嘗試將其與目前村莊的大小進行比較時，就會出現錯誤。

如果我們在迴圈之前把 min_size 設為 0.0，那麼迴圈可能永遠找不到比這個 0.0 更小的規模，無論測試用例為何，執行後都會輸出錯誤的 0.0 值。所以使用 0.0 當初始值是個錯誤的決定！

但如果使用超大的值，至少使用與可能街區大小一樣大的值，這種設定方式能讓程式發揮作用。只需要讓這個值大一點，這樣就能確保迴圈的第一次迭代會找到小於這個值的街區規模，如此就能保證這個假的超大值永遠不會輸出。

從這個問題描述的「輸入」部分中得知，每個位置的值是在 -1,000,000,000 到 1,000,000,000 之間的整數。那麼當我們在位置 -1,000,000,000 處有個村莊，在位置 1,000,000,000 處有一個村莊，以及介於兩者中間的某個村莊，那麼在計算中間這個村莊的街區可能就是最大的值。這裡中間村莊的街區規模大小就會達到 1,000,000,000 這麼大。因此，我們可以把 1000000000.0 或更大的值當作 min_size 的初始值。以這種方式重新編寫的程式碼列示在 Listing 5-2 中。

▶Listing 5-2：使用超大值的解答

```
n = int(input())

positions = []

for i in range(n):
    positions.append(int(input()))

positions.sort()

min_size = 1000000000.0

❶ for i in range(1, n - 1):
    left = (positions[i] - positions[i - 1]) / 2
    right = (positions[i + 1] - positions[i]) / 2
    size = left + right
    if size < min_size:
        min_size = size

print(min_size)
```

請小心！❶這裡需要從索引 1（而不是 2）開始計算街區大小；不然程式就會忘記計算在索引 1 位置的村莊。

建構一個存放街區大小的串列

避免程式碼重複的另一種方法是把每個算出來的街區大小值都存放在串列內。Python 有一個內建的 min 函式，傳入一個序列後可返回該序列的最小值：

```
>>> min('qwerty')
'e'
>>> min([15.5, 7.0, 2.5, 7.5])
2.5
```

（Python 也有一個 max 函式，傳入一個序列後可返回該序列的最大值。）

有關在街區大小的串列上使用 min 函式的解決方案，請參考 Listing 5-3。

▶Listing 5-3：使用 min 函式的解答

```
n = int(input())

positions = []

for i in range(n):
    positions.append(int(input()))

positions.sort()

sizes = []

for i in range(1, n - 1):
    left = (positions[i] - positions[i - 1]) / 2
    right = (positions[i + 1] - positions[i]) / 2
    size = left + right
    sizes.append(size)

min_size = min(sizes)
print(min_size)
```

隨意從上述解決方案中選一種，然後提交到競賽解題系統網站，選您最喜歡的方案即可！

在繼續學習之前，請嘗試解決「本章習題」中的第 1 題。

問題#12：學校旅行（School Trip）

我們在未來會遇到的許多題型都要處理每行輸入多個整數或浮點數。不過到目前為止還沒出現這種題目，但這類處理是無處不在的！我們現在就來學習如何使用串列來處理此類問題的輸入。

這個問題在 DMOJ 網站的題庫編號為 ecoo17r1p1。

挑戰

學生們想在年底辦一次學校旅行，但他們需要一筆錢來支付旅費。為了籌集資金，他們組織了一個餐會。若想要參加餐會，一年級學生支付 12 美元、二年級支付 10 美元、三年級支付 7 美元、四年級支付 5 美元。

在餐會籌集的所有資金中，50% 可用於支付學校旅行的費用（另外 50% 用於支付餐會的開銷）。

我們得知學校旅行的費用、每年的學生比例和學生總數之後。利用這些資訊計算出學生是否還需要為學校旅行籌集更多資金。

輸入

輸入的內容包含 10 個測試用例，每個測試用例有三行（共 30 行）。以下是每個測試用例的三行內容：

- 第一行是以美元為單位的學校旅行費用；數值是介於 50 到 50,000 之間的整數。

- 第二行包含四個數值，分別代表第一年、第二年、第三年和第四年的餐會學生比例。數值之間有個空格分開。數值為 0 到 1 之間的百分比數字，全部加起來等於 1（就是加起來是 100%）。

- 第三行是整數 n，代表參加餐會的學生人數。n 是 4 到 2,000 之間的整數。

輸出

對每個測試用例進行計算並輸出結果：如果學生需要為學校旅行籌集更多的錢則輸出 YES；不用再籌錢則輸出 NO。

解題中的小陷阱

假設有 50 名學生，其中 10%（比例為 0.1）是四年級學生。這樣就可以計算出有 50 * 0.1 = 5 個學生在他們的第四年交錢。

現在假設有 50 名學生，但其中 15%（0.15 的比例）是四年級學生。如果相乘，就會得到 50 * 0.15 = 7.5 個四年級的學生。

有 7.5 個學生中的 0.5 好像怪怪的，題目也沒有告訴您在這種情況下應該怎麼做。完整的問題描述會指定要求無條件捨去，所以我們在這裡捨入到 7。這可能導致一年級、二年級、三年級和四年級的學生加總起來不等於學生的總數。對於沒算到的學生數，可將其加到學生最多的年級中。這樣可以確保恰好有一個年級的學生人數最多（年級之間學生數不會有一樣多的情況）。

我們先略過小數點的問題直接求解,然後再結合小數點的部分來為找出最完整的解決方案。

拆分字串和連接串列

每個測試用例的第二行是由四個百分比小數所組成,如下所示:

```
0.2 0.08 0.4 0.32
```

這裡需要一種可以從字串中提取這四個數字的方法,提取出來的數字會做進一步處理。我們將要學習 split 方法,此方法可用來把字串拆分為串列的內容。在這個處理過程中,我們還要學習字串的 join 方法,此方法可以把串列的各個值合併成單個字串。

把字串拆分放入串列

請記住,無論輸入的是什麼,input 函式返回的一定是字串值。如果輸入的內容需要被解譯成整數,則需要把字串轉換為整數。如果輸入的內容應該被解譯為浮點數,則需要把字串轉換為浮點數。但如果輸入的內容需要被解譯為四個浮點數呢?那最好在轉換之前先拆分為單獨的浮點數!

字串的 split 方法會把字串拆分為片段,並放入串列。預設情況下,split 是以空格當作分割的依據,這正是本題四個浮點數所需要的處理:

```
>>> s = '0.2 0.08 0.4 0.32'
>>> s.split()
['0.2', '0.08', '0.4', '0.32']
```

split 方法返回一個內含字串值的串列,此時我們可以單獨存取各個字串。在這裡,我把 split 返回的串列存放在 proportions 變數,然後各別存取其中的兩個值:

```
>>> proportions = s.split()
>>> proportions
['0.2', '0.08', '0.4', '0.32']
>>> proportions[1]
'0.08'
>>> proportions[2]
'0.4'
```

未整理的資料數據一般都是以逗號分隔，而不是以空格來分隔。那在拆分時改成依據逗號分割也很容易：把逗號當成引數來呼叫 split，該引數是用來指定分割的符號：

```
>>> info = 'Toronto,Ontario,Canada'
>>> info.split(',')
['Toronto', 'Ontario', 'Canada']
```

把串列的項目合併成一個字串

從另一個角度來看，若想要把串列的值合併成一個字串，而不是把一個字串拆分到串列的多個項目值，我們可以使用字串的 join 方法來達成。把串列傳入 join 中，並以分隔符號來呼叫就能完成這項處理。以下為兩個實例：

```
>>> lst = ['Toronto', 'Ontario', 'Canada']
>>> ','.join(lst)
'Toronto,Ontario,Canada'
>>> '**'.join(lst)
'Toronto**Ontario**Canada'
```

從技術上來說，join 方法可以合併任何序列值，而不是只能合併在串列中項目。以下是把對字串中的字元進行合併處理的範例：

```
>>> '*'.join('abcd')
'a*b*c*d'
```

修改串列中的值

當我們對一個由四個部分組成的字串使用 split 進行拆分時，會得到一個內含四個字串項目的串列：

```
>>> s = '0.2 0.08 0.4 0.32'
>>> proportions = s.split()
>>> proportions
['0.2', '0.08', '0.4', '0.32']
```

在第 1 章的「字串與整數的轉換」小節中，我們知道看起來像數字的字串是不能用於來當成數值進行運算的。因此，我們需要把字串的串列轉換為浮點數的串列。

這裡使用 float 函式把字串轉換為浮點數，如下所示：

```
>>> float('45.6')
45.6
```

上面只處理了一個浮點數。那要如何把整個串列的字串都轉換為浮點數並存回串列中呢？嘗試使用迴圈來處理好像是個不錯的方法：

```
>>> for value in proportions:
...     value = float(value)
```

從邏輯上來說應該是遍訪串列中的每個值並將其轉換為浮點數。

但悲劇是，上面的迴圈沒有作用。串列的項目仍然是字串值：

```
>>> proportions
['0.2', '0.08', '0.4', '0.32']
```

這裡有什麼問題呢？float 轉換沒有作用嗎？透過查看轉換後值的型別，我們看到 float 轉換成功了：

```
>>> for value in proportions:
...     value = float(value)
...     type(value)
...
<class 'float'>
<class 'float'>
<class 'float'>
<class 'float'>
```

沒錯，是四個浮點數！但串列中的值仍是字串。

原因是我們並沒有更改串列中參照到的值。我們只改變了 value 變數指到的內容，但並沒有改變 proportions 串列仍然是指到舊字串值。要真正變更串列參照指到的值，需要在串列的索引位置指定新值進去。以下是真正的做法：

```
>>> proportions
['0.2', '0.08', '0.4', '0.32']
>>> for i in range(len(proportions)):
...     proportions[i] = float(proportions[i])
...
>>> proportions
[0.2, 0.08, 0.4, 0.32]
```

for 迴圈以串列長度為範圍遍訪每個索引位置，指定陳述句會真正更改該索引位置所指到的內容。

解決大部分的問題

我們現在已掌握正確的知識可以解決問題和修補疑點。

接下來以一個範例為起始,用這個例子來突顯程式碼必須做的工作。然後再轉到解決本題所需的程式碼本身。

探索測試用例

這個問題的輸入內容包含 10 組測試用例,但我在這裡只展示一個。如果您從鍵盤輸入這個測試用例,您就會看到答案。但程式不會在這裡停止,因為它還等著要處理下一個測試用例。如果您使用輸入重新導向來處理此測試用例,一樣會看到答案,但會出現 EOFError。EOF 表示「檔案結束(end of file)」的意思;EOFError 錯誤是程式試圖讀取超出可用輸入內容而引起的。如果您的程式碼能搞定一個測試用例,那就可以嘗試輸入更多測試用例來確保程式也能正常運作。一旦可以處理 10 組用例,則程式應該算是完成了。

我們就用以下這組測試用例來做示範:

```
504
0.2 0.08 0.4 0.32
125
```

學校旅行費用為 504 美元,有 125 名學生參加了餐會。

為了確定餐會籌集了多少資金,我們計算了每個年級的學生所籌集的資金。一年級有 125 * 0.2 = 25 名學生,他們每個人為餐會支付 12 美元。因此,一年級的學生籌集了 25 * 12 = 300 美元。我們以此類推計算二年級、三年級和四年級學生所籌集的資金。這項處理列示在表 5-1 中。

表 5-1:學校旅行的範例

年級	年級的學生數	學生支付餐費	籌集的資金
一年級	25	12	300
二年級	10	10	100
三年級	50	7	350
四年級	40	5	200

各年級學生籌集的資金是用該年級學生人數乘以該年級每名學生的支付費用所算出來的；請參閱表 5-1 最右側那個欄位。要算出所有學生籌集的總資金，可以把最右側那欄中的四個數字加起來。結果是 300 + 100 + 350 + 200 = 950 美元。其中只有 50% 可用於學校旅行。所以剩下 950 / 2 = 475 美元，這並不足以支付 504 美元的旅行費用。因此這題的正確的輸出內容是「YES」，需要籌集更多的錢。

程式碼

以下僅是這個問題前一部分的主要解決方案，這裡的程式碼能正確處理輸入的內容，並將學生比例乘以學生人數得出學生總數（例如剛剛做的測試用例）。程式碼請參考 Listing 5-4。

▶Listing 5-4：學校旅行問題的主要程式碼

```
❶ YEAR_COSTS = [12, 10, 7, 5]


❷ for dataset in range(10):
       trip_cost = int(input())
   ❸ proportions = input().split()
       num_students = int(input())

   ❹ for i in range(len(proportions)):
           proportions[i] = float(proportions[i])

   ❺ students_per_year = []

       for proportion in proportions:
       ❻ students = int(num_students * proportion)
           students_per_year.append(students)

       total_raised = 0
   ❼ for i in range(len(students_per_year)):
           total_raised = total_raised + students_per_year[i] *
               YEAR_COSTS[i]

   ❽ if total_raised / 2 < trip_cost:
           print('YES')
       else:
           print('NO')
```

首先，我們使用 YEAR_COSTS 變數來表示參加餐會的費用串列：學生一年級、二年級、三年級和四年級的費用❶。一旦確定了各年級的學生人數，就會

乘以這些值來算出籌集的資金。費用值永遠不會改變，所以我們永遠不會改變這個變數所指到的內容。對於這種「常數」變數，Python 的慣例是使用大寫字母取名字，如這裡的程式碼。

輸入內容包含 10 組測試用例，因此我們迴圈迭代 10 次❷，每組測試用例迭代一次。程式的其餘部分在這個迴圈內，因為我們要重複處理 10 次。

對每組測試用例，我們讀取三行輸入內容。其中第二行的內容為四個百分比例的數字，我們使用 split 方法將其拆分為含有四個字串的串列❸。然後用 for 迴圈配合 range 把這些字串都的轉換為浮點數❹。

下一項工作是使用這些比例數值來確定各年級的學生人數。首先初始化一個空串列❺。然後把每個年級的比例乘以學生總數❻，並將結果新增到串列內。請留意❻這裡有用 int 來確保只取整數。如果在浮點數上使用 int 時，會無條件捨去小數部分。

現在我們有了兩個串列可以計算籌集了多少資金。在 student_per_year 串列中有每個年級的學生人數，看起來像下面這樣：

```
[25, 10, 50, 40]
```

在 YEAR_COSTS 串列中有每個年級參加餐會的費用：

```
[12, 10, 7, 5]
```

這些串列中索引 0 位置的值都是一年級學生的資訊、索引 1 位置的值則是二年級學生的資訊，依此類推。這樣的串列稱之為**平行串列**（**parallel lists**），因為對這種串列進行平行處理會比單獨處理能產生更多有用的資訊。

我們使用這兩個串列來計算籌集的總資金，方法是把各年級的學生人數乘以各年級學生的費用，然後將這些結果相加就是籌集的總資金❼。

籌集的總資金是否足夠支付學校旅行的費用？為了找出答案，我們使用 if 陳述句來協助判斷❽。餐會籌集的資金中有一半可以用來支付學校旅行。如果這筆錢少於學校旅行所需的費用，那麼就需要籌集更多的錢（輸出 YES）；如果不是，則不需籌集更多的錢（輸出 NO）。

這裡編寫的程式碼很平常。唯一還需要留意的是四個年級的學生數量❶。如果想要解決各年級計算學生數時有小數點的問題，我們需要做的是修改變輸入行

的學生比例數值（提供不會出現小數點問題的比例數值）。這就是串列的力量，它能幫助我們設計寫出更靈活有彈性的程式碼，可以適應解決問題的各種變化。

怎麼處理學生人數出現小數點的問題

現在讓我們看看為什麼目前的程式會對某些測試用例產生錯誤的結果，以及使用什麼 Python 功能來修復它。

探索測試用例

以下的測試用例會讓上述的程式碼產生錯誤結果：

```
50
0.7 0.1 0.1 0.1
9
```

這一次的用例中，學校旅行費用為 50 美元，有 9 名學生參加餐會。對於一年級的學生人數，以目前的程式計算是 9 * 0.7 = 6.3，然後無條件捨去取整數為 6。這裡的示範讓我們注意到必須要小心處理這種測試用例的原因。若想要了解目前程式在四年級中相關處理用，請參考表 5-2。

表 5-2：產生錯誤結果的測試用例

年級	年級的學生數	學生支付餐費	籌集的資金
一年級	6	12	72
二年級	0	10	0
三年級	0	7	0
四年級	0	5	0

除了一年級，其他各年級都是 0 個學生，因為 9 * 0.1 = 0.9 時無條件捨去結果為 0。所以程式算出來籌集的資金只有 72 美元。72 美元的一半是 36 美元，不足以支付 50 美元的學校旅行費用。目前的程式會輸出 YES，告知我們需要籌集更多資金。

...不對哦。應該有 9 個學生，而不是 6 個！程式因為無條件捨去而少算 3 名學生。問題的說明中指示應該把這些少算的學生加到人數最多的年級，在本例中為一年級。如果我們這樣處理，實際上籌集到的是 9 * 12 = 108 美元。108 美元的一半是 54 美元，這已足夠支付 50 美元的學校旅行費用，我們不需要再籌集更多的錢！正確的輸出應該是 NO。

更多串列的操作處理

為了修復前面程式的錯誤，我們需要做兩件事：弄清楚有多少學生因無條件捨去而少算，並把這些學生加回到學生數最多的年級中。

串列的加總

若想要確定因無條件捨去而少算的學生人數，我們可以把 student_per_year 串列中的學生數加總起來，然後從學生總數中再減去這個加總數字。Python 的 sum 函式可傳入一個串列並返回該串列所有值的加總：

```
>>> students_per year = [6, 0, 0, 0]
>>> sum(students_per_year)
6
>>> students_per_year = [25, 10, 50, 40]
>>> sum(students_per_year)
125
```

找出最大值的索引編號

Python 的 max 函式能傳入一個序列並返回其最大值：

```
>>> students_per_year = [6, 0, 0, 0]
>>> max(students_per_year)
6
>>> students_per_year = [25, 10, 50, 40]
>>> max(students_per_year)
50
```

我們想要找出串列中最大值的索引位置，而不是最大值本身，以便把少算的學生數加回到該索引位置的學生數。找出最大值後，我們可以使用 index 方法找到這個值的索引位置。這個 index 方法會由左向右尋找，並返回找到符合該值的第一個索引位置，或者如果該值根本不在串列中，則生成錯誤訊息：

```
>>> students_per_year = [6, 0, 0, 0]
>>> students_per_year.index(6)
0
>>> students_per_year.index(0)
1
>>> students_per_year.index(50)
Traceback (most recent call last):
  File "<stdin>", line 1, in <module>
ValueError: 50 is not in list
```

我們所要搜尋的值是由串列中找出的最大值,因此不必擔心會出錯。

問題的解答

我們都準備好了!現在可以更新程式中還不能處理的部分,也就是會因為小數無條件捨去而造成的無效情況。新的程式碼列示在 Listing 5-5 中。

▶Listing 5-5:學校旅行問題的正確解答

```
    YEAR_COSTS = [12, 10, 7, 5]


for dataset in range(10):
    trip_cost = int(input())
    proportions = input().split()
    num_students = int(input())

    for i in range(len(proportions)):
        proportions[i] = float(proportions[i])

    students_per_year = []

    for proportion in proportions:
        students = int(num_students * proportion)
        students_per_year.append(students)

❶   counted = sum(students_per_year)
    uncounted = num_students - counted
    most = max(students_per_year)
    where = students_per_year.index(most)
❷   students_per_year[where] = students_per_year[where] + uncounted

    total_raised = 0

    for i in range(len(students_per_year)):
        total_raised = total_raised + students_per_year[i] *
            YEAR_COSTS[i]

    if total_raised / 2 < trip_cost:
```

```
        print('YES')
    else:
        print('NO')
```

上面唯一更新程式碼是從❶開始的五行程式。我們使用 sum 來加總到目前為止已計算的學生數,然後再以學生總數減掉這個數,得出因小數捨去而少算的學生數。然後使用 max 和 index 來找出有最多學生數的年級的索引位置。最後,把把少算的學生數加回到的這個索引位置❷(數字加 0 不會有影響,因此不要擔心在少算學生數 uncounted 為 0 的情況。在這種情況下,這段程式碼是安全的)。

這就是這個問題的完整解答。來吧,請把程式碼提交到競賽解題系統網站!接著就準備探索和學習更通用的串列結構相關知識。

在繼續之前,請試著去解決這一章最後的「本章習題」中的第 5 題。

問題#13:Baker 獎金(Baker Bonus)

在這個問題中,我們將要學習怎麼利用串列來協助處理二維數據資料。這種數據資料經常出現在現實世界的程式中。舉例來說,試算表形式的資料由欄和列所組成;處理此類資料需要用到即將學習的技術。

這個問題在 DMOJ 網站的題庫編號為 ecoo17r3p1。

挑戰

Baker Brie 有許多加盟商,各個加盟商會對消費者提供烘焙食品的銷售。Baker Brie 創業 13 週年慶,會根據銷售額頒發獎金來慶祝。獎金取決於每天的銷售額和各個加盟商的銷售額。以下是獎金的頒發計算方式:

· 所有加盟商每天的總銷售額為 13 的倍數,該倍數會當作為獎金發放。例如,如果加盟商烘焙食品在某一天銷售額為 26,則該天的獎金是 2(26 / 13 = 2)。

· 所有加盟商在活動期間的總銷售額是 13 的倍數,該倍數將作為獎金發放。例如,活動期間的烘焙食品銷售額是 39 的加盟商,將在獎金總數上加 3(39 / 13 = 3)。

請計算出要頒發的獎金總數。

輸入

輸入內容是由 10 組測試用例所組成。每組測試用例包含以下幾行：

- 一行中包含以下兩個整數：加盟商 f 和活動天數 d，以空格分隔開。f 是 4 到 130 的整數，d 是 2 到 4,745 的整數。

- d 行，一天一行，包含由空格分隔的 f 個整數。每個整數代表的是一個銷售額。這些行中的第一行是第一天各個加盟商的銷售額，第二行是第二天各個加盟商的銷售額，依此類推。這些整數都在 1 到 13,000 之間。

輸出

處理所有的測試用例，輸出要頒發的獎金總數。

以表格來呈現

這個問題的數據資料可以用表格來呈現。這裡用一個例子來說明，一起來看看怎麼用表格來呈現這些欄和列的數據資料。

探討測試用例

如果我們有 d 天和 f 個加盟商，那可以把數據配置成具有 d 列和 f 欄的表格。

以下是一組測試用例：

```
6 4
1 13 2 1 1 8
2 12 10 5 11 4
39 6 13 52 3 3
15 8 6 2 7 14
```

這組測試用例配置而成的對應表格如表 5-3。

表 5-3：獎金的表格呈現

	0	1	2	3	4	5
0	1	13	2	1	1	8
1	2	12	10	5	11	4
2	39	6	13	52	3	3
3	15	8	6	2	7	14

我從 0 開始對列和欄進行編號，這樣就能把數據存放到二維的串列。

在這組測試案例要頒發多少獎金呢？我們先看表格中的列，每一列對應一天
數。第 0 列的銷售額總和為 1 + 13 + 2 + 1 + 1 + 8 = 26。由於 26 是 13 的倍數，
因此這一列的獎金是 26 / 13 = 2。第 1 列的總和是 44。這不是 13 的倍數，所以
沒有獎金。第 2 列的總和是 116，同樣沒有獎金。第 3 列的總和是 52，這列的
獎金是 52 / 13 = 4。

現在探討代表加盟商的各個欄位。第 0 欄的總和是 1 + 2 + 39 + 15 = 57。這不
是 13 的倍數，所以沒有獎金。事實上，唯一給獎金的欄是第 1 欄。該欄的總
和是 39，獎金是 39 / 13 = 3。

所以這組測試用例的獎金總數為 2 + 4 + 3 = 9。因此，9 就是正確的輸出。

巢狀嵌套串列

到目前為止，我們已經看過整數、浮點數和字串的串列。接下來要學習建立串
列中的串列，這種串列稱為巢狀嵌套串列。該串列的每個項目值本身就是一個
串列。這類巢狀嵌套串列所使用的變數名稱很常見到像 grid 或 table 這種名稱。
以下是與表 5-3 對應的 Python 串列：

```
>>> grid = [[ 1, 13, 2, 1, 1, 8],
...         [ 2, 12, 10, 5, 11, 4],
...         [39, 6, 13, 52, 3, 3],
...         [15, 8, 6, 2, 7, 14]]
```

每個串列值對應一列。如果使用一個索引編號，可存取一列資料，它本身就是
一個串列：

```
>>> grid[0]
[1, 13, 2, 1, 1, 8]
>>> grid[2]
[39, 6, 13, 52, 3, 3]
```

如果使用兩個索引位置編號，就可取得串列中的某個值。以下是第 1 列第 2 欄中的值：

```
>>> grid[1][2]
10
```

處理欄會比處理列要麻煩一些，因為一欄的資料是分佈在多個串列內。要存取一欄資料，則需要從每一列中聚合一個值。我們可以用迴圈來處理，這樣能逐步建構一個代表一欄的新串列。以下是我所取得的第 1 欄資料：

```
    >>> column = []
    >>> for i in range(len(grid)):
❶ ...      column.append(grid[i][1])
    ...
    >>> column
    [13, 12, 6, 8]
```

請注意第一個索引（代表列）會變化，但第二個（欄）則沒有變❶。這樣能挑選出同一欄索引位置的每個值。

對列和欄的加總要怎麼樣處理呢？若想要對一列進行加總，可使用 sum 函式來處理。以下是第 0 列的加總：

```
>>> sum(grid[0])
26
```

我們也可以用迴圈來處理加總：

```
>>> total = 0
>>> for value in grid[0]:
...     total = total + value
...
>>> total
26
```

使用 sum 函式是較簡單的選擇，所以我們會使用它。

若要對一欄進行加總，我們先要建構一個個串列來存放一欄資料再對其使用 sum，或者直接計算而不建立新串列。以下是第 1 欄進行加總時以不建立新串列而直接加總的方法：

```
>>> total = 0
>>> for i in range(len(grid)):
...     total = total + grid[i][1]
...
>>> total
39
```

觀念檢測

以下程式碼的輸出結果為何？

```python
lst = [[1, 1],
       [2, 3, 4]]
x = 0

for i in range(len(lst)):
    for j in range(len(lst[0])):
        x = x + lst[i][j]

print(x)
```

A. 2

B. 7

C. 11

D. 顯示錯誤訊息（使用了無效的索引編號）

答案：B。迴圈的變數 i 會遍訪值 0 和 1（因為 lst 的長度為 2）；變數 j 也經過值 0 和 1（因為 lst[0] 的長度是 2）。因此，串列中加總的值是每個索引為 0 或 1 的值。特別的是，這裡的加總不包括 lst[1][2] 處的 4。

觀念檢測

下列程式碼中有兩個 print，其輸出內容為何？

```python
lst = [[5, 10], [15, 20]]
x = lst[0]
x[0] = 99
print(lst)

lst = [[5, 10], [15, 20]]
y = lst[0]
y = y + [99]
print(lst)
```

A. [[99, 10], [15, 20]]
   [[5, 10], [15, 20]]
B. [[99, 10], [15, 20]]
   [[5, 10, 99], [15, 20]]
C. [[5, 10], [15, 20]]
   [[5, 10], [15, 20]]
D. [[5, 10], [15, 20]]
   [[5, 10, 99], [15, 20]]

答案：A。x 指到的是 lst 的第一列；這是引用參照到 lst[0] 的另一種方式。因此，當我們執行 x[0] = 99 時，查看 lst 串列時也會反映出這種變化。

接下來，y 指到的是 lst 的第一列。但隨後我們讓 y 連接加入 99 的值，這會指到一個新串列，而不是 lst 的第一列。

問題的解答

這個問題的解答列示在 Listing 5-6 中：

▶Listing 5-6：Baker 獎金的解答

```
for dataset in range(10):
❶ lst = input().split()
   franchisees = int(lst[0])
   days = int(lst[1])
   grid = []

❷ for i in range(days):
       row = input().split()
     ❸ for j in range(franchisees):
           row[j] = int(row[j])
     ❹ grid.append(row)

   bonuses = 0

❺ for row in grid:
   ❻ total = sum(row)
       if total % 13 == 0:
```

```
                bonuses = bonuses + total // 13

❼ for col_index in range(franchisees):
        total = 0
   ❽ for row_index in range(days):
            total = total + grid[row_index][col_index]
        if total % 13 == 0:
            bonuses = bonuses + total // 13

    print(bonuses)
```

與「學校旅行（School Trip）」問題一樣，輸入內容包含 10 組測試用例，因此我們將所有程式碼放在一個迴圈中，讓這個迴圈迭代 10 次。

對於每組測試用例，在讀取輸入的第一行時會呼叫 split 將其拆分為一個串列❶。該串列包含兩個值（加盟商數量和天數）。我們把兩個值轉換為整數並將它們指到取了適當名稱的變數。

grid 變數初始值是個空串列。它最終會指到代表多列資料的串列，其中每一列是一天的銷售額。

這裡使用一個 for 迴圈配合範圍來對每天迭代處理❷。隨後從輸入中讀取一列並呼叫 split 將其拆分為單個銷售額的串列。這些值現在是字串，還需要使用嵌套迴圈將它們全部轉換為整數❸。然後把這一列新增到 grid 中❹。

我們現在已經讀取了輸入並存入 grid 中。現在可以把處理獎金的部分了。我們分兩個步驟進行處理：首先是處理列的獎金，其次是欄的獎金。

為了從列中算出獎金，我們在 grid 上使用 for 迴圈來處理❺。與串列中的任何 for 迴圈一樣，它一次處理一個值。在這裡，每個值都是一個串列，所以在每次迭代時會讓 row 會指到不同的串列。sum 函式可用於任何數值型的串列，因此在這裡使用 sum 對目前列中的值進行加總❻。如果加總值 total 可以被 13 整除，則把 total 整除 13 的結果累加到 bonues 獎金數中。

我們不能以遍訪「列」的方式處理串列的「欄」，所以需要使用遍訪索引編號。透過使用範圍迴圈來遍訪「欄」的索引編號就可做到這個需求❼。對於欄的加總是不能使用 sum 來處理的，因此需要設計一個巢狀嵌套的迴圈來配合。這個嵌套迴圈會遍訪所有的「列」❽，再把其「欄」位置中的每個值加總。隨後我們檢查該加總數字是否能被 13 整除，如果是，則把整除結果加到 bonues 獎金中。

我們印出獎金總數來完成這個問題的解答。

現在是解題系統網站的時間了！如果您提交完成的程式碼到競賽解題系統網站，就應該會看到所有的測試用例都通過了。

總結

在本章中，我們學習了串列的相關知識和應用，串列能幫助我們處理各種型別資料的集合。數值串列、字串串列、串列中的串列：Python 支援我們需要的所有東西。我們還學習了串列的方法以及為什麼對串列進行排序後能更輕鬆地處理串列中的值。

與字串相反，串列是可變的，這代表著我們可以更改串列中的內容。這有助於讓我們更輕鬆地運用串列，但在修改時必須小心，留意我們修改的是不是您所想的串列。

我們現在正處於能夠設計和編寫出很多行程式碼的學習階段。我們可以用 if 陳述句和迴圈來引導程式處理相關的工作。也能夠使用字串和串列來存放和操控打理資訊。我們已俱備了編寫程式來解決具有挑戰性問題的能力。這樣的程式可能變得不好設計和閱讀。但幸運的是可以利用工具來幫助我們組織管理程式以控制其複雜性，在下一章中我們就要開始學習工具的運用。請先完成以下的習題，這樣能夠加深您對設計和編寫較大型程式的理解。完成之後您就可以繼續向下一章前進！

本章習題

請嘗試練習實作以下題目：

1. DMOJ 題庫的問題 ccc07j3，Deal or No Deal Calculator

2. DMOJ 題庫的問題 coci17c1p1，Cezar

3. DMOJ 題庫的問題 coci18c2p1，Preokret

4. DMOJ 題庫的問題 ccc00s2，Babbling Brooks（請利用 Python 的 round 函式）

5. DMOJ 題庫的問題 ecoo18r1p1，Willow's Wild Ride

6. DMOJ 題庫的問題 ecoo19r1p1，Free Shirts

7. DMOJ 題庫的問題 dmopc14c7p2，Tides

8. DMOJ 題庫的問題 wac3p3，Wesley Plays DDR

9. DMOJ 題庫的問題 ecoo18r1p2，Rue's Rings（如果使用 f-strings，就需要引入 { 和 } 符號，作法是在 f-strings 中 { 是用 {{ 表示，而 } 則用 }} 表示。）

10. DMOJ 題庫的問題 coci19c5p1，Emacs

11. DMOJ 題庫的問題 coci20c2p1，Crtanje（您需要用到 -100 到 100 列。但 Python 串列的索引編號是由 0 開始的，那要怎麼使用負數的索引編號來處理列呢？提示：使用 x + 100 的索引編號來存取第 x 列，也就是把列的編號右移到 0 到 200，而不直接用 -100 到 100。此外在字串中使用 \ 這個特殊字元時有個小提醒，您要使用「\\」而不是「\」。）

12. DMOJ 題庫的問題 dmopc19c5p2，Charlie's Crazy Conquest（在處理此問題時要小心索引編號的用法以及問題的遊戲規則）

NOTE

「村莊的街區（Village Neighborhood）」問題是來自 2018 年加拿大計算機競賽（Canadian Computing Competition）的初級程度題目。「學校旅行（School Trip）」問題來自 2017 年安大略省教育計算機組織程式設計競賽（Educational Computing Organization of Ontario Programming Contest），第 1 輪。「Baker 獎金（Baker Bonus）」問題來自 2017 年安大略省教育計算機組織程式設計競賽（Educational Computing Organization of Ontario Programming Contest），第 3 輪。

第 6 章
使用函式來設計程式

在編寫大型程式時，把程式碼組織打理成較小的邏輯片段是很重要的工作，各個片段部分整合後就能實現總體目標。以這樣的方式設計管理程式，我們就能獨立思考和處理各個片段部分，不必再花心思在其他片段。最後我們把會這些片段整合在一起。這些組織分割出來的片段部分就稱之為**函式**（**function**）。

在本章中，我們會使用「函式」這個概念來分解和處理兩個問題：計算紙牌遊戲兩個玩家的得分，以及決定盒裝公仔怎麼組織打理是最好的。

問題#14：紙牌遊戲（Card Game）

在這個問題中，我們會實作一個兩人的紙牌遊戲。在思考問題時，我們會發現同樣的處理邏輯出現了好幾次。我們要學習如何把同樣處理邏輯的程式碼捆綁到 Python 函式中，以避免程式碼重複出現，並提升程式碼清晰度。

這個問題在 DMOJ 網站的題庫編號為 ccc99s1。

挑戰

兩個玩家 A 和 B 正在玩紙牌遊戲（您無需了解紙牌或紙牌遊戲的規則也能理解此問題）。

遊戲是以一副 52 張的紙牌開始。玩家 A 從牌堆中取出一張牌，接著玩家 B 從牌堆中取出一張牌，然後是玩家 A，再接著是玩家 B，一直輪流抽到牌組中沒有剩餘的牌為止。

一副牌有 13 種牌型。這些牌型如下：2、3、4、5、6、7、8、9、10、J、Q、K、A（two、three、four、five、six、seven、eight、nine、ten、jack、queen、king、ace）。一副牌中每種牌型有四張牌。例如，有 4 個 2、4 個 3 等等，一直到 4 個 A（這就是為什麼一副牌中有 52 張牌：13 種牌型乘以每種有 4 張）。

大牌（**high card**）是指牌型是 J、Q、K 或 A。

當玩家拿到大牌，這些大牌就能算分。以下是得分的計算規則：

*   如果玩家拿到 J，之後牌堆中至少還留有一張牌，且下一張牌不是大牌，則玩家得 1 分。

*   如果玩家拿到 Q，之後牌堆中至少還留有二張牌，且下二張牌都不是大牌，則玩家得 2 分。

*   如果玩家拿到 K，之後牌堆中至少還留有三張牌，且下三張牌都不是大牌，則玩家得 3 分。

*   如果玩家拿到 A，之後牌堆中至少還留有四張牌，且下四張牌都不是大牌，則玩家得 4 分。

這裡要求在玩家每次得分時輸出資訊，以及遊戲結束時列出兩個玩家各自的總得分。

輸入

輸入內容共有 52 行。每一行代表一張從牌堆中抽出的牌型。這些行是按照牌從牌堆中抽出的順序排列的；也就是說，第一行是從牌堆中抽出的第一張牌，第二行是從牌堆抽出的第二張牌，依此類推。

輸出

當玩家得分時輸出如下資訊：

```
Player p scores q point(s).
```

這裡的 p 是指 A 玩家或 B 玩家，而 q 是指玩家的得分。

當遊戲結束時，再輸出如下資訊：

```
Player A: m point(s).
Player B: n point(s).
```

這裡的 m 是玩家 A 的總得分。n 是玩家 B 的總得分。

探討測試用例

如果您仔細思考如何解決這個問題，您可能會想要知道自己是否不用再學習其他新知識就有能力馬上解決它。答案是肯定的！我們現在學到的東西已經夠用了。這裡可以利用串列來表示一副牌。我們知道如何利用串列的 append 方法把紙牌加到牌堆中（放置抽出的牌），再存取這個串列中的值來判斷是否為大牌。我們甚至還可以用 f-strings 來輸出玩家和得分的資訊。

不過，與其深入研究，不如先利用一個小小的實例來探討。但目前還沒學習 Python 的一個關鍵功能「函式」，此功能可以讓我們更容易組織打理程式碼和解決這個問題。

如果我們以 52 張牌為例，那要花很長的時間才能解析探討完畢，所以讓我們縮小規模，只用 10 張牌來處理。這不是一個完整的測試用例，所以我們編寫的程式不會以這個範例來執行測試，但這已足夠讓我們了解遊戲的機制以及我們的解決方案必須做什麼工作。以下是測試用例：

```
queen
three
seven
king
nine
jack
eight
king
jack
four
```

玩家 A 先抽第一張牌，是 Q。Q 是大牌，看來玩家 A 可能得 2 分。首先我們確定在抽了這張 Q 後，牌堆中至少還剩 2 張以上的牌。接著是檢查下面 2 張牌，希望這 2 張牌都不是大牌。這 2 張牌不是大牌（用例中是 3 和 7），所以玩家 A 得 2 分。

玩家 B 抽第二張牌是 3。因為 3 不是大牌，所以玩家 B 沒有得分。

玩家 A 接著抽到 7 這張牌，沒有得分。

輪到玩家 B 抽到 K 這張牌，所以玩家 B 有可能得 3 分。在抽完 K 後剩下的牌堆中至少還剩下 3 張以上牌。我們要檢查下面 3 張牌，希望這 3 張牌都不是大牌。不幸的是這裡有張大牌 J，所以玩家 B 沒有得分。

玩家 A 接著抽到 9，沒有得分。

玩家 B 現在抽到第一張 J，而牌堆中至少還剩下一張牌。我們要檢查下一張牌，希望這張牌不是大牌。好消息：下張牌不是大牌，是 8，所以玩家 B 就得 1 分。

後續玩家 A 會再得 1 分，因為抽到牌堆倒數第二張的 J。

以上述過程來看，這個測試用例的輸出內容應該是：

```
Player A scores 2 point(s).
Player B scores 1 point(s).
Player A scores 1 point(s).
Player A: 3 point(s).
Player B: 1 point(s).
```

請注意，每次玩家拿到大牌時，我們需要檢查兩件事：牌堆中至少還有一定數量的牌，而且這一定數量的牌中沒有大牌。第一個條件可以透過使用變數來管理，該變數能告知已經拿走了多少張牌。第二個條件較難，我們需要用一些程式碼來檢查特定數量的牌中是否有大牌出現。比較糟糕的情況是，我們需要複製 4 次非常相似的程式碼來進行處理：一次是抽到 J 要檢查後 1 張牌、一次是抽到 Q 要檢查後 2 張牌、一次是抽到 K 要檢查後 3 張牌、一次是抽到 A 檢查後 4 張牌。如果後來發現處理的邏輯有缺陷，我們必須在 4 個不同的地方進行修復。

是否有一個 Python 功能可以讓我們把「這裡沒有大牌」的處理邏輯打包起來，只需設計編寫一次，然後在 4 次需要用的時候呼叫來用即可？答案是有的。這項功能被稱為**函式**（**function**），它只是一個執行某項小任務的命名程式碼區塊。函式對於程式碼的組織管理和清晰度非常重要。所有程式設計師都會用到這項功能。若沒有使用函式，設計和編寫像遊戲和文書處理器等這類大型軟體系統是不太可能的。接著讓我們學習如何使用函式。

定義和呼叫函式

我們已經學過怎麼呼叫 Python 內建的函式。舉例來說，我們使用過 input 函式來讀取輸入內容。以下是沒有使用引數的 input 呼叫：

```
>>> s = input()
hello
>>> s
'hello'
```

我們也用過 Python 的 print 函式來輸出文字內容。以下是使用一個引數呼叫 print 函式的範例：

```
>>> print('well, well')
well, well
```

Python 內建的函式大都是通用型的，目的是可以用於各種通用的處理。當我們想要一個函式來解決特定問題的工作時，就必須自己定義。

沒有引數的函式

若想要**定義**或建立一個函式，需要用到 Python 的關鍵字 def。以下是定義一個
輸出三行文字的函式：

```
>>> def intro():
...     print('*********')
...     print('*WELCOME*')
...     print('*********')
...
```

函式定義的結構就像使用 if 陳述句或迴圈的結構一樣。def 後面的名字就是我
們定義的函式名字；在上述例子中定義了一個名為 intro 的函式。在函式名稱
之後有一對括號 ()，括號中是空的沒有東西。稍後會學習在括號中放入資訊當
作引數傳給函式來處理。上面介紹的函式不接受任何引數，所以括號是空的。
括號後面是冒號，與 if 陳述句或迴圈一樣，忘了加冒號會出現語法錯誤。在定
義的下面是三行內縮的程式碼區塊，將來只要呼叫函式，就會執行內縮的程式
碼區塊。

當您定義好 intro 函式後，您可能期望馬上會看到輸出以下內容：

```
*********
*WELCOME*
*********
```

但是沒有：到目前為止我們只是定義了函式，還沒有呼叫它。定義好函式是還
沒有作用的，它只是把函式存放在電腦的記憶體中，以便稍後呼叫使用。呼叫
自己定義的函式的方法與呼叫 Python 任何內建函式的方法是一樣。這裡介紹的
函式不接受任何引數，因此我們在呼叫時只能用一組空括號：

```
>>> intro()
*********
*WELCOME*
*********
```

您想要呼叫幾次都可以，只要有需要就可以呼叫來使用。

帶有引數的函式

上述這個 intro 函式在運用上並沒有什麼彈性,因為每次被呼叫時都只做同樣的事情。我們可以修改函式,讓函式可以傳入引數,而傳入的引數會影響函式的作用。以下是新版本的 intro 函式,允許我們傳入一個引數:

```
>>> def intro2(message):
...     line_length = len(message) + 2
...     print('*' * line_length)
...     print(f'*{message}*')
...     print('*' * line_length)
...
```

在呼叫這個函式時傳入一個字串引數:

```
>>> intro2('HELLO')
*******
*HELLO*
*******
>>> intro2('WIN')
*****
*WIN*
*****
```

如果在呼叫 intro2 函式時沒有傳入引數,則會顯示錯誤訊息:

```
>>> intro2()
Traceback (most recent call last):
  File "<stdin>", line 1, in <module>
TypeError: intro2() missing 1 required positional argument: 'message'
```

這裡的錯誤訊息提醒我們在呼叫時忘了提供引數給 message。message 在函式中稱為**參數(parameter)**。當我們呼叫 intro2 時,Python 會先讓 message 指到引數所參照指到的任何東西;也就是說,message 其實是引數的別名。

我們可以建立具有多個引數的函式。以下的函式範例有兩個引數,是要印出的訊息和要印出的次數:

```
>>> def intro3(message, num_times):
...     for i in range(num_times):
...         print(message)
...
```

在呼叫時要提供 2 個引數。Python 會從左處理到右,把第一個引數指定給第一個參數,而第二個引數指定給第二個參數。在下列的呼叫實例中,'high' 指定給 message 參數,而 5 指定給 num_times 參數:

```
>>> intro3('high', 5)
high
high
high
high
high
```

在呼叫時請務必提供正確數量的引數。以 intro3 來說，我們需要提供 2 個引數。如果提供的數量不對，則會出現錯誤訊息：

```
>>> intro3()
Traceback (most recent call last):
  File "<stdin>", line 1, in <module>
TypeError: intro3() missing 2 required positional arguments: 'message'
and 'num_times'
>>> intro3('high')
Traceback (most recent call last):
  File "<stdin>", line 1, in <module>
TypeError: intro3() missing 1 required positional argument: 'num_times'
```

我們還必須確保提供的是正確型別的值。使用錯的型別值雖然也能呼叫函式，但可能導致函式內部程式的錯誤：

```
>>> intro3('high', 'low')
Traceback (most recent call last):
  File "<stdin>", line 1, in <module>
  File "<stdin>", line 2, in intro3
TypeError: 'str' object cannot be interpreted as an integer
```

引發 TypeError 錯誤訊息是因為 intro3 中的 num_times 變數是用在 for 迴圈的 range 函式，如果提供給 num_times 的引數不是整數值，那 for 迴圈的 range 函式會出錯。

關鍵字引數

呼叫函式時，是由左到右對應以引數覆蓋參數的關係。如果在呼叫時使用參數的名稱來指定，則不受由左到右順序的影響。使用參數名稱來指定的引數就稱之為**關鍵字引數**（**keyword argument**）。以下是它的運用實例：

```
>>> def intro3(message, num_times):
...     for i in range(num_times):
...         print(message)
...
>>> intro3(message='high', num_times=3)
high
high
high
```

```
>>> intro3(num_times=3, message='high')
high
high
high
```

這裡的函式呼叫都有使用兩個關鍵字引數。關鍵字引數編寫格式為參數名稱、等號及其對應的引數值。

您甚至可以在開頭的引數使用的是正常引數，而結尾的引數是用關鍵字引數：

```
>>> intro3('high', num_times=3)
high
high
high
```

不過在由左而由的引數順序中，一旦左側用了關鍵字引數，那右側的也要跟著用關鍵字引數，不然會出現錯誤訊息：

```
>>> intro3(message='high', 3)
  File "<stdin>", line 1
SyntaxError: positional argument follows keyword argument
```

在第 5 章的「串列的排序」小節中，我們在呼叫 sort 方法時使用了 reverse 關鍵字引數。Python 設計者認為 reverse 本身就是關鍵字參數的值，這表示不使用關鍵字引數就不可能填入這個值。Python 也允許我們在定義的函式做到上述這一點，但在本書我們還不需要學到這種級別的控制。

區域變數

參數名稱的作用類似於一般常規的變數，但對於定義它們的函式來說，它的作用是區域型的。也就是說，函式的參數只能作用在函式內部區域：

```
>>> def intro2(message):
...     line_length = len(message) + 2
...     print('*' * line_length)
...     print(f'*{message}*')
...     print('*' * line_length)
...
>>> intro2('hello')
*******
*hello*
*******
>>> message
Traceback (most recent call last):
  File "<stdin>", line 1, in <module>
NameError: name 'message' is not defined
```

line_length 變數也是個區域變數嗎?它是區域變數:

```
>>> line_length
Traceback (most recent call last):
  File "<stdin>", line 1, in <module>
NameError: name 'line_length' is not defined
```

如果有一個變數與呼叫的函式中的參數或區域變數使用了相同名稱,會發生什麼事呢?其中的值會在呼叫後遺失嗎?讓我們來看看以下的實例:

```
>>> line_length = 999
>>> intro2('hello')
*******
*hello*
*******
>>> line_length
999
```

嗯!呼叫了函式後,它也不受影響,還是 999。區域變數只在呼叫函式時建立,並在函式終止時銷毀,這些都不會影響其他外部具有相同名稱的變數。

函式可以存取在函式外部所建立的變數。但這種作法是不明智的,因為這樣的函式就不能由自己控制,而是依賴在外部的變數真的有存在。在本書中,我們所設計和編寫的函式都會使用區域變數。函式需要的所有資訊都是透過其參數提供給函式來處理。

可變參數

由於參數是引數的對應的別名,所以能用來處理可變值。以下的函式實例會把 lst 串列中的 value 值全都刪除:

```
>>> def remove_all(lst, value):
...     while value in lst:
...         lst.remove(value)
...
>>> lst = [5, 10, 20, 5, 45, 5, 9]
>>> remove_all(lst, 5)
>>> lst
[10, 20, 45, 9]
```

請注意,上面是使用 lst 變數把串列傳入 remove_all 中。如果您直接使用串列值(而不是指到串列的變數)呼叫此函式,則不會產生任何有用的結果:

```
>>> remove_all([5, 10, 20, 5, 45, 5, 9], 5)
```

這個函式會把串列中所有的 5 刪除了，但是因為沒有使用變數指到這個串列，所以也無法再次參照到處理完的這個串列。

觀念檢測

以下程式碼執行後的輸出結果為何？

```python
def mystery(s, lst):
    s = s.upper()
    lst = lst + [2]


s = 'a'
lst = [1]
mystery(s, lst)

print(s, lst)
```

A. a [1]

B. a [1, 2]

C. A [1]

D. A [1, 2]

答案：A。在呼叫 mystery 函式時，s 參數會建立並指到 s 引數所指到的內容，其內容是個 'a' 的字串。同樣地，lst 參數會建立並指到 lst 引數所指到的內容，這裡是個 [1] 的串列。在 mystery 內部，s 和 lst 是區域變數。

現在研究一下函式內部的二條陳述句。

第一條「s = s.upper()」。會讓區域變數 s 指到 'A'（這個字串方法會把字母變大寫）。但區域變數並不會影響外部同名的變數。外部同名的變數還是指到 'a'（原本的小寫）。

第二條「lst = lst + [2]」。這裡使用 + 處理串列會建立新的串列（原本的 lst 不會改變）。所以會讓 lst 指到新建立的串列 [1, 2]。不過因為 lst 是函式內部的區域變數，並不會影響外部同名的變數。外部同名的變數還是指到 [1]。

之前不是說過，函式可以改變可變參數嗎？這裡真的做到了；但要真的做到這一點，是需要更改值本身，而不是去改變區域變數參照指到的內容。請比較上面的程式和下面程式在執行後的輸出有何不同：

```python
def mystery(s, lst):
    s.upper() # upper creates a new string
    lst.append(2) # append changes the list


s = 'a'
lst = [1]
mystery(s, lst)

print(s, lst)
```

返回值

回到「紙牌遊戲（Card Game）」問題，我們的目標是定義一個函式來判斷串列中的牌不是大牌。這個函式取名為 no_high。現在還沒寫出 no_high 函式，但我們希望這個函式在判斷串列不是大牌時，是這樣的呼叫及返回答案。以下是我們希望的函式呼叫及返回內容：

```
>>> no_high(['two', 'six'])
True
>>> no_high(['eight'])
True
>>> no_high(['two', 'jack', 'four'])
False
>>> no_high(['queen', 'king', 'three', 'queen'])
False
```

我們希望函式在前面兩個呼叫返回的是 True，因為串列中的牌都不是大牌。而第三和第四個呼叫返回 False，因為串列中的牌至少有一張是大牌。

我們要怎麼定義一個函式讓它能返回 True 和 False 值呢？

若想要從函式返回值，需要在函式中使用 Python 的 return 關鍵字。一旦執行到 return 句時，函式的執行就會終止，並將指定的值返回給呼叫者。

以下是我們設計編寫的 no_high 函式：

```
>>> def no_high(lst):
...     if 'jack' in lst:
...         return False
...     if 'queen' in lst:
...         return False
...     if 'king' in lst:
...         return False
...     if 'ace' in lst:
...         return False
...     return True
...
```

我們先檢查串列中是否有任何「jack」的牌。如果有，那麼就知道串列含有一張或多張大牌，所以立即返回 False。

如果程式還繼續執行，那麼就知道串列內沒有「jack」。但是可能還有其他的大牌，所以還需要檢查判斷。其餘的 if 陳述句分別檢查「queen」、「king」和「ace」，如果其中有任何一個在串列內，則返回 False。

如果這四個 return 陳述句都沒執行，就表示串列中沒有大牌。在這種情況下，函式返回 True。

若 return 句沒有給定值，則會返回 None 值。如果您正在設計編寫一個不返回任何資訊的函式，而您需要在程式執行到底部之前的某個位置終止該函式時，return 句是很有用。

如果在迴圈中遇到 return 句，函式仍會立即終止，無論巢狀嵌套有多少層。以下是一個範例，這個 return 句會讓我們離開多層嵌套的迴圈：

```
>>> def func():
...     for i in range(10):
...         for j in range(10):
...             print(i, j)
...             if j == 4:
...                 return
...
>>> func()
0 0
0 1
0 2
0 3
0 4
```

return 像是一個超級中斷功能！有些人不喜歡在迴圈中使用 return 的原因與不喜歡用 break 的原因相同：都會掩蓋迴圈的目的和處理邏輯。在迴圈中我會在有需要時使用 return。與可以在任何地方使用 break 不同，return 僅限用在函式內，與其他程式碼分開。如果函式的結構保持在小型規模，那麼在迴圈中使用 return 可以幫助我們寫出清晰的程式碼，而且不會干擾周圍的程式。

觀念檢測

以下的 no_high 版本是否正確？這個版本的函式會在串列中判斷有至少一張大牌時返回 False，而沒有大牌時返回 True 嗎？

```
def no_high(lst):
    for card in lst:
        if card in ['jack', 'queen', 'king', 'ace']:
            return False
        else:
            return True
```

A. 是

B. 不是；例如，['two', 'three'] 返回錯誤的值

C. 不是；例如，['jack'] 返回錯誤的值

D. 不是；例如，['jack', 'two'] 返回錯誤的值

E. 不是；例如，['two', 'jack'] 返回錯誤的值

答案：E。if-else 陳述句會讓迴圈總是在第一次迭代時終止。如果第一張牌是大牌，則函式終止並返回 False；如果第一張牌不是大牌，則函式終止並返回 True。它不會處理其他牌！這就是在 ['two', 'jack'] 串列會出錯的原因：第一張牌不是大牌，所以函式返回 True。返回 True 告訴我們串列中沒有大牌。但這是錯誤的：裡面有一張 'jack'！這個函式出錯了，它應該返回 False。

函式文件

我們現在很清楚 no_high 函式的功用以及應該如何呼叫它。但是過幾個月後，這些舊程式碼的功用和目的會不會早就忘光了呢？一旦我們寫了大量的函式，要記住每個函式的功用會不會很難呢？

對於編寫的每個函式，我們都會加上文件說明（documentation）來提示每個參數的含義以及函式返回的內容。此類文件也稱「**docstrings**」，是 documentation string 的縮寫，意思為「**文件字串**」。文件字串應該從函式區塊的第一行開始編寫。以下是 no_high 函式加入文件說明的範例：

```
>>> def no_high(lst):
...     """
...     lst is a list of strings representing cards.
...
...     Return True if there are no high cards in lst, False otherwise.
...     """
...     if 'jack' in lst:
...         return False
...     if 'queen' in lst:
...         return False
...     if 'king' in lst:
...         return False
...     if 'ace' in lst:
...         return False
...     return True
...
```

文件字串以三個雙引號（"""）作為開始和結束。與單引號（'）或雙引號（"）一樣，三個雙引號可用來當作任何字串的開始和結束。用三個引號建立的字串稱為**三引號字串**（雖然三個單引號也可以，但 Python 的慣例是使用三個雙引號）。這種做用的好處是讓我們建立多行文字到字串，且在換行時直接按 ENTER 鍵就可以；用 ' 或 " 建立的字串是不能跨行的。我們在編寫文件字串時使用三引號字串，以便於編寫多行的說明文字。

這裡的文件字串告知 lst 是什麼：它是個代表紙牌的字串串列。它還告知該函式在返回 True 或 False 值時所代表的含義。這些說明文字所提供的資訊足以讓任何人無需查看程式碼就能呼叫該函式。只要別人知道函式的作用，就可以使用它。我們一直都在使用 Python 內建的函式，但從未看過這些函式的程式碼。像 print 是如何運作的？input 是如何運作的？我們不知道其內在程式是什麼！但沒關係，只要知道函式的作用，專注在呼叫使用它們就可以了。

對於具有多個參數的函式，文件字串中應該對列出每個參數的名稱和其型別。
以下是本章「可變參數」小節中的 remove_all 函式加上合適的文件字串：

```
>>> def remove_all(lst, value):
...     """
...     lst is a list.
...     value is a value.
...
...     Remove all occurrences of value from lst.
...     """
...     while value in lst:
...         lst.remove(value)
...
```

請注意，此文件字串並沒有列出返回內容。這是因為此函式沒有返回值！它的
作用是把 lst 中所有的 value 全刪除掉，這也是文件字串的說明解釋。

問題的解答

我們剛剛學習了定義和呼叫函式的相關基礎知識。在本書的其餘部分，每當需
要解決大型問題時，我們就能夠把解決方案分解為更小的任務，各個任務都可
以透過一個函式來解決。

讓我們在紙牌遊戲問題的解決方案中使用一個 no_high 函式來協助處理。完整
的程式碼列示在 Listing 6-1。

▶Listing 6-1：紙牌遊戲問題的解答

```
❶ NUM_CARDS = 52


❷ def no_high(lst):
      """
      lst is a list of strings representing cards.

      Return True if there are no high cards in lst, False otherwise.
      """
      if 'jack' in lst:
          return False
      if 'queen' in lst:
          return False
      if 'king' in lst:
          return False
      if 'ace' in lst:
          return False
      return True
```

```
❸ deck = []

❹ for i in range(NUM_CARDS):
        deck.append(input())

    score_a = 0
    score_b = 0
    player = 'A'

❺ for i in range(NUM_CARDS):
        card = deck[i]
        points = 0
❻       remaining = NUM_CARDS - i - 1
❼       if card == 'jack' and remaining >= 1 and no_high(deck[i+1:i+2]):
            points = 1
        elif card == 'queen' and remaining >= 2 and no_high(deck[i+1:i+3]):
            points = 2
        elif card == 'king' and remaining >= 3 and no_high(deck[i+1:i+4]):
            points = 3
        elif card == 'ace' and remaining >= 4 and no_high(deck[i+1:i+5]):
            points = 4

❽       if points > 0:
            print(f'Player {player} scores {points} point(s).')

❾       if player == 'A':
            score_a = score_a + points
            player = 'B'
        else:
            score_b = score_b + points
            player = 'A'

    print(f'Player A: {score_a} point(s).')
    print(f'Player B: {score_b} point(s).')
```

這裡使用常數 NUM_CARDS 來參照指到 52 ❶。我們將在程式碼中多次使用它，而且比 52 的含義更容易記住的是 NUM_CARDS 這數名稱的含義。

接下來定義 no_high 函式，包括之前已經討論過的 docstring ❷。我們始終會定義的函式放在程式較上方的位置。如此一來，這些定義好的函式就可以讓後面的程式碼呼叫使用。

這支程式的主要部分是從建立一個串列開始，deck 串列❸就是用來存放從牌堆中抽出的牌。然後依序從 input 讀取抽出的牌❹，把每張牌新增到 deck 中。請留意牌是不會移除或從 deck 中取出（deck 串列在整個程式執行過程中都會保持原樣）。我們本來是以這種方式來處理的，但我選擇追蹤在 deck 中的位置，以便知道接下來要移除哪張牌。

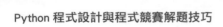

程式中還需要維護其他三個關鍵變數：score_a 是玩家 A 目前總得分；score_b 是玩家 B 目前的總得分；player 則是目前玩家是誰。

程式下一項任務是檢查 deck 串列中的每張牌來計算玩家的得分。使用一般的 for 迴圈就可以檢查目前的牌是什麼了。但還不夠，如果目前牌是大牌，那麼我們也必須能夠查看後面的牌是什麼。為方便起見，這裡使用 for 迴圈配合 range 來處理❺。

在此迴圈的每次迭代中，我們根據目前玩家從牌組中取出的牌來計算要給目前玩家的分數。獲得分數的規則取決於 deck 串列中剩餘的牌數。remaining 變數用來存放剩餘的牌數❻。當 i 為 0 時，remaining 為 51，因為我們剛拿走了第一張牌。當 i 為 1 時，剩餘牌數為 50，因為剛剛拿走了第二張牌。一般情況下，剩餘牌張數的表示式為牌總張數減 i 再減 1。

現在我們有四項檢查要判斷，看是哪一種得分方式❼。每項條件式是檢查目前牌面和剩餘牌的張數。如果前兩個條件都為 True，則呼叫 no_high 函式，使用切片切出適當的牌位置數來呼叫檢查是否為大牌。舉例來說，如果目前牌面是「jack」且至少還剩餘 1 張牌，那麼傳入 no_high 的是 deck 目前牌的下個位置（以切片處理目前索引位置後 1 位的長度）❼。如果 no_high 返回 True，則串列切片位置中沒有大牌，因此目前玩家得分。得分變數是 points，依題目的規則給分。它在迴圈的每次迭代中都會從 0 開始，並根據規則判別設為 1、2、3 或 4。

如果玩家有得分❽，則輸出一條訊息，指示得分的玩家和得分資訊。

目前迭代剩下的就是把得分數累加到目前玩家的總得分上，然後處理下一輪玩家的抽牌。我們使用 if-else 陳述句來完成這兩項工作❾（如果本次迭代中的分數為 0，不需要另外處理和避免這種情況，因為 0 累加到玩家的總得分中是不影響總得分的計算）。

最後兩個 print 的呼叫會輸出兩個玩家的總得分。

這就是我們在此問題中學習的知識：使用函式來組織打理程式碼，讓問題解決方案的程式碼更易閱讀好懂。請把上述的程式碼提交到競賽解題系統網站，您應該會看到所有測試用例都會順利通過。

問題#15：盒裝公仔（Action Figures）

為了解決「紙牌遊戲」的問題，我們先利用一個實例來突顯函式用途。現在我們會再利用函式來解決另一個問題，但這裡會使用更有系統的方法來發現所需的函式。

這是 Timus 解題系統題庫中的問題 2144。這也是本書唯一取用自 Timus 解題系統的題目。若想要找到問題來源，請連到 https://acm.timus.ru/，點按「**Problem set**」連結，再按下「**Volume 12**」連結，就能找到問題 2144（在解題系統網站上這個問題的標題是 Cleaning the Room）。

挑戰

Lena 有 n 盒未開封的盒裝公仔。盒子不能打開（否則公仔會失去價值），所以盒子中的公仔排放順序不能改變。此外，盒子不能翻轉（否則公仔面朝的方向會錯誤）。

每個公仔由其高度來指定。舉例來說，某一盒子中可能有三個公仔，從左到右依高度分別為 4、5 和 7。這裡在提到盒裝公仔時，其排放都是從左到右列出其高度。

Lena 想要**組織整理這些盒子**，這表示需要排列這些盒子，使公仔是從左到右按高度遞增或等高來排放。

她整理盒子的依據是盒子裡公仔的高度。舉例來說，如果第一個盒子有高度為 4、5 和 7 的公仔，而第二個盒子有高度為 1 和 2 的公仔，那麼她就要把第二個盒子放在最前面。但是，如果維持第一個盒子原樣，而第二個盒子更改為具有高度 6 和 8 的公仔時，那麼就不能整理這些盒子了。

問題是要求判斷 Lena 是否能組織整理這些盒子。

輸入

輸入內容包含下列幾行：

- 一行是一個整數 n，代表盒子的數量，n 是 1 到 100 之間的整數。

- n 行，每一行代表一個盒子。每一行是由整數 k 為起始，指出盒子內有幾個公仔，k 是 1 到 100 的整數（因為 k 最小是 1，所以不會有空的盒子）。在 k 後面列出 k 個由左而右的公仔高度。高度的是 1 到 10,000 之間的整數。行中的整數是以空格分開。

輸出

如果 Lena 可以整理盒子，請輸出 YES，如果不行則輸出 NO。

表示盒子的串列

問題可以分成多個小型問題，而這些小型的問題可以用函式來處理。接著看一下在 Python 中怎麼以串列來表示這個問題的盒子。隨後再根據需求設計函式。

在第 5 章解決「Baker 獎金」問題的小節中，我們學過串列中是可以再放入其他串列當作項目的值。這是串列的巢狀嵌套。我們可以利用這種安排來表示公仔的盒子。舉例來說，下面的串列中有二個盒子：

```
>>> boxes = [[4, 5, 7], [1, 2]]
```

第一個盒子中有三個公仔，第二個盒子中有兩個公仔。我們可以單獨存取這兩個盒子：

```
>>> boxes[0]
[4, 5, 7]
>>> boxes[1]
[1, 2]
```

我們會從輸入內容中讀取盒子的內容，並將資訊放入嵌套的串列中，就像前面所展示的那樣。隨後會使用這些嵌套串列來判斷這些盒子是否可以整理。

由上而下設計

我們會使用一種稱為「**由上而下設計（top-down design）**」的程式設計方法來解決此問題。由上而下設計會把一個大問題分解為幾個小問題。這樣的做法很有用，因為分解出來的小型問題會更容易解決。隨後把幾個子問題的解決方案整合起來，這樣就能完成原本大問題的解決方案。

進行由上而下設計

這裡會講解由上而下設計的工作原理。我們先編寫一個不完整的 Python 程式，再以這個程式為基礎去捉出解決方案中的主要任務。解決方案中有一些任務需要的程式碼不太多，所以直接設計寫出來解決它們。但有些任務需要做很多項的工作，我們會把任務中的各項工作變成可以呼叫的函式。透過設計編寫一些程式碼和呼叫函式來解決一項任務。但因為這些函式還沒完成，所以需要設計和編寫！

要寫出需要的函式，就是把一直重複的相同處理捉出來寫成函式。我們會先寫下函式所處理的任務。如果可以直接把處理的任務寫成程式碼，那麼直接寫出來，否則就視需要呼叫另一個函式（稍後會編寫）來處理該項任務。

我們一直持續這樣做法，直到解決問題且不需更多的函式。如此一來，我們就有了解決問題的方案。

之所以稱為由上而下設計，是因為我們從問題的頂端或最高階層開始，然後向下逐步進行，直到解決問題所需的每項任務都完全用程式碼寫出來為止。我們現在就以這樣的設計方案來解決「盒裝公仔」問題。

最頂層

設計一開始的焦點是放在需要解決的主要任務。

由於題目有規定的輸入內容，程式需要把這些輸入內容讀取進來處理，所以這項任務就是我們的第一項任務。

現在假設我們讀取了輸入內容，那要怎麼判定這些盒子是否能夠整理呢？重點在檢查每個盒子中公仔是依照其高度順序排列。舉例來說，假設有一個盒子 [18, 20, 4]，這個盒子就沒有按照高度順序排放，也就表示所有的盒子沒有機會整理了。因為這一個盒子無法整理！

而第二項任務是：判定每個盒子本身的公仔有照高度順序排放。如果這些盒子中有任何一個的公仔沒有照順序排放，就表示這些盒子無法整理。如果這些盒子的公仔都有照順序排放，則要進行更進一步的檢測。

這個更進一步的檢測任務是判定這些盒子能不能整理。其中較重要的檢測判定是各個盒子中最左側和最右側的公仔高度，而盒子中間的公仔高度就沒有那麼重要。

請以下列三個盒子為例來思考：

```
[[9, 13, 14, 17, 25],
 [32, 33, 34, 36],
 [1, 6]]
```

第一個盒子以高度為 9 的公仔為起始，以高度為 25 的公仔結尾。放置在此盒子左側的公仔高度必須是 9 或以下；舉例來說，我們可以把第三個盒子整理移到這個盒子的左邊。放置在這個盒子右側的公仔高度必須為 25 或更高；舉例來說，第二個盒子放在第一個盒子的右邊。高度 13、14 和 17 的公仔沒有任何變化，可以不用管盒子中間的公仔。

程式的第三項任務是：忽略盒子兩端公仔之外的所有公仔高度。

經過第三項任務之後，可以把三個盒子的串列簡化為：

```
[[9, 25],
 [32, 36],
 [1, 6]]
```

如果我們對這個串列中的項目進行排序，就更容易判斷是否能對這幾個盒子進行整理，如下所示：

```
[[1, 6],
 [9, 25],
 [32, 36]]
```

現在很容易看出盒子相鄰的盒子必須是什麼內容（在第 5 章解決「村莊的街區」問題時使用了類似的方法）。因此程式的第四項任務是對盒子進行排序。

程式的第五項也是最後一項任務是確定這些排序的盒子是否可以整理。如果公仔的高度由左到右照順序排放，則表示可以整理。高度 1、6、9、25、32、36 的公仔有照順序排放，因此判定前面範例的三個盒子是可以整理的。不過請思考下面這個例子：

```
[[1, 6],
 [9, 50],
 [32, 36]]
```

這三個盒子不能整理，因為第二個盒子中有個超高的公仔。第二個盒子的高度是 9 排到 50；而第三個盒子放到它右側，因為盒子中公仔高度比第二個盒子右側的公仔還小。

經過前面的分析，現在已經能解決這個問題，程式有五項主要任務：

1.　讀取輸入。

2.　檢查所有盒子是否有照高度順序排放。

3.　建立一個新串列，其中每個盒子只取最左側和最右側公仔的高度。

4.　對新串列內的這些盒子進行排序。

5.　檢測判定這些排序的盒子是否可以整理。

您可能想知道為什麼我們有「讀取輸入」任務而沒有「寫入輸出」任務。對於這個問題，是因為輸出只需依照判斷輸出 YES 或 NO 就好，沒有太多處理要做。此外，我們會在知道答案後就立即輸出 YES 或 NO，因此輸出會與其他任務交錯進行。出於這些原因，我決定不將其當作主要任務。當您自己在完成由上而下設計時，如果在後來發覺自己遺漏了某項任務，請不要擔心，您還是可以修改並加進去，然後繼續完成設計。

以下是我們如何在程式碼中定下所需任務的方法：

```
❶ # Main Program

# TODO: Read input

# TODO: Check whether all boxes are OK

# TODO: Obtain a new list of boxes with only left and right heights

# TODO: Sort boxes

# TODO: Determine whether boxes are organized
```

我稱這裡是主程式❶。所有需要設計的函式都必須放在這行注釋之前。

現在只是把每項任務列成注釋行編寫出來。TODO 標記是為了強調這些是我們要口語說明的任務轉換為 Python 執行的工作。一旦我們完成某項任務，就可以刪除它的 TODO 標記。如此一來，我們就能夠追蹤得到完成了哪些任務，又還有哪些沒有完成。接下讓我們開始動工吧！

任務 1：讀取輸入

我們需要讀取含有 n（盒子的數量）的那一行，然後再讀取 n 行（每一行代表一個盒子）。讀取一個整數是我們可以在一行程式完成的事情，所以就直接讀取 n。另一方面，讀取盒子是一項定義明確的任務，需要幾行程式碼來完成，所以把這項任務定義成一個函式來解決，這裡取名為 read_boxes。我們把這些程式寫入主程式的位置：

```python
# Main Program

❶ # Read input
n = int(input())
boxes = read_boxes(n)

# TODO: Check whether all boxes are OK

# TODO: Obtain a new list of boxes with only left and right heights

# TODO: Sort boxes

# TODO: Determine whether boxes are organized
```

我把主程式的 TODO 標記刪除掉❶，因為現在已在編寫主程式要處理的相關工作。接著是要設計編寫 read_boxes 函式了。

read_boxes 函式接受一個整數 n 當作參數，然後讀取並返回 boxes 串列（內含 n 個盒子），以下是程式碼：

```python
def read_boxes(n):
    """
    n is the number of boxes to read.

    Read the boxes from the input, and return them as a
    list of boxes; each box is a list of action figure heights.
    """
    boxes = []
❶   for i in range(n):
        box = input().split()
❷       box.pop(0)
        for i in range(len(box)):
            box[i] = int(box[i])
        boxes.append(box)
    return boxes
```

我們被要求讀取 n 個盒子（存放在 boxes 串列），所以迴圈迭代了 n 次❶。在此迴圈的每次迭代中，我們讀取目前行的內容，並拆分該行各個公仔的高度資料存放到 box 串列中（一行代表一個盒子）。該行是一個整數為起始，此整數代

表該行中有幾個公仔高度，因此在繼續之前先把它從 box 串列中移除（該整數在索引 0 位置）❷。然後把每個公仔高度轉換為整數後將目前 box 串列新增到 boxes 串列內。處理完成後返回 boxes 串列。

read_boxes 函式與其他尚未編寫的函式目前並沒有相關，所以就先完成了這項任務！我們會在 #Main Program 注釋之前放入此函式，然後繼續設計編寫其他的函式。

任務 2：檢查所有盒子是否有照高度順序排放

所有盒子本身是否有按照由小到大的高度順序排放？這是個好問題，回答此問題的處理無法用一兩行程式就搞定，這裡會建立一個 all_boxes_ok 函式來處理。如果這個函式返回 False，就表示所有盒子中至少有一盒中的公仔是隨便亂排放的。在這種情況下，依照題意，我們要輸出 NO。如果 all_boxes_ok 返回 True，這時就要引發更多的相關任務來判斷盒子是否可以整理。這裡的程式新增了 if-else 邏輯來處理。以下是程式碼內容：

```
# Main Program

# Read input
n = int(input())
boxes = read_boxes(n)

# Check whether all boxes are OK
❶ if not all_boxes_ok(boxes):
    print('NO')
else:
# TODO: Obtain a new list of boxes with only left and right heights

# TODO: Sort boxes

# TODO: Determine whether boxes are organized
```

現在需要編寫這裡正在呼叫使用的 all_boxes_ok 函式❶。我們可以檢查每個盒子來確定是否有排序。如果不是就立即返回 False。如果是有序的，則繼續檢查下一盒。如果檢查完每個盒子中的公仔高度都有按順序排放，那就返回 True。

啊哈！所以我們還需要能夠檢查單個盒子中的公仔高度！對我來說這是需要建立另一個函式來處理，所以我們建立了 box_ok 函式來處理這項工作。

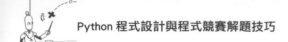

以下是 all_boxes_ok 函式的程式碼：

```python
def all_boxes_ok(boxes):
    """
    boxes is a list of boxes; each box is a list of action figure heights.

    Return True if each box in boxes has its action figures in
    nondecreasing order of height, False otherwise.
    """
    for box in boxes:
        if not box_ok(box):
            return False
    return True
```

我在注釋中使用了 nondecreasing（沒有遞減）這個詞，而不是 increasing（遞增），因為公仔的高度可以相等。例如盒子 [4, 4, 4] 是允許的，如果聲稱這個盒子中的高度是「遞增」並不正確。

我們已經把 all_boxes_ok 任務的某個處理部分推送到 box_ok 來處理，接下來讓我們編寫 box_ok 函式。以下是程式碼內容：

```python
def box_ok(box):
    """
    box is the list of action figure heights in a given box.

    Return True if the heights in box are in nondecreasing order,
    False otherwise.
    """
    for i in range(len(box)):
        if box[i] > box[i + 1]:
            return False
    return True
```

如果盒子串列中任何目前公仔高度大於其右側的高度，就返回 False（因為高度沒有按順序排列）。如果執行完整個 for 迴圈，則表示高度都按高度排序，因此返回 True。

使用由上而下設計的一個好處是會細分出一小塊程式區塊包裝成函式，並允許單獨測試。舉例來說，在 Python shell 模式中輸入 box_ok 的程式碼，然後可以測試一下：

```python
>>> box_ok([4, 5, 6])
```

我們希望這裡返回的是 True，因為盒子串列中的高度有照順序從小排放到大。我們當然不希望出現下面這樣的訊息：

```
Traceback (most recent call last):
  File "<stdin>", line 1, in <module>
  File "<stdin>", line 9, in box_ok
IndexError: list index out of range
```

處理錯誤從來都不是一件有趣的事情，當我們不得不在一頁又一頁的程式碼中除錯時，這就更不好玩了。但是在這裡，我們知道出現的錯誤僅限於這個小函式中，因此尋找和除錯的工作量不大。這裡引發錯誤的原因是，程式會一直比較其右側的高度，當處理到串列最右側的高度時，索引再加 1 會讓它超出範圍，這個索引位置不存在！我們需要提前停止一次迭代，只要處理倒數第二個高度與最後一個高度進行比較。以下是更新後的程式碼：

```
def box_ok(box):
    """
    box is the list of action figure heights in a given box.

    Return True if the heights in box are in nondecreasing order,
    False otherwise.
    """
❶  for i in range(len(box) - 1):
        if box[i] > box[i + 1]:
            return False
    return True
```

唯一的修改是呼叫 range 函式中範圍的值❶。如果你測試這個版本的函式，就會看到它有按要求運作。現在我們完成了任務 2 了！

任務 3：建立新串列，
其中每個盒子只取最左側和最右側公仔的高度

現在差不多掌握了由上而下設計的竅門。在這項任務中，我們需要某種方法來讓每個盒子只取最左側和最右側的公仔高度。我把最左側和最右側的公仔高度稱為盒子**端點**（**endpoints**）。

這個方法是建立一新串列只放入的盒子左右端點，這就是我在這裡要做的工作。您也可以考慮從原本盒子串列刪除不要的高度，但這種方式有點棘手。

我已經呼叫了這個任務的函式 box_endpoints。以下是程式的主要部分，更新了對該函式的呼叫：

```
# Main Program

# Read input
```

```
n = int(input())
boxes = read_boxes(n)

# Check whether all boxes are OK
if not all_boxes_ok(boxes):
    print('NO')
else:
    # Obtain a new list of boxes with only left and right heights
❶   endpoints = boxes_endpoints(boxes)

    # TODO: Sort boxes

    # TODO: Determine whether boxes are organized
```

當我們把某個盒子串列傳入 box_endpoints 執行時❶，我們希望返回的是一個只有盒子端點的新串列。以下是滿足此要求的 box_endpoints 程式碼：

```
def boxes_endpoints(boxes):
    """
    boxes is a list of boxes; each box is a list of action figure heights.

    Return a list, where each value is a list of two values:
    the heights of the leftmost and rightmost action figures in a box.
    """
❶   endpoints = []
    for box in boxes:
    ❷     endpoints.append([box[0], box[-1]])
    return endpoints
```

我們建立一個新的 endpoints 串列來保存每個盒子的端點❶。接著是遍訪所有的盒子，對於每個盒子，我們使用索引來尋找盒子中最左側和最右側的高度項目，並將它們新增到新建的 endpoints 串列中❷。最後返回 endpoints 串列。

欸？如果盒子裡只有一個公仔時會發生什麼事呢？box_endpoints 函式會怎麼做呢？根據它的文件字串說明，它會返回任何符合規定盒子的最左及最右側兩個值的串列。所以在這種狀況下最好也是這樣處理；否則此函式沒有完成它承諾的工作。讓我們測試一下，請在 Python shell 模式中輸入 boxes_endpoints 函式，然後使用一個盒子串列中只有一個公仔來測試：

```
>>> boxes_endpoints([[2]])
[[2, 2]]
```

成功囉！最左側的高度是 2，最右側的高度也是 2，所以得到一個串列，其中出現了兩次 2。我們的函式在這種情況下還是可以正常工作，因為 box[0] 和 box[-1] 對 box 串列來說都是同一個值（不用擔心空串列的可能性。因為問題描述明定禁止使用空的盒子）。

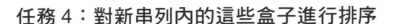

任務 4：對新串列內的這些盒子進行排序

到這裡，我們已有一個端點串列 endpoints，其中的內容像這樣：

```
>>> endpoints = [[9, 25], [32, 36], [1, 6]]
>>> endpoints
[[9, 25], [32, 36], [1, 6]]
```

我們想對串列中的項目進行排序。我們需要另一個函式來處理嗎？像建立 sort_ endpoints 這樣的函式？

不需要哦！串列的 sort 方法已很夠用：

```
>>> endpoints.sort()
>>> endpoints
[[1, 6], [9, 25], [32, 36]]
```

當我們以含有二值串列的串列進行 sort 方法的呼叫時，會以串列的第一個值為依據排序（如果第一個值相同，則用第二個值為依據進一步排序）。

我們立即更新主程式的內容，呼叫 sort 方法並去掉 TODO 標記。以下是更新後的程式碼：

```
# Main Program

# Read input
n = int(input())
boxes = read_boxes(n)

# Check whether all boxes are OK
if not all_boxes_ok(boxes):
    print('NO')
else:
    # Obtain a new list of boxes with only left and right heights
    endpoints = boxes_endpoints(boxes)
    # Sort boxes
    endpoints.sort()

    # TODO: Determine whether boxes are organized
```

現在我們的程式已接近完成了，只剩一個 TODO 標記任務要編寫。

任務 5：檢測判定這些排序的盒子是否可以整理

我們最後的任務是檢查判定 endpoints 串列。這個串列中的項目可能是有序的，如下列這樣：

```
[[1, 6],
 [9, 25],
 [32, 36]]
```

或者像下列這樣：

```
[[1, 6],
 [9, 50],
 [32, 36]]
```

在第一個範例的情況下，我們應該印出 YES；但在後一個範例的情況中，則應該印出 NO。我們需要一個函式來告知 endpoints 串列中的左右側項目是否有序。最後更新主程式的內容，如下列這般：

```
# Main Program

# Read input
n = int(input())
boxes = read_boxes(n)

# Check whether all boxes are OK
if not all_boxes_ok(boxes):
    print('NO')
else:
    # Obtain a new list of boxes with only left and right heights
    endpoints = boxes_endpoints(boxes)

    # Sort boxes
    endpoints.sort()

    # Determine whether boxes are organized
❶ if all_endpoints_ok(endpoints):
        print('YES')
    else:
        print('NO')
```

離問題的完整解決方案之間的只剩下呼叫的 all_endpoints_ok 函式❶。此函式接受一個串列，其中的項目都是具有二個值（左右端點）的串列，如果左右側端點有按順序排放就返回 True，否則返回 False。

讓我們透過一個實例來感受怎麼實作這項處理。以下是我們要使用的端點 endpoints 串列：

```
[[1, 6],
 [9, 25],
 [32, 36]]
```

第一個盒子的右端點高度為 6。因此，第二個盒子最好有一個高度為 6 或更高的左端點。如果不是，就返回 False 表示端點沒有照順序排放。上述的實例的狀態沒問題，因為第二個盒子的左端點高度為 9。

現在我們使用第二個盒子的右端點 25 重複這項檢查。第三個盒子的左端點是
32，也沒問題，因為 32 大於 25。

一般來說，如果某個盒子的左端點小於前一個盒子的右端點，就返回 False。
否則，在所有這些檢查都通過後，我們就返回 True。

以下是實作的程式碼：

```
def all_endpoints_ok(endpoints):
    """
    endpoints is a list, where each value is a list of two values:
    the heights of the leftmost and rightmost action figures in a box.

❶   Requires: endpoints is sorted by action figure heights.

    Return True if the endpoints came from boxes that can be
    put in order, False otherwise.
    """
❷   maximum = endpoints[0][1]
    for i in range(1, len(endpoints)):
        if endpoints[i][0] < maximum:
            return False
    ❸   maximum = endpoints[i][1]
    return True
```

我在文件字串中新增了一些資訊，提醒在呼叫函式時需要什麼放入什麼內容
❶。具體來說，我們必須記住在呼叫此函式之前需要對 endpoints 進行排序。
否則，該函式可能會返回錯誤的值。

endpoints 的每個值都是一個含有兩個值的串列：索引 0 是最左邊（最小）高
度，索引 1 是最右邊（最大）高度。這裡的程式碼使用 maximum 變數來記錄
盒子的最大高度。在 for 迴圈之前，maximum 變數先指到第一個盒子中的最大
高度❷。for 迴圈將下一個盒子的最小高度與 maximum 進行比較。如果下一個
盒子的最小高度比較小，那就返回 False，因為這兩個盒子無法整理。每次迭
代中要做的最後一件事是更新 maximum，把它指到目前盒子的最大高度❸。

把所有程式整合在一起

在為所有任務都編寫好程式後，也就是寫好需要用的函式後，我們就可以把這
些內容整合到一個完整的解決方案中。原本的註釋是否還要保留在主程式中由
您決定。我是有留下來，但在實際情況下，有可能記錄了過多的註釋說明，因
為函式名稱本身就已傳達程式碼的功用。完整程式碼請見 Listing 6-2。

▶Listing 6-2：盒裝公仔問題的解答

```python
def read_boxes(n):
    """

    n is the number of boxes to read.

    Read the boxes from the input, and return them as a
    list of boxes; each box is a list of action figure heights.
    """
    boxes = []
    for i in range(n):
        box = input().split()
        box.pop(0)
        for i in range(len(box)):
            box[i] = int(box[i])
        boxes.append(box)
    return boxes


def box_ok(box):
    """

    box is the list of action figure heights in a given box.

    Return True if the heights in box are in nondecreasing order,
    False otherwise.
    """
    for i in range(len(box) - 1):
        if box[i] > box[i + 1]:
            return False
    return True


def all_boxes_ok(boxes):
    """
    boxes is a list of boxes; each box is a list of action figure heights.

    Return True if each box in boxes has its action figures in
    nondecreasing order of height, False otherwise.
    """
    for box in boxes:
        if not box_ok(box):
            return False
    return True


def boxes_endpoints(boxes):
    """
    boxes is a list of boxes; each box is a list of action figure heights.

    Return a list, where each value is a list of two values:
    the heights of the leftmost and rightmost action figures in a box.
    """
    endpoints = []
    for box in boxes:
        endpoints.append([box[0], box[-1]])
```

```
        return endpoints


def all_endpoints_ok(endpoints):
    """
    endpoints is a list, where each value is a list of two values:
    the heights of the leftmost and rightmost action figures in a box.

    Requires: endpoints is sorted by action figure heights.

    Return True if the endpoints came from boxes that can be
    put in order, False otherwise.
    """
    maximum = endpoints[0][1]
    for i in range(1, len(endpoints)):
        if endpoints[i][0] < maximum:
            return False
        maximum = endpoints[i][1]
    return True

# Main Program

# Read input
n = int(input())
boxes = read_boxes(n)

# Check whether all boxes are OK
if not all_boxes_ok(boxes):
    print('NO')
else:
    # Obtain a new list of boxes with only left and right heights
    endpoints = boxes_endpoints(boxes)
    # Sort boxes
    endpoints.sort()

    # Determine whether boxes are organized
    if all_endpoints_ok(endpoints):
        print('YES')
    else:
        print('NO')
```

這是本書到目前為止所編寫過最大的程式了。但看到主程式的部分是多麼小而美：它主要是對函式的呼叫，還有一小段 if-else 邏輯來整合運用。

我們在這裡對每個函式只呼叫過一次。與「紙牌遊戲」中呼叫四次的 no_high 函式相比，雖然這裡的函式都只被呼叫一次，但整支程式仍然是組織結構清晰，而程式碼的可讀性也很高。

是時候把成果提交到 Timus 競賽解題系統網站了。提交後您應該會看到所有測試用例都順利通過。

觀念檢測

在任務 2 中，我們編寫了 box_ok 函式來判斷單個盒子中的高度項目是否有序，它是使用 for 迴圈配合 range 來處理。若 box_ok 改用以下 while 迴圈版本，那結果是否正確？

```
def box_ok(box):
    """
    box is the list of action figure heights in a given box.

    Return True if the heights in box are in nondecreasing order,
    False otherwise.
    """
    ok = True
    i = 0
    while i < len(box) - 1 and ok:
        if box[i] > box[i + 1]:
            ok = False
        i = i + 1
    return ok
```

A. Yes

B. NO；會引發 IndexError

C. NO；不會引發錯誤訊息，但返回的結果值是錯誤的

答案：A。這個版本與前面 for 迴圈配合 range 版本的功用相等。ok 變數的初始值設為 True，表示檢查的所有高度項目都沒問題（因為一開始還沒有檢查任何高度項目）。只要還有盒子要檢查且高度項目都符合規定，while 迴圈就會持續迭代處理。如果公仔高度出現排序不符規定，ok 變數會被設成 False，這樣就會終止迴圈。如果所有公仔高度都按順序排列，則 ok 的值永遠不會從 True 變為 False。因此，當迴圈順利完成到函式底部要返回 ok 值時，如果所有公仔高度都按順序排列，返回的 ok 值是 True，否則返回的是 False。

總結

在本章中，我們學習了函式的相關知識和運用。函式內含程式碼區塊，能用來解決某些大型問題中分解出來的某一小部分的問題。我們學會如何把資訊傳給函式（透過引數）來處理並返回資訊（透過返回值）。

為了確定先要設計編寫哪些函式，我們可以使用由上而下的設計方法論。由上而下的設計方法能協助我們把大型問題的解決方案分解為多個較小的任務；對於每項任務，如果是簡單的就直接解決它，或者如果需要很多處理才能解決的，就編寫成函式來處理。若給定的某些任務還是太繁重，我們還可以對該任務使用進一步由上而下設計方法。

下一章內容是要學習怎麼使用檔案來配合程式處理，而不使用標準輸入和標準輸出。隨著我們繼續學習更多知識並突破已知的界限，我們會在下一章和本書的其餘部分找到函式的更多用途。請試著利用「本章習題」進行更多的練習，增強自己使用函式的信心。

本章習題

這裡有一些習題供您嘗試實作。對於這些習題，請使用由上而下的設計方法來確定是使用一個或多個函式來組織打理程式碼。請記得在每個函式中放入文件字串說明！

1. DMOJ 題庫的問題 ccc13s1，From 1987 to 2013

2. DMOJ 題庫的問題 ccc18j3，Are we there yet?

3. DMOJ 題庫的問題 ecoo12r1p2，Decoding DNA

4. DMOJ 題庫的問題 crci07p1，Platforme

5. DMOJ 題庫的問題 coci13c2p2，Misa

6. 重新溫習第 5 章的一些習題，並使用函式改進其解決方案。我特別建議重新實作 DMOJ 的問題 coci18c2p1（Preokret）和問題 ccc00s2（Babbling Brooks）。

NOTE

「紙牌遊戲（Card Game）」問題來自 1999 年加拿大計算機競賽（Canadian Computing Competition）的題目。「盒裝公仔（Action Figures）」問題來自 2019 年烏拉爾學校程式設計大賽（Ural School Programming Contest）。

許多現代程式語言，包括 Python，都支援兩種不同的程式設計範式。一種是以函式為基礎的，這種範式是我們在本章學習的內容。另一種是以物件為基礎，稱為物件導向程式設計。**物件導向程式設計（OOP）**牽扯到需要為這些型別定義新型別和編寫方法。我們在本書中都是使用 Python 提供的型別（例如整數和字串），不會討論 OOP。如果想要學習 OOP 以及 OOP 在實務中的案例研究，我推薦讀者閱讀 Eric Matthes 所著的暢銷書《Python 程式設計的樂趣｜範例實作與專題研究的 20 堂程式設計課 第二版》（碁峰資訊出版，2020 年）。

第 7 章
檔案的讀取和寫入

學習到現階段，我們已經會用 input 函式讀取輸入，並使用 print 函式寫入所有輸出。這些函式分別從標準輸入讀取（預設是從鍵盤）和寫入標準輸出（預設是螢幕）。雖然我們可以利用輸入和輸出重新導向來變更預設值，但有時程式需要對檔案進行更多控制。例如，您的文書處理器允許您開啟想要的任何文件檔案，還能以您喜歡的任何名稱來儲存檔案，而這些處理都不是在標準輸入和標準輸出完成的。

在本章中，我們將要學習怎麼寫程式來操控和處理文字檔案。我們需要使用檔案來解決的兩個問題：正確格式化一篇文章和農場種適合的草來餵養乳牛。

問題#16：文章的格式化（Essay Formatting）

這個問題和之前解決的所有問題有個重要的區別：這個問題需要讀取和寫入某個特定檔案！在閱讀此問題的說明描述時請特別留意這一點。

這是 USACO（USA Computing Olympiad，美國計算機奧林匹克競賽）2020 年 1 月銅牌競賽問題「Word Processor」。是 USACO 解題系統網站中的第一個問題。若想要找到問題來源，請連到 http://usaco.org/，點按「**Contests**」連結，再按下「**2020 January Contest Results**」，然後按下「Word Processor」項目下的「**View problem**」連結即可看到完整的描述。

挑戰

乳牛 Bessie 正在寫一篇文章。文章中的每個單字只能有小寫或大寫字元。她的老師指定了每行可以出現的最大字元數（不包含空格）。為了滿足這項要求，Bessie 在寫文章使用單字時要符合以下規則：

- 如果要寫入的下一個單字還符合目前行的字元數要求，則將其新增到目前行。在該行的兩個單字之間要放一個空格。

- 否則，把這個單字放入新的一行；此行成為新的目前行。

輸出每行都放入正確單字數的文章。

輸入

從 word.in 檔讀取輸入。

輸入內容含有以下二行內容：

- 第一行有兩個由空格分隔的整數。第一個整數是 n，代表文章中的單字數，是 1 到 100 之間的整數。第二個整數是 k，代表一行可以出現的最大字元數（不包括空格），是 1 到 80 之間的整數。

- 第二行包含 n 個單字，兩個單字之間有一個空格分隔。每個單字最多只有 k 個字元。

輸出

寫入的輸出檔名稱為 word.out。請輸出符合格式要求的文章。

處理檔案

「文章的格式化（Essay Formatting）」問題要求從 word.in 檔讀取輸入，然後輸出是寫入到 word.out 檔。在處理這兩項工作之前，我們的確需要先學習怎麼在程式中開啟檔案。

開啟檔案

使用文字編輯器建立一個名為 word.in 的新檔案。將該檔案放入您目前編寫 Python 程式 .py 檔相同的目錄中。

這是我們第一次建立不以 .py 結尾的檔案。這個檔案是以 .in 結尾。請確定檔案的名稱為 word.in，而不是 word.py。「in」是 input 的縮寫，這種取名方式經常用於程式輸入的檔案。

在該檔案中，讓我們為「文章的格式化（Essay Formatting）」問題輸入符合題目規範的輸入內容。在檔案中請輸入以下內容：

```
12 13
perhaps better poetry will be written in the language of digital computers
```

儲存這個檔案。

若想要在 Python 中開啟檔案，則需要用到 open 函式。這裡要傳入兩個引數：第一個是檔名，第二個是開啟的模式。模式決定了我們與檔案的互動方式。

以下是開啟 word.in 的示範：

```
>>> open('word.in', 'r')
❶ <_io.TextIOWrapper name='word.in' mode='r' encoding='cp1252'>
```

在這個函式呼叫中，我們用了 'r' 模式。「r」代表「read（讀取）」，開啟檔案以便能夠從中讀取。模式是可選擇性使用的引數，其預設值為 'r'，因此我們可以根據需要省略不用。但為了保持編寫程式的一致性，我在整本書中都會明確加上 'r'。

當我們使用 open 時，Python 會提供一些關於檔案怎麼開啟的資訊❶。舉例來說，它會確認檔名和模式。而 encoding 是指檔案的編碼方式，指出檔案怎麼從磁碟的狀態解碼成我們可以讀取的形式。檔案格式的編碼方式有很多種，但在本書中我們先不用管這些 encoding 編碼方式。

如果我們嘗試開啟一個不存在的檔案來進行讀取，則會顯示錯誤訊息：

```
>>> open('blah.in', 'r')
Traceback (most recent call last):
  File "<stdin>", line 1, in <module>
FileNotFoundError: [Errno 2] No such file or directory: 'blah.in'
```

如果您在開啟 word.in 時遇到此錯誤訊息，請仔細檢查檔案的名稱是否正確，以及是否有放在您啟動 Python 的目錄中。

除了 'r' 讀取模式之外，還有 'w' 寫入模式。如果我們使用 'w' 寫入模式，那麼開啟的檔案是允許我們把文字寫入。

'w' 寫入模式要小心使用。如果對已經存在的檔案使用 'w' 模式開啟，則該檔案的內容會被刪除。這裡只是不小心用我的 word.in 檔案以 'w' 寫入模式開啟。內容被刪除沒什麼大不了，因為它很容易重建。但如果我們不小心覆蓋了某個重要的檔案，那就糟糕了。

如果以 'w' 寫入模式開啟一個不存在的檔案，則會建立一個空的檔案。

以下是使用 'w' 寫入模式開啟 blah.in 檔案，因為此檔案不存在，所以會建立一個空的 blah.in 檔：

```
>>> open('blah.in', 'w')
<_io.TextIOWrapper name='blah.in' mode='w' encoding='cp1252'>
```

現在 blah.in 檔已建立，我們可以讀取模式來開啟，此時不會出現錯誤訊息：

```
>>> open('blah.in', 'r')
<_io.TextIOWrapper name='blah.in' mode='r' encoding='cp1252'>
```

這裡一直出現的「_io.TextIOWrapper」是什麼意思呢？這是指 open 函式返回值的型別：

```
>>> type(open('word.in', 'r'))
<class '_io.TextIOWrapper'>
```

將此型別視為檔案型別。它的值代表開啟的檔案，在後面的內容中就會看到我們呼叫它的各種方法。

與其他函式一樣，如果我們不把 open 返回的內容指定給變數，那麼它的返回值就會被丟掉。到目前為止，前面的範例都是在呼叫 open 開啟檔案，但沒有用變數指到開啟的檔案內容！

以下是我們使用變數指到開啟的檔案：

```
>>> input_file = open('word.in', 'r')
>>> input_file
<_io.TextIOWrapper name='word.in' mode='r' encoding='cp1252'>
```

現在我們能夠使用 input_file 變數來從 'word.in' 中讀取內容。

在解決「文章的格式化（Essay Formatting）」問題時，我們還需要一種寫入 'word.out' 檔案的處理方式。以下的變數能協助我們做到這一點：

```
>>> output_file = open('word.out', 'w')
>>> output_file
<_io.TextIOWrapper name='word.out' mode='w' encoding='cp1252'>
```

從檔案中讀取內容

若想要從開啟的檔案中讀取一行內容，我們可以用檔案的 readline 方法來處理。此方法會返回一個含有檔案下一行內容的字串。這種處理方式很類似於 input 函式。然而，與 input 不同，readline 是從檔案而不是從標準輸入來讀取。

讓我們開啟 word.in 檔並讀取其中兩行內容：

```
>>> input_file = open('word.in', 'r')
>>> input_file.readline()
'12 13\n'
>>> input_file.readline()
'perhaps better poetry will be written in the language of digital computers\n'
```

這裡較意外的是讀取進來的字串末尾所出現的「\n」。在使用 input 讀取一行資料時是不會有這個符號的。字串中的 \ 符號是**轉義字元**，是用來讓字元跳脫標準解釋，改變了其原本的含義。我們不把「\n」視為兩個單獨的字元 \ 和 n。而是把「\n」看成一個字元，它代表的含義是「換行」符號。檔案中的每一行內容（也許除了最後一行）都以換行符號當作結尾。如果沒有換行符號，則表示檔案內容都只在一行中！readline 方法實際上就是讀取一整行內容的意思，當然也包括一行結尾的換行符號。

以下是我們在字串中嵌入換行符號的範例：

```
>>> 'one\ntwo\nthree'
'one\ntwo\nthree'
>>> print('one\ntwo\nthree')
one
two
three
```

Python shell 模式不處理轉義字元的效果，但 print 函式則會顯示其效果。

\n 序列在字串中很有用，因為它能幫助我們處理多行的效果。不過我們不希望在從檔案讀取的一行資料中出現這些換行符號。若想要去掉換行符號，我們可以使用字串 rstrip 方法來處理。此方法很像 strip 方法，但 rstrip 僅從字串的右側（而不是左側）刪除空格。就這個方法而言，會把換行符號當作是空格來處理：

```
>>> 'hello\nthere\n\n'
'hello\nthere\n\n'
>>> 'hello\nthere\n\n'.rstrip()
'hello\nthere'
```

讓我們再次嘗試讀取檔案，並去掉換行符號：

```
>>> input_file = open('word.in', 'r')
>>> input_file.readline().rstrip()
'12 13'
>>> input_file.readline().rstrip()
'perhaps better poetry will be written in the language of digital computers'
```

上面已經讀取了兩行，所以檔案中已經沒有什麼可以讀取的了。再次使用 readline 方法會返回一個空字串，這表示已經沒有內容了。

```
>>> input_file.readline().rstrip()
''
```

空字串意味著已經讀取到達檔案的末尾。如果我們想再次讀取這些內容，則必須重新開啟檔案，然後從開頭開始讀取。

接下來是使用變數來存放各行的資料：

```
>>> input_file = open('word.in', 'r')
>>> first = input_file.readline().rstrip()
>>> second = input_file.readline().rstrip()
>>> first
'12 13'
>>> second
'perhaps better poetry will be written in the language of digital computers'
```

如果我們需要讀取檔案中所有的行，無論有多少行，我們都可以使用 for 迴圈來處理。Python 會把檔案看作是行的序列，因此我們可以像遍訪字串和串列一樣遍訪檔案中的每一行：

```
>>> input_file = open('word.in', 'r')
>>> for line in input_file:
...     print(line.rstrip())
...
12 13
perhaps better poetry will be written in the language of digital computers
```

但是，與字串或迴圈不同，我們不能對檔案做第二次的迴圈處理，因為第一個迴圈就已經讀取到檔案末尾。如果我們再次嘗試以迴圈讀取，則會一無所獲：

```
>>> for line in input_file:
...     print(line.rstrip())
...
```

觀念檢測

我們想用一個 while 迴圈來輸出開啟的 input_file 檔案中的每一行內容（檔案可以是任何檔案；不一定與「文章的格式化」問題的檔案相關）。以下哪一段程式碼可以正確完成上述要求？

___

A.
```
while input_file.readline() != '':
    print(input_file.readline().rstrip())
```
B.
```
line = 'x'
while line != '':
    line = input_file.readline()
    print(line.rstrip())
```
C.
```
line = input_file.readline()
while line != '':
    line = input_file.readline()
    print(line.rstrip())
```
D. 以上皆是

E. 以上皆非

在查看答案之前，我建議您建立一個含有 4 到 5 行內容的檔案，然後嘗試以上述每個選項的程式碼來處理這個檔案。您還可以思考在輸出的每一行的開

頭加上一個像 * 這樣的字元,以便觀察是否有任何其他空白行。

答案:E。上述所有的程式碼都有錯誤。

A 的程式碼輸出第一行以外的所有其他行內容。舉例來說,while 迴圈中的布林式會先讀取了第一行,但因為沒有指定變數來存放而被丟掉,在第一次迭代執行時就直接印出了檔案的第二行內容。

B 的程式碼很接近正確答案。輸出了檔案中所有行的內容,但也多輸出了一行多餘的空白行。

C 的程式碼少印了檔案第一行。因為第一行在迴圈之前就讀取了,但隨後迴圈就從第二行開始迭代處理,因此少輸出的第一行的內容。最後也像 B 的程式碼會多輸出一行多餘的空白行。

以下才是正確的解答:

```
line = input_file.readline()
while line != '':
    print(line.rstrip())
    line = input_file.readline()
```

寫入檔案

若想要把一行資料寫入開啟的檔案,我們需要用到檔案的 write 方法。把要寫入的內容當成字串傳入 write 方法,這個字串就會被新增到檔案的尾端。

在解決「文章的格式化」問題的輸出要求上,我們要寫入 word.out 檔。現階段還沒有準備好解決這個問題,所以先寫入到 blah.out 檔來當作練習。以下是我們在檔案中寫入一行資料的程式碼:

```
>>> output_file = open('blah.out', 'w')
>>> output_file.write('hello')
5
```

這裡顯示的 5 是什麼意思呢？write 方法會返回寫入的字元數。這裡確認了程式已經照我們期望寫入檔案並返回寫入的字元數量。

如果您在文字編輯器中開啟 blah.out 檔，應該會在其中看到文字「hello」。

讓我們試著在檔案中寫入三行資料：

```
>>> output_file = open('blah.out', 'w')
>>> output_file.write('sq')
2
>>> output_file.write('ui')
2
>>> output_file.write('sh')
2
```

根據我目前的說明和描述，您可能希望 blah.out 看起來像下列這樣：

```
sq
ui
sh
```

但當您文字編輯器中開啟 blah.out 檔，您會發現內容變成：

```
squish
```

字元都在同一行，因為 write 方法在寫入時不會自動加上換行符號！如果想要換行，需要自己加入換行符號：

```
>>> output_file = open('blah.out', 'w')
>>> output_file.write('sq\n')
3
>>> output_file.write('ui\n')
3
>>> output_file.write('sh\n')
3
```

請留意，在上述情況中的 write 方法返回是寫入 3 個字元，而不是 2 個。換行符號也看作一個字元。現在使用在文字編輯器開啟 blah.out 檔，您應該會看到文字分佈在三行了：

```
sq
ui
sh
```

與 print 函式的作法不同，write 方法只能以字串來呼叫寫入。若想要把數值資料寫入檔案，請先將數值轉換為字串：

```
>>> num = 7788
>>> output_file = open('blah.out', 'w')
>>> output_file.write(str(num) + '\n')
5
```

關閉檔案

檔案處理完後最好是把檔案關閉起來。這樣的做法是對閱讀您的程式碼的讀者發出信號，表明該檔案已不再被使用。

關閉檔案還可以幫助作業系統管理電腦的資源。當您使用 write 方法時，您所寫入的內容不會立即在檔案中結束。Python 或作業系統可能會等到有一堆寫入請求後一次寫入這些內容。關閉寫入的檔案能確保寫入的內容已安全地儲存在檔案內。

若想要關閉檔案，可呼叫其 close 方法來處理。以下是開啟檔案、讀取一行然後關閉的示範：

```
>>> input_file = open('word.in', 'r')
>>> input_file.readline()
'12 13\n'
>>> input_file.close()
```

在關閉檔案後，就無法再讀取或寫入檔案了：

```
>>> input_file.readline()
Traceback (most recent call last):
  File "<stdin>", line 1, in <module>
ValueError: I/O operation on closed file.
```

問題的解答

回到「文章的格式化（Essay Formatting）」問題。現在我們知道要如何從 word.in 檔讀取資料以及怎麼把資料寫入 word.out 檔。這已經滿足了輸入和輸出的要求。現在就來解決這個問題吧！

讓我們從探索測試用例開始，確保我們真正了解怎麼解決這個問題。隨後才進入設計和編寫程式碼。

探索測試用例

以下的 word.in 檔是我們使用的範例：

```
12 13
perhaps better poetry will be written in the language of digital computers
```

上述範例指示有 12 個單字要處理，且一行（不包括空格）中最大字元數為 13。只要單字符合指示的規定，我們應該就在目前行中加入單字，不過一旦輪到的單字已不符合字元數規定，就會以那個單字開始新的一行。

第一個 perhaps 單字有 7 個字元，所以它放在第一行。better 這個單字有 6 個字元，和第一個單字 perhaps 加起來不超過 13（不包括兩個單字之間的空格），所以也可以放在第一行。

輪到 poetry 時已不能放在第一行，所以用 poetry 另起新行，它是第二行的第一個單字。接著的 will 時，加起來的字元數也符合規定，所以接著放在第二行 poetry 後面，同樣地，be 也符合規定，所以接在 will 後面。這時第二行已放入 12 個字元的單字了，剩下一個字元的空間不足以給下個單字 written，因此以 written 另起新行，當作第三行的第一個單字。

依照上述方法依序處理到最後，我們還需要把整理好的文章寫入 word.out 檔：

```
perhaps better
poetry will be
written in the
language of
digital
computers
```

程式碼

本題的解答程式碼列示在 Listing 7-1。

▶Listing 7-1：「文章的格式化（Essay Formatting）」問題的解答

```
❶ input_file = open('word.in', 'r')
❷ output_file = open('word.out', 'w')

❸ lst = input_file.readline().split()
  n = int(lst[0]) # n not needed
  k = int(lst[1])
```

```
    words = input_file.readline().split()

❹ line = ''
    chars_on_line = 0
    for word in words:
     ❺ if chars_on_line + len(word) <= k:
            line = line + word + ' '
            chars_on_line = chars_on_line + len(word)
        else:
         ❻ output_file.write(line[:-1] + '\n')
            line = word + ' '
            chars_on_line = len(word)

❼ output_file.write(line[:-1] + '\n')

    input_file.close()
    output_file.close()
```

程式一開始會開啟輸入檔❶和輸出檔❷。請留意這裡使用的模式：我們以讀取模式 'r' 開啟輸入檔，並以寫入模式 'w' 開啟輸出檔。這裡本來可以稍後再開啟輸出檔的，只要在使用它之前開啟即可，但我選擇在此處一起列出開啟這兩個檔案以簡化程式組織結構和呈現方式。同樣地，在不再需要再用到檔案時就應該立即關閉它。但在本書的程式中，我選擇在程式結束時才把所有檔案的關閉動作一起處理。對於某些需要操控很多檔案且長時間執行的程式，這類程式的寫法則是只有在需要用到某個檔案時再將其開啟。

接下來是讀取輸入檔的第一行內容❸。該行包含兩個以空格分隔的整數：n 代表單字數，k 是每行允許的最大字元數（不包括空格）。在處理空格分隔的值時，都是使用 split 來分割。隨後讀取第二行內容，該行放的是文章用到的單字。我們再次使用 split 方法，這次把第二行中的單字串拆分指定到 words 串列。這就是輸入的相關處理。

line 和 chars_on_line 這兩個變數驅動程式的主要部分。line 變數指到目前行的內容，一開始的初始值是空字串❹。chars_on_line 變數指到目前行上的字元數（不算空格）。

您可能想知道我為什麼要使用 chars_on_line 來處理。我們不能用 len(line) 代替嗎？好吧，如果使用 len，則計數中也會包括空格，但每行最大字元數的規定是不計算空格的。我們可以透過減去空格數來解決這個問題，如果您覺得這種作法比使用 chars_on_line 變數更直觀，我鼓勵您動手嘗試看看。

現在是以迴圈遍訪所有單字的時候了。對於每個單字，我們需要確定它是要放在目前行還是在下一行。

如果判斷條件式成立，也就目前行的非空格字元數加上目前單字的字元數最多為 k，則目前單字可以放在目前行❺。在這種情況下，我們把單字和空格新增到目前行並更新該行上的非空格字元數。

如果判斷條件式不成立，那表示目前單字不能放在目前行。此時目前行已完成！因此把該行寫入輸出檔❻，並更新 line 和 chars_on_line 變數以反應現在已換新行，這是目前新行上的第一個單字及字元數。

關於 write 呼叫有兩點需要提醒❻。首先，[:-1] 切片是為了防止我們輸出該行最後一個單字後面的空格。第二點是，您可能希望我在這裡使用 f-strings，如下所示：

```
output_file.write(f'{line[:-1]}\n')
```

但是，在撰寫本書時，USACO 解題系統網站目前還不支援 f-strings，該網站執行的還是舊版的 Python。

為什麼我們在迴圈結束後才輸出 line 呢❼？原因是 for 迴圈的每次迭代會確保留下一個或多個我們尚未輸出的單字，判斷各個單字在一行中的情況要怎麼處理。如果目前單字符合目前行的規定，就不輸出任何內容。如果目前單字已不符合目前行，那才輸出目前行，但在移到下一行的單字還沒輸出。因此，我們需要在迴圈結束**後**再把這個 line 寫入輸出檔❼；否則，文章會漏掉最後一行。

程式最後要處理的是關閉兩個檔案。

寫入檔案而不是輸出到螢幕的處理方式有個令人討厭的地方是，在執行程式後沒有顯示輸出內容。想要查看就必須在文字編輯器中打開輸出檔。

這裡有一個提示：先使用 print 而不是 write 來開發程式，以便所有輸出都顯示在螢幕上。這樣較容易在開發程式的過程中的除錯，避免在查看程式碼時又要切換到輸出檔查看。一旦開發的程式碼都沒問題了，這時就可以把 print 呼叫改回 write 呼叫。接著只要做一些測試，確保檔案中的所有內容都按照您要的結果完成。

我們已準備好解答可以提交到 USACO 解題系統的網站了。現在就把我們的程式碼傳送上去吧！所有測試用例應該都會順利通過。

問題#17：農場耕種（Farm Seeding）

我們可以利用迴圈從檔案中讀取特定行數的資料。在本題中要做這樣的處理和運用，其做法很類似使用帶有 input 的迴圈來讀取標準輸入的內容。

在第 6 章解決「盒裝公仔（Action Figures）」問題時，我們學會使用函式的由上而下設計方法。這項重要的技能可以讓我們組合多個函式來解決問題。由於檔案處理的相關說明已介紹過了，這裡我選擇的問題需要再用由上而下設計方法來處理。

這個問題很具挑戰性。我們先要確定題意，看清楚題目要求什麼。之後，我們需要開發解決問題的方法，並仔細思考為什麼這個解決方案是正確的。

這是 USACO（USA Computing Olympiad，美國計算機奧林匹克競賽）2019 年 2 月銅牌競賽問題「The Great Revegetation」。

挑戰

農夫 John 有 n 個牧場，他想在所有牧場上種草。牧場編號為 1、2、...、n。

農夫 John 有四種不同的草種，編號為 1、2、3 和 4。他會為每個牧場選用一種草種來耕種。

農夫 John 也有 m 頭乳牛。每頭乳牛有兩個最喜歡的牧場。乳牛只關心最喜歡的兩個牧場，其他牧場則無所謂。為了飲食健康，每頭乳牛都被要求這兩個牧場要有不同類型的草種。舉例來說，對於某頭指定的乳牛，如果它的一個牧場是型 1 草種，另一個牧場是型 4 草種，那就沒問題。但如果它的兩個牧場都是型 1 草種，那就不行了。

一個牧場可以是多頭乳牛最喜歡的牧場，但不能超過三頭。

請確定在每個牧場所使用的草種。每個牧場要求使用 1 到 4 種草種，而每頭乳牛最喜歡的兩個牧場必須是不同的草種。

輸入

請從 revegetate.in 檔讀取輸入的內容。

其內容包含下列幾行：

- 第一行包含以空格分隔的兩個整數。第一個整數是 n，代表牧場數量，n 是 2 到 100 之間的整數。第二個整數是 m，代表乳牛的數量，m 是 1 到 150 之間的整數。

- m 行，每行列出一頭乳牛最喜歡的兩個牧場編號。這些牧場編號是 1 到 n 之間的整數，並用空格分隔。

輸出

把輸出寫入到 revegetate.out 檔。

輸出各個牧場符合題意所種植的草種。輸出的一行有 n 個字元，各個字元都是 '1'、'2'、'3' 或 '4' 的草種類型。第一個字元是牧場 1 的草種類型，第二個字元是牧場 2 的草種類型，依此類推。

我們可以把這 n 個字元解譯為具有 n 個位數的整數。例如，如果我們有五個牧場的草種類型「11123」，那麼我們可以將其解譯為整數 11123。

當我們可以選擇輸出的型別時，這種整數的解譯方式就會發揮作用。如果牧場的草種類型有多種有效的組合，我們必須輸出被解譯為整數時最小的那一個。舉例來說，如果 '11123' 和 '22123' 都是有效合法的組合，那我們要輸出字串 '11123'，因為整數 11123 小於整數 22123。

探索測試用例

我們會使用由上而下的設計方法來解決這個問題。探索一個測試用例能幫助我們更了解題意和要處理的任務。

以下是我們要探索的測試用例：

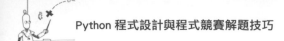

```
8 6
5 4
2 4
3 5
4 1
5 2
```

測試用例的第一行告知有 8 個牧場,編號從 1 到 8。第一行還告知有 6 頭乳牛。問題沒有對乳牛指定編號,所以我就從 0 開始進行編號。每頭乳牛最喜歡的兩個牧場列示在表 7-1 中,以供參考。

表 7-1　農場耕種問題中的乳牛與牧場

乳牛	牧場 1	牧場 2
0	5	4
1	2	4
2	3	5
3	4	1
4	2	1
5	5	2

在這個問題中,我們被要求做出 n 個決定。牧場 1 要用哪種草?牧場 2 要用哪種草?牧場 3…?牧場 4…?依此類推,一直到牧場 n。解決這類問題的策略是一次做一個決定,且每個都不出錯。如果我們設法完成 n 個決策且一路上不犯錯,那麼處理到最後的解決方案一定是正確的解答。

讓我們遍訪編號 1 到 8 的牧場,看看我們是否可以為各個牧場指定草種類型。我們需要優先選擇草種編號較小的草種類型,以便草種編號組合起來後,在解譯為數值時其數值是最小的。

我們應該為牧場 1 選擇什麼草種呢?喜歡牧場 1 的乳牛是編號 3 和 4 的乳牛,所以我們只關注這兩頭乳牛。如果已經為這些乳牛另一個牧場選擇了草種類型,那麼牧場 1 的選擇就必須謹慎。我們不能讓同一頭乳牛的兩個牧場選擇相同的草種,因為這不符合題目要求!因為一開始我們還沒有選擇任何草種,所以無論為牧場 1 選擇什麼草種都不會出錯。但我們要從編號最小的草種選起,所以選擇草種 1。

我會以表格來收集選擇的草種決策。以下是我們剛剛做出的決策，牧場 1 選擇草種類型 1：

牧場	草種類型
1	1

接著繼續進行。牧場 2 要選擇的草種類型是什麼呢？最喜歡牧場 2 的乳牛是編號 1、4 和 5 的乳牛，所以把焦點集中在這三頭乳牛。編號 4 的乳牛最喜歡的牧場 1 已選用了草種 1，所以草種 1 要排除不能再選。如果牧場 2 再選用草種 1，則乳牛 4 的兩個牧場都選了相同的草種，這已違反題目規定。然而，乳牛 1 和 5 並沒有決定其他草種，因為我們還沒有處理到這些牧場的選擇。因此，這裡選擇草種 2，這是可選用草種類型中的最小編號。以下是整理的表格：

牧場	草種類型
1	1
2	2

牧場 3 要選擇的草種是什麼呢？最喜歡牧場 3 的乳牛是編號 2 的乳牛，編號 2 的乳牛最喜歡的是牧場 3 和 5。但這頭乳牛還沒有排除任何草種，因為牧場 5 還沒處理！由於要從編號最小的草種選起，所以牧場 3 選擇使用草種 1。以下是整理的表格：

牧場	草種類型
1	1
2	2
3	1

我可以看到了以由上而下設計中具體化分出的三個任務。第一項任務是需要取得最喜歡目前牧場編號的乳牛。第二項任務是確定這些乳牛不能選擇哪個草種編號。第三項任務是要選擇從可選用草種中編號的最小的草種。這裡的每一項任務都可以設計成函式。

我們繼續上述的測試用例。牧場 4 有三頭乳牛最喜歡，分別是乳牛 0、1 和 3。乳牛 0 還沒有排除任何草種類型，因為還沒有為它的牧場指定草種。乳牛 1 已有草種 2，因為牧場 2（乳牛 1 最喜歡的另一個牧場）選擇了草種 2。乳牛 3 則

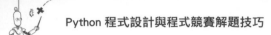

排除草種 1，因為牧場 1（乳牛 3 最喜歡的另一個牧場）選擇了草種 1。那麼，剩下可選用的最小草種編號是 3，以下是整理了牧場 4 的表格：

牧場	草種類型
1	1
2	2
3	1
4	3

對於牧場 5 的處理，牧場 5 有三頭乳牛最喜歡，分別是乳牛 0、2 和 5。乳牛 0 排除了草種 3；乳牛 2 排除了草種 1；而乳牛 5 排除了草種 2。所以草種 1、2 和 3 都不能選，只剩下唯一的選擇草種 4。

到現在已很接近結尾！我們幾乎用完了所有的草種。對我們來說，很幸運的是沒有其他乳牛因最喜歡牧場 5 而排除了草種 4。

欸！等一下。這根本不是幸運，因為問題的說明描述中有提到：「一個牧場可以是多頭乳牛最喜歡的牧場，但不能超過三頭」。這表示每個牧場最多可以排除三種草種。我們永遠不會被問題卡住！甚至不必擔心過去的選擇會影響下一個決定。無論過去已選了什麼，至少還一種草種可選用。

我們把牧場 5 的選擇也整理到表格中：

牧場	草種類型
1	1
2	2
3	1
4	3
5	4

以這個測試用例來看，還剩下 3 個牧場要處理。但沒有乳牛選這幾個牧場當作最喜歡的牧場，不需要排除草種的選擇，因此我們都選草種 1，以下是整理好的表格：

牧場	草種類型
1	1
2	2

牧場	草種類型
3	1
4	3
5	4
6	1
7	1
8	1

從這個範例的表格中,我們由上到下讀取草種類型就能得到正確的輸出解答。
其輸出結果如下:

```
12134111
```

由上而下的設計

在充分了解我們需要完成的任務後,接著轉以由上而下設計的方法來解決這個
問題。

最頂層

我們在上一小節中透過測試用例發現三項任務要處理。在我們以程式解決這些
任務之前,還需要讀取輸入檔,這是第四項任務。最後還需要把輸出結果寫入
輸出檔。這需要一些思考和幾行程式碼,這是我們的第五項任務。

以下是這個問題分解出來要處理的 5 個主要任務:

1.　讀取輸入。

2.　找出最喜歡目前牧場的乳牛。

3.　找出目前牧場不能選用的草種。

4.　為目前牧場選擇可選用草種編號中最小的編號。

5.　寫入輸出。

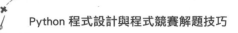

正如我們在第 6 章中解決「盒裝公仔」問題時所做的處理，我們會從 TODO 注釋框架為起始，並在我們寫出程式碼解決它時刪除 TODO 標記。

我們是從注釋開始設計和編寫。由於程式在開始時要開啟檔案並在程式結束前關閉檔案，因此我就先新增這部分的程式碼。

以下是程式一開始的寫法：

```
# Main Program

input_file = open('revegetate.in', 'r')
output_file = open('revegetate.out', 'w')

# TODO: Read input

# TODO: Identify cows that care about pasture

# TODO: Eliminate grass types for pasture

# TODO: Choose smallest-numbered grass type for pasture

# TODO: Write output

input_file.close()
output_file.close()
```

任務 1：讀取輸入

我們知道怎麼使用整數 n 和 m 來讀取和存放輸入檔的第一行內容。這個處理過程很簡單，並不需要寫一個函式來完成，所以就直接寫程式碼上去。接下來需要讀取 m 頭乳牛的牧場資訊，這就需要用到函式了。我們移除 # Read input 注釋前的 TODO 標記，開始處理輸入檔的第一行內容，並呼叫 read_cows 函式完成工作，此函式隨後會設計和編寫：

```
  # Main Program

  input_file = open('revegetate.in', 'r')
  output_file = open('revegetate.out', 'w')

  # Read input
  lst = input_file.readline().split()
  num_pastures = int(lst[0])
  num_cows = int(lst[1])
❶ favorites = read_cows(input_file, num_cows)

  # TODO: Identify cows that care about pasture
```

```
    # TODO: Eliminate grass types for pasture

    # TODO: Choose smallest-numbered grass type for pasture

    # TODO: Write output

    input_file.close()
    output_file.close()
```

這裡呼叫的 read_cows 函式❶會處理已經開啟的輸入檔，把每頭乳牛最喜歡的兩個牧場資訊讀取和指定到 favorites 變數。此函式會返回一個串列，此串列中的項目也是串列，每個內層串列中含有乳牛的兩個牧場編號。以下是函式的程式碼：

```
def read_cows(input_file, num_cows):
    """
    input_file is a file open for reading; cow information is next to read.
    num_cows is the number of cows in the file.

    Read the cows' favorite pastures from input_file.
    Return a list of each cow's two favorite pastures;
    each value in the list is a list of two values giving the
    favorite pastures for one cow.
    """
    favorites = []
    for i in range(num_cows):
 ❶     lst = input_file.readline().split()
        lst[0] = int(lst[0])
        lst[1] = int(lst[1])
 ❷     favorites.append(lst)
    return favorites
```

該函式會把乳牛最喜歡的牧場編號累積新增到 favorites 串列中。它使用迴圈配合 range 函式迭代 num_cows 次，也就是每頭乳牛迭代處理一次。這裡需要迴圈來處理是因為讀取的行數取決於檔案中乳牛的數量。

在迴圈的每次迭代中，我們讀取下一行並將其分割成兩個元件❶。然後使用 int 把元件從字串值轉換為整數值。我們將此串列新增附加到 favorites 中❷，就是把含有兩個整數的串列新增附加上去。

函式最後要做的是返回 favorites 這個串列。

在程式繼續編寫之前，先確定自己真正了解怎麼呼叫這個函式。我們先把函式從這支大的程式中獨立取出，在 Python shell 模式中實際練習呼叫和使用它。以這種方式測試函式是很有用的，這樣可以在練習過程發現錯誤並進行修正。

使用文字編輯器建立一個名為 revegetate.in 的檔案，內容如下（與我們之前探索的測試用例相同）：

```
8 6
5 4
2 4
3 5
4 1
2 1
5 2
```

現在到 Python shell 模式中，輸入 read_cows 函式的程式碼。

以下是我們呼叫 read_cows 的實例示範：

```
    >>> input_file = open('revegetate.in', 'r')
❶   >>> input_file.readline()
    '8 6\n'
❷   >>> read_cows(input_file, 6)
    [[5, 4], [2, 4], [3, 5], [4, 1], [2, 1], [5, 2]]
```

read_cows 函式只讀取乳牛的資訊。由於我們在程式之外單獨測試此函式，因此在呼叫之前，需要先開啟輸入檔和讀取檔案的第一行❶。當我們呼叫 read_cows 後會返回一個串列，其中列出了每頭乳牛最喜歡的牧場編號。另外請注意，這裡使用開啟後的檔案物件而**不是**檔案名稱來呼叫 read_cows ❷。

請確定 read_cows 函式和其他編寫的函式是放在程式中 # Main Program 注釋行之前。接下來我們要可以繼續處理任務 2。

任務 2：找出最喜歡目前牧場的乳牛

我們解決這個問題的總體策略是依次判別每個牧場要使用哪一個草種。我們會在迴圈內組織完成這項任務，迴圈的每次迭代負責判別一個牧場。對每個牧場，我們需要確定最喜歡該牧場的乳牛是哪幾頭，然後排除使用過的草種，並選擇草種編號最小的可用草種。每個牧場都要處理執行這三項任務，因此要在迴圈內縮的區塊中處理這幾項工作。

我們會編寫一個名為 cows_with_favorite 的函式，此函式能告知最喜歡目前牧場的乳牛。

以下是主程式：

```
# Main Program

input_file = open('revegetate.in', 'r')
output_file = open('revegetate.out', 'w')

# Read input
lst = input_file.readline().split()
num_pastures = int(lst[0])
num_cows = int(lst[1])
favorites = read_cows(input_file, num_cows)

for i in range(1, num_pastures + 1):

    # Identify cows that care about pasture
❶   cows = cows_with_favorite(favorites, i)

    # TODO: Eliminate grass types for pasture

    # TODO: Choose smallest-numbered grass type for pasture

# TODO: Write output

input_file.close()
output_file.close()
```

這裡呼叫的 cows_with_favorite 函式❶以乳牛最喜歡牧場 favorties 串列和牧場編號來傳入，然後返回最喜歡該牧場編號的乳牛。以下是函式的程式碼：

```
def cows_with_favorite(favorites, pasture):
    """
    favorites is a list of favorite pastures, as returned by read_cows.
    pasture is a pasture number.

    Return list of cows that care about pasture.
    """
    cows = []
    for i in range(len(favorites)):
        if favorites[i][0] == pasture or favorites[i][1] == pasture:
            cows.append(i)
    return cows
```

這個函式以迴圈遍訪 favorites 串列，找出最喜歡 pasture（牧場編號）的乳牛。最喜歡該牧場的乳牛都會被新增到最終返回的 cows 串列中。

讓我們單獨做個小測試。在 Python shell 模式中輸入 cows_with_favorite 函式。以下是我們嘗試的呼叫：

```
>>> cows_with_favorite([[5, 4], [2, 4], [3, 5]], 5)
```

這裡傳入的串列有三頭乳牛最喜歡的牧場編號，以及要探查的牧場編號 5。索引 0 和 2 的乳牛最喜歡的牧場中有編號 5 的牧場，以下便是函式處理後返回的內容：

```
[0, 2]
```

任務 3：找出目前牧場不能選用的草種

現在找出最喜歡目前牧場的乳牛了。下一步則是弄清楚這些乳牛與目前牧場已選用草種是哪一種，然後排除不能選用的草種。我們需要排除與這些乳牛最喜歡牧場中已使用的草種。這裡編寫一個名為 types_used 的函式，此函式會告知已經使用過的草種（因此在目前牧場中會排除掉這些草種編號）。

以是我們的主程式，透過呼叫此函式進行更新：

```python
# Main Program

input_file = open('revegetate.in', 'r')
output_file = open('revegetate.out', 'w')

# Read input
lst = input_file.readline().split()
num_pastures = int(lst[0])
num_cows = int(lst[1])
favorites = read_cows(input_file, num_cows)

❶ pasture_types = [0]

for i in range(1, num_pastures + 1):

    # Identify cows that care about pasture
    cows = cows_with_favorite(favorites, i)
    # Eliminate grass types for pasture
❷   eliminated = types_used(favorites, cows, pasture_types)

    # TODO: Choose smallest-numbered grass type for pasture

# TODO: Write output

input_file.close()
output_file.close()
```

除了呼叫 types_used 函式之外❷，我還新增了一個名為 pasture_types 的變數❶。此變數指到的串列是用來追蹤各個牧場已選用的草種編號。

請回想一下，牧場編號是從 1 開始編號。但 Python 串列的索引則是從 0 開始編號。我不太喜歡這種差異，如果只是把草種編號加到 pasture_types 中，那麼牧場 1 選用的草種編號要放在索引 0 位置，牧場 2 的草種編號放在索引 1 位置，依此類推，總是偏離 1。這就是為什麼我在串列的開頭新增了一個假的 0 ❶；稍後要為牧場 1 新增草種編號時，會將被放置在索引 1 的位置，這樣編號就能對應了。

假設我們已經確定了前四個牧場所選用的草種類型。以下是 pasture_types 列出的內容：

```
[0, 1, 2, 1, 3]
```

如果要找出牧場 1 已選用草種，則要查找索引位置 1 的內容。如果想要找出牧場 2 已選用草種，則要查找索引位置 2 的內容，以此類推。如果想要牧場 5 已選用草種呢？嗯，不會有這種狀況，因為我們還沒處理到牧場 5。如果 pasture_types 的長度為 5，則表示我們只處理了前 4 個牧場已選用的草種。一般來說，草種類型編號的數字會比串列的長度少 1。

現在已準備好可以使用 types_used 函式了。它需要用到三個參數：每頭乳牛最喜歡牧場的串列 favorites、最喜歡目前牧場的乳牛 cows、以及牧場已選用的草種 pasture_types。函式處理完後會返回已使用的草種串列 used，因此目前牧場可以把這些草種編號排除。這個函式的程式碼內容如下：

```python
def types_used(favorites, cows, pasture_types):
    """
    favorites is a list of favorite pastures, as returned by read_cows.
    cows is a list of cows.
    pasture_types is a list of grass types.

    Return a list of the grass types already used by cows.
    """
    used = []
    for cow in cows:
        pasture_a = favorites[cow][0]
        pasture_b = favorites[cow][1]
    ❶ if pasture_a < len(pasture_types):
            used.append(pasture_types[pasture_a])
    ❷ if pasture_b < len(pasture_types):
            used.append(pasture_types[pasture_b])
    return used
```

每頭乳牛都有兩個最喜歡的牧場，我用 pasture_a 和 pasture_b 來表示。對於這兩個牧場，我們分別在 ❶ 和 ❷ 檢查判別，看看是否已經為它選用了草種。如果在 pasture_types 串列對應的索引編號位置已有了選用的草種編號。這些草種編號都會新增到 used 串列內，該函式會在遍訪完所有相關乳牛後返回 used 串列。

如果不止一頭乳牛最喜歡某個牧場時怎麼辦？我們的程式會做什麼呢？讓我們以一個簡單的測試用例來回答這個問題。

請在 Python shell 模式中輸入 types_used 函式。以下是該函式的呼叫實例， 讓我們看看它會返回什麼：

```
>>> types_used([[5, 4], [2, 4], [3, 5]], [0, 1], [0, 1, 2, 1, 3])
```

這裡需要小心思考以免弄錯。第一個引數給了三頭乳牛最喜歡的牧場編號。第二個引數給了最喜歡特定牧場的乳牛（分別是乳牛 0 和 1）。第三個引數給了目前各牧場已選用的草種。

由上述帶入的測試用例中，乳牛 0 和 1 已經使用並因此要排除的草種編號是哪些？乳牛 0 最喜歡的牧場中有牧場 4，此牧場已選用了草種 3，所以草種 3 要被排除。乳牛 1 最喜歡的牧場中有牧場 2，此牧場已選用了草種 2，所以草種 2 要被排除。乳牛 1 也最喜歡牧場 4，但我們已經知道，乳牛 0 的牧場 4 已選用了草種 3，所以也該草種已被排除。

函式的返回值如下列這般：

```
[3, 2, 3]
```

裡面有兩個 3，一個來自乳牛 0，另一個來自乳牛 1。如果串列裡面只有一個 3 就更簡潔了，但是這裡就算帶有重複也沒關係。在判別是否要排除時，只要草種編號有在這個 used 串列中，那就會排除掉，無論有一次、兩次還是三次都沒關係。

任務 4：選擇可選用草種編號中最小的編號

取得被排除的草種編號後，我們就可以進行下一個任務：為目前牧場選擇編號最小的可用草種。為了解決這個問題，我們會呼叫一個新函式 smallest_available。此函式會返回目前牧場應該選用的草種編號。

以下是主程式，其中新增了呼叫 smallest_available 函式的相關處理：

```
# Main Program

input_file = open('revegetate.in', 'r')
output_file = open('revegetate.out', 'w')

# Read input
lst = input_file.readline().split()
num_pastures = int(lst[0])
num_cows = int(lst[1])
```

```
favorites = read_cows(input_file, num_cows)

pasture_types = [0]

for i in range(1, num_pastures + 1):

    # Identify cows that care about pasture
    cows = cows_with_favorite(favorites, i)

    # Eliminate grass types for pasture
    eliminated = types_used(favorites, cows, pasture_types)

    # Choose smallest-numbered grass type for pasture
❶ pasture_type = smallest_available(eliminated)
❷ pasture_types.append(pasture_type)

# TODO: Write output

input_file.close()
output_file.close()
```

一旦我們取得了目前牧場的應該選用的最小的草種編號❶，就把它新增附加到已選用草種串列 pasture_types 中❷。

以下是 smallest_available 函數本身：

```
def smallest_available(used):
    """
    used is a list of used grass types.

    Return the smallest-numbered grass type that is not in used.
    """
    grass_type = 1
    while grass_type in used:
        grass_type = grass_type + 1
    return grass_type
```

該函式會從草種編號 1 開始，以迴圈迭代直到找出尚未使用的草種編號，每次迭代時將草種編號加 1。找到還沒被選用的草種編號後，該函式會將它返回。請記住，從題目描述中在可用的 4 個草種中最多只會被使用了 3 種，因此這個函式保證可以執行成功。

任務 5：寫入輸出檔

我們已經取得答案了，就在 pasture_types 串列中！現在要做的就是把結果輸出。以下是最後要完成的主程式：

```
    # Main Program

    input_file = open('revegetate.in', 'r')
    output_file = open('revegetate.out', 'w')

    # Read input
    lst = input_file.readline().split()
    num_pastures = int(lst[0])
    num_cows = int(lst[1])
    favorites = read_cows(input_file, num_cows)

    pasture_types = [0]

    for i in range(1, num_pastures + 1):

        # Identify cows that care about pasture
        cows = cows_with_favorite(favorites, i)

        # Eliminate grass types for pasture
        eliminated = types_used(favorites, cows, pasture_types)

        # Choose smallest-numbered grass type for pasture
        pasture_type = smallest_available(eliminated)
        pasture_types.append(pasture_type)

    # Write output
❶ pasture_types.pop(0)
❷ write_pastures(output_file, pasture_types)

    input_file.close()
    output_file.close()
```

在寫入輸出檔之前，我們先刪除 pasture_types 串列開頭放入的假 0 位置❶。我
們不想輸出那個 0，因為它不是真的草種編號。隨後呼叫 write_pastures 函式真
正把串列寫入輸出檔❷。

現在只剩下要完成 write_pastures 函式。此函式需要傳入已開啟的寫入檔案物件
和一個草種編號串列，函式會把草種編號串列輸出到檔案中。以下是程式碼：

```
def write_pastures(output_file, pasture_types):
    """
    output_file is a file open for writing.
    pasture_types is a list of integer grass types.
    Output pasture_types to output_file.
    """
    pasture_types_str = []
❶ for pasture_type in pasture_types:
        pasture_types_str.append(str(pasture_type))
❷ output = ''.join(pasture_types_str)
❸ output_file.write(output + '\n')
```

到目前為止所用的 pasture_types 是個整數型別的串列，等一下您會發現，在程式中使用字串串列會更方便處理，因此我建立了一個新的串列，放入的是原本整數轉換而成的字串值❶。我不會修改原本的 pasture_types 串列，因為這可能會影響函式的呼叫來源。呼叫來源在呼叫這個函式時只是希望把它輸出寫入到 output_file 檔，而不是讓原本傳入的 pasture_types 串列被修改掉。這個函式沒有空閒去修改其串列參數。

若想要生成輸出，我們需要以字串而不是串列來呼叫 write。我們需要從串列中輸出字串，這些字串之間沒有空格。字串 join 方法在這裡很有用。正如在第 5 章的「把串列的項目合併成一個字串」小節中所學到的做法，我們使用 join 把放置在串列中值再加上字串當作分隔符號來進行合併。由於我們不希望值之間有任何分隔符號，因此我們使用空字串作為分隔符號來進行合併❷。join 方法僅適用於字串串列，而不適用於整數串列，這也是我在此函式開始時先把整數串列轉換為字串串列的原因❶。

把輸出當成單個字串寫入檔案內❸。

把所有程式整合在一起

本題的完整解決方案列示在 Listing 7-2。

▶Listing 7-2：「農場耕種（Farm Seeding）」問題的解答

```
def read_cows(input_file, num_cows):
    """
    input_file is a file open for reading; cow information is next to read.
    num_cows is the number of cows in the file.

    Read the cows' favorite pastures from input_file.
    Return a list of each cow's two favorite pastures;
    each value in the list is a list of two values giving the
    favorite pastures for one cow.
    """
    favorites = []
    for i in range(num_cows):
        lst = input_file.readline().split()
        lst[0] = int(lst[0])
        lst[1] = int(lst[1])
        favorites.append(lst)
    return favorites


def cows_with_favorite(favorites, pasture):
```

```
    """
    favorites is a list of favorite pastures, as returned by read_cows.
    pasture is a pasture number.

    Return list of cows that care about pasture.
    """
    cows = []
    for i in range(len(favorites)):
        if favorites[i][0] == pasture or favorites[i][1] == pasture:
            cows.append(i)
    return cows


def types_used(favorites, cows, pasture_types):
    """
    favorites is a list of favorite pastures, as returned by read_cows.
    cows is a list of cows.
    pasture_types is a list of grass types.

    Return a list of the grass types already used by cows.
    """
    used = []
    for cow in cows:
        pasture_a = favorites[cow][0]
        pasture_b = favorites[cow][1]
        if pasture_a < len(pasture_types):
            used.append(pasture_types[pasture_a])
        if pasture_b < len(pasture_types):
            used.append(pasture_types[pasture_b])
    return used


def smallest_available(used):
    """
    used is a list of used grass types.

    Return the smallest-numbered grass type that is not in used.
    """
    grass_type = 1
    while grass_type in used:
        grass_type = grass_type + 1
    return grass_type


def write_pastures(output_file, pasture_types):
    """
    output_file is a file open for writing.
    pasture_types is a list of integer grass types.

    Output pasture_types to output_file.
    """
    pasture_types_str = []
    for pasture_type in pasture_types:
        pasture_types_str.append(str(pasture_type))
    output = ''.join(pasture_types_str)
```

```
        output_file.write(output + '\n')

# Main Program

input_file = open('revegetate.in', 'r')
output_file = open('revegetate.out', 'w')

# Read input
lst = input_file.readline().split()
num_pastures = int(lst[0])
num_cows = int(lst[1])
favorites = read_cows(input_file, num_cows)

pasture_types = [0]

for i in range(1, num_pastures + 1):

    # Identify cows that care about pasture
    cows = cows_with_favorite(favorites, i)

    # Eliminate grass types for pasture
    eliminated = types_used(favorites, cows, pasture_types)

    # Choose smallest-numbered grass type for pasture
    pasture_type = smallest_available(eliminated)
    pasture_types.append(pasture_type)

# Write output
pasture_types.pop(0)
write_pastures(output_file, pasture_types)

input_file.close()
output_file.close()
```

我們完成了！這個問題並不簡單，利用由上而下的設計方法讓程式的開發工作變得更易於組織管理。現在隨時可以解答提交到 USACO 解題系統網站。

當您第一次閱讀這個問題時，很容易被問題的描述說明淹沒。但請記住，您不需要一步搞定，您可以先把規模較大的問題分解成小的部分，解決分解後能完成的每項任務，隨後就可以很好地解決整個問題。現階段的您已經設計編寫過一定數量的 Python 程式了，在程式設計和解決問題的能力方面有了十足的進步。這些問題的解決方案都在您的掌握之中！

觀念檢測

讓我們思考新版本的農場耕種問題，其中對最喜歡牧場的乳牛數量不作限制。一個牧場可能是 4 頭、5 頭甚至更多頭乳牛的最愛牧場。這裡仍然不允許一頭乳牛的兩個最喜歡牧場選用相同的草種。

假設我們要解決這個新版本的問題，而且有一個測試用例，其中牧場有 3 頭以上乳牛最喜歡。對於這樣的測試用例，以下哪個選項是正確的？

A. 確定只有 4 種草種是不能解決這個問題的。

B. 可能有辦法解決這個問題，且前面的解決方案（Listing 7-2）可能可以解決這個問題。

C. 可能有辦法解決這個問題，且前面的解決方案（Listing 7-2）一定可以解決這個問題。

D. 可能有辦法解決這個問題，且前面的解決方案（Listing 7-2）一定不能解決這個問題。

答案：B。我們可以找到一個讓前面的程式能正確解決的測試用例（排除了 A 和 D 選項），也可以找出一個測試用例能讓前面的程式無法正確解決（排除了 C 選項），但別的解決方案能解決。

以下是能夠讓前面程式能正確解決的測試用例：

```
2 4
1 2
1 2
1 2
1 2
```

每個牧場可以有 4 頭乳牛最喜歡。若只使用了兩種草種的話，這就是能正確解決的測試用例。以這個用例來測試我們的程式，您應該會看到它正確地完成。

以下這個可以解決的測試用例是我們前面的程式無法正確解決的：

```
6 10
2 3
2 4
```

```
3 4
2 5
3 5
4 5
1 6
3 6
4 6
5 6
```

我們的程式所犯的錯誤是把草種 1 用在牧場 1。這時牧場 6 被迫使用草種 5—
這是不允許的！我們的程式失敗，但不能說沒有別的解決方案可以正確處理
這個測試用例。尤其是在牧場 1 選用了草種 2 後，您應該能夠找到一種僅使
用 4 種草種來解決此測試用例的方法。這裡可以使用更複雜的程式來解決這
個測試用例，如果您有興趣，我鼓勵您思考並動手實作。

總結

在本章中，我們學會了開啟、讀取、寫入和關閉檔案。檔案很適合用於儲存資
訊，也很適合當作輸入的來源。檔案用來對使用者傳達資訊也是很有用。處理
檔案的方式其實與處理標準輸入和標準輸出的方式很類似。

在下一章中，我們將要學習怎麼把一堆值存放入 Python 的集合或字典中。存放
一堆值的作法好像在串列中也用過，但集合和字典在處理這類問題上讓我們更
輕鬆簡單。

本章習題

這裡有一些習題供您嘗試練習。這些題目都來自 USACO 競賽解題系統網站，
而且解題時需要讀寫檔案。這些問題的鍛鍊也會消除您在前幾章的學習疲勞，
讓您精神抖擻、頭腦敏銳、思路清晰。

1. USACO 2018 年 12 月銅牌競賽問題「Mixing Milk」

2. USACO 2017 年 2 月銅牌競賽問題「Why Did the Cow Cross the Road」

3. USACO 2017 年美國公開賽銅牌競賽問題「The Lost Cow」

4. USACO 2019 年 12 月銅牌競賽問題「Cow Gymnastics」

5. USACO 2017 年美國公開賽銅牌競賽問題「Bovine Genomics」

6. USACO 2018 年美國公開賽銅牌競賽問題「Team Tic Tac Toe」

7. USACO 2019 年 2 月銅牌競賽問題「Sleepy Cow Herding」

NOTE

「文章的格式化（Essay Formatting）」問題來自 USACO 2020 年 1 月銅牌競賽問題。「農場耕種（Farm Seeding）」問題來自 USACO 2019 年 2 月銅牌競賽問題。

除了文字檔的格式之外，還有許多類型的檔案格式。您可能想要處理 HTML 檔、Excel 試算表檔、PDF 檔、Word 檔或影像檔等。Python 都能提供協助！有關更多資訊，請參閱 Al Sweigart 的著作《Python 自動化的樂趣｜搞定重複瑣碎&單調無聊的工作 第二版》（碁峰資訊出版，2020 年）。

「也許會寫出更好的詩歌」這句話出自 J. C. R. Licklider，引用自 Martin Greenberger 編輯的《Computers and the World of the Future》（麻省理工學院出版社，1962 年）一書：

> 但有些人用我們所說的語言寫詩。也許用未來的數位電腦語言寫出的詩歌會比用英語寫的更好。

> But some people write poetry in the language we speak. Perhaps better poetry will be written in the language of digital computers of the future than has ever been written in English.

第 8 章
使用集合與字典
來管理多個值

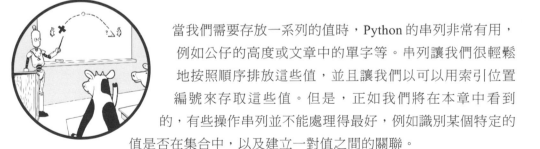

當我們需要存放一系列的值時，Python 的串列非常有用，例如公仔的高度或文章中的單字等。串列讓我們很輕鬆地按照順序排放這些值，並且讓我們以可以用索引位置編號來存取這些值。但是，正如我們將在本章中看到的，有些操作串列並不能處理得最好，例如識別某個特定的值是否在集合中，以及建立一對值之間的關聯。

在本章中，我們將學習 Python 的集合（set）和字典（dictionary），這兩種都是可以用於存放一堆集合值的功能，也是串列的替代方法。當我們需要搜尋特定值且不關注其存放的順序時，集合是首選的存放工具，另外當我們需要處理成對的值（pairs of values）時，字典則是首選工具。

我們將使用這兩種新工具來解決三個問題：確定唯一電子郵件地址的數量、在一長串的單字序列中查找最常見的單字、以及確定某個配對城市和州的數量。

問題#18：電子郵件地址（Email Address）

在這個問題中，我們需要存放一大堆電子郵件地址。我們不關注各個電子郵件地址出現的次數，也不在意電子郵件地址的存放順序。這種寬鬆的儲存要求讓我們不必使用串列這種 Python 型別，因為在這個問題中串列的存取速度和效率會很糟。我們將要學習「集合」的所有相關知識和運用。

這個問題在 DMOJ 網站的題庫編號為 ecoo19r2p1。

挑戰

您知道 Gmail 電子郵件地址的寫法有很多種嗎？

我們可以在某人的 Gmail 地址中在 @ 符號之前新增一個加號 + 和一個字串，這人也能收到我們發送到該地址的所有電子郵件。也就是說，就 Gmail 地址而言，從 + 符號到 @ 符號之間的所有字元都會被忽略。舉例來說，我告訴別人我的 Gmail 地址是 daniel.zingaro@gmail.com，但這只是其中一種寫法。如果您發送電子郵件到 daniel.zingaro+book@gmail.com 或 daniel.zingaro+hi.there@gmail.com，我都能收到（選擇您最喜歡的打招呼方式吧！）。

在 Gmail 地址中，@ 符號之前的點也會被忽略。舉例來說，如果發信到 daniel zingaro@gmail.com（沒有點）daniel..zingaro@gmail.com（連續兩個點）、da.nielz.in.gar.o..@gmail.com（混用多個點）、daniel.zin.garo+blah@gmail.com 等等，我都能收到您發的信。

最後一件事要提醒：電子郵件是忽略字母大小寫的。我希望您此時沒有大發雷霆，但我會收到您發送到 Daniel.Zingaro@gmail.com、DanIELZIngARO+Flurry@gmAIL.COM 等等的所有信件。

在這個問題中，我們提供一大堆電子郵件地址，然後被要求算出其中電子郵件是唯一的數量有多少個。此問題中電子郵件地址的編寫規則與 Gmail 的規則相同：從 + 符號到 @ 符號之前的字元會被忽略，@ 符號之前的點也會被忽略，而且整個地址中的字母大小寫也會被忽略。

輸入

輸入內容是由 10 個測試用例所組成。每個測試用例包含以下幾行：

- 一行是整數 n，代表有 n 個電子郵件地址。n 是 1 和 100,000 之間的整數。

- n 行，每行列出一個電子郵件地址。每個電子郵件地址由 @ 符號前至少一個字元、@ 符號本身和 @ 符號後至少一個字元所組成。@ 符號之前的字元由字母、數字、點和加號組成。@ 符號後的字元由字母、數字和點組成。

輸出

對於每個測試用例，輸出其中電子郵件是唯一的數量有多少。

解決測試用例的時間限制為 30 秒。

使用串列

您已經閱讀了本書的前七個章節。在前面章節中，我都是先提出問題，然後再教您運用新的 Python 功能特性，這樣您就可以解決這個問題了。現在您可能等著我在解決電子郵件地址問題之前教您一些新的 Python 功能特性。

對於解決這個問題，您可能會反問：我們不是已經學過這些功能特性了嗎？畢竟，我們可以編寫一個函式來取得電子郵件地址並返回一個乾淨的版本，刪掉 + 號、去掉 @ 符號之前的點，而且字母都是轉成小寫。我們還可以建立和維護這個乾淨版的電子郵件地址串列。對於每個電子郵件地址，我們可以對其進行清理並檢查它是否在乾淨版的電子郵件地址串列中。如果不是，那麼就新增附加進去；如果是，則什麼都不做（因為它已經在串列內）。一旦我們處理完所有的電子郵件地址，串列的長度就是唯一電子郵件地址的數量。

沒錯！我們的確都學過上述需要的功能，接著讓我們嘗試解決這個問題。

清理電子郵件地址

請以這個電子郵件地址 DAnIELZIngARO+Flurry@gmAIL.COM 來思考。我們就清理這個電子郵件地址，讓地址變成乾淨版本 danielzingaro@gmail.com。其中會去掉「+Flurry」、在 @ 符號之前沒有點且字母也都轉成小寫。我們可以把清理過的乾淨版本視為真正的電子郵件地址。任何其他代表相同真實電子郵件地址的電子郵件地址在清理之後也都和 danielzingaro@gmail.com 相符合。

清理電子郵件地址算是一項獨立的小任務，因此設計編寫一個 clean 函式來處理這項任務。這個 clean 函式會接受一個代表電子郵件地址的字串，然後清理它，並返回清理過的電子郵件地址。我們會執行三個清理步驟：把 + 符號到 @ 符號之前的字元都刪掉、刪除 @ 符號之前的點、字母都轉換為小寫。這個函式的程式碼列示在 Listing 8-1 中。

▶Listing 8-1：清理電子郵件地址

```python
def clean(address):
    """
    address is a string email address.

    Return cleaned address.
    """
    # Remove from '+' up to but not including '@'
❶ plus_index = address.find('+')
    if plus_index != -1:
     ❷ at_index = address.find('@')
        address = address[:plus_index] + address[at_index:]

    # Remove dots before @ symbol
    at_index = address.find('@')
    before_at = ''
    i = 0
    while i < at_index:
     ❸ if address[i] != '.':
            before_at = before_at + address[i]
        i = i + 1

❹ cleaned = before_at + address[at_index:]

    # Convert to lowercase
❺ cleaned = cleaned.lower()

    return cleaned
```

第一步是把 + 符號到 @ 符號之前字元都刪掉。字串 find 方法在這裡很有用。它會返回其引數在字串最左側出現的索引位置，如果在字串沒找到該引數，則返回 -1：

```
>>> 'abc+def'.find('+')
3
>>> 'abcdef'.find('+')
-1
```

我使用 find 方法來確定電子郵件中最左側 + 符號的索引位置❶。如果沒有找到 + 符號，則什麼都不用處理。但如果有找到，那麼我們就要找到 @ 符號的索引位置❷，然後把 + 符號到 @ 符號的字元都刪除（但不包括 @ 符號）。

第二步是刪除 @ 符號之前的所有點（.）。其做法是使用一個新字串 before_at 來存放 @ 符號之前的地址字串。@ 符號之前每個不是點（.）的字元都會被新增附加到 before_at 字串內❸。

before_at 字串不包括 @ 符號或其後的字元。我們不想遺失電子郵件地址後面那部分的字串，所以使用了一個新變數 cleancd 來指到整個電子郵件地址❹。

第三步是把整個電子郵件地址轉換為小寫❺。處理後的電子郵件地址是乾淨版本，因此就返回它。

讓我們在 Python shell 模式中單獨測試一下。請輸入 clean 函式的程式碼。以下是清理一些電子郵件地址的實際範例：

```
>>> clean('daniel.zingaro+book@gmail.com')
'danielzingaro@gmail.com'
>>> clean('da.nielz.in.gar.o..@gmail.com')
'danielzingaro@gmail.com'
>>> clean('DAnIELZIngARO+Flurry@gmAIL.COM')
'danielzingaro@gmail.com'
>>> clean('a.b.c@d.e.f')
'abc@d.e.f'
```

如果電子郵件地址已經是乾淨版本的內容，則 clean 函式會按原樣返回：

```
>>> clean('danielzingaro@gmail.com')
'danielzingaro@gmail.com'
```

主程式

我們可以使用 clean 函式來清理任何電子郵件地址。現在的策略是維護一個乾淨版本的電子郵件地址串列。只有在尚未新增的情況下，我們才會把清理過的電子郵件地址新增附加到此串列內。如此一來就能避免新增相同重複的乾淨電子郵件地址進去。

主程式部分列在 Listing 8-2 中。請務必在這段程式碼之前輸入 clean 函式（Listing 8-1），合在一起後就是問題的完整解決方案。

▶Listing 8-2：主程式部分（使用串列的版本）

```
# Main Program

for dataset in range(10):
    n = int(input())
    addresses = []
❶ for i in range(n):
        address = input()
        address = clean(address)
    ❷ if not address in addresses:
            addresses.append(address)

❸ print(len(addresses))
```

我們有 10 個測試用例要處理，所以要用迭代 10 次的 for 迴圈配合 range 來完成，程式處理部分寫在內縮的區塊中。

對於每個測試用例的處理，我們先讀取電子郵件地址的數量，並以一個空的 addresses 串列為起始❶。

然後在內部使用一個 for 迴圈配合 range 來遍訪每個電子郵件地址。這裡會讀取每個電子郵件地址並清理它。清理之後，如果這個乾淨版本的電子郵件地址之前沒出現過❷，則把它新增附加到代表乾淨版本電子郵件地址的 addresses 串列之中。

當內部迴圈完成時，我們就建立了一個含有所有乾淨版本的電子郵件地址串列。該串列中不會有重複的項目。所以唯一的電子郵件地址數量就是這個串列的長度，這也是我們要輸出的內容❸。

還不錯吧？我們在第 6 章學習了函式之後就能解決這個問題了。實際上，在學過第 5 章的串列之後，也就有這樣的能力了。

嗯！這種解法還可以啦，但不完全。如果您把上述解答提交到競賽解題系統的網站，您就會發現這樣的解答並沒有達成題目的要求。

第一個麻煩是競賽解題系統網站需要執行一段時間才能展示結果。舉例來說，我等了一分鐘才顯示結果。與之前解決的其他問題相比慢了很多，以前我們很快就收到了反饋。

第二個麻煩是，當提交的結果確實出現時，我們並沒有得到滿分！這個解答只得到 3.25 分（滿分 5 分）。您若是自己提交的結果分數應該也差不多，但不會得到滿分 5 分。

沒有滿分的原因不是因為我們的程式有錯誤。我們的解答程式沒問題，無論測試用例是什麼，它都會能輸出唯一電子郵件地址的正確數量。

如果我們的程式是正確的，那麼沒有滿分的問題是出在哪裡呢？

問題在我們的程式執行效率太慢了。競賽解題系統網站會把 TLE 放在每個測試案例的開頭，告知執行時間太慢。TLE 代表超出時間限制，以這個問題來說，競賽解題系統的網站為每組 10 個測試用例分配了 30 秒的時間。如果我們的程式執行耗時超過 30 秒，競賽解題系統就會終止我們的程式，批次處理中剩餘的測試用例就不會再執行了。

這可能是您第一個收到超出時間限制的錯誤，儘管您在前面幾章的習題演練時有可能看過。

當您收到此錯誤時，首先要檢查的是您的程式是否有陷入無窮迴圈。如果有，那麼程式無論有無時間限制，執行都不會停止。競賽解題系統會在規定的時間結束時終止程式的執行。

如果不是無窮迴圈，那麼可能的罪魁禍首是程式本身的效率。程式設計師一般在談「效率」時，所指的是程式執行所需的時間。一個執行得很快（花費較少的時間）的程式會比執行得很慢（花費較多時間）的程式更有效率。為了在時限內解決測試用例，我們要讓程式執行更有效率。

搜尋串列的效率

新增附加到 Python 串列的速度非常快。串列的大小是只有幾個值還是有數千個值都沒有關係，新增處理所花費的少量時間都相同。

然而，使用 in 運算字就是另外一回事了。我們的程式使用 in 運算子來確定某個乾淨版本的電子郵件地址是否已經存在乾淨版電子郵件地址的串列中。測試用例可能有多達 100,000 個電子郵件地址。在最壞的情況下，我們的程式可以要找尋 100,000 次才能確定。事實證明，當在具有許多項目值的串列上使用 in 會非常慢，最終也會影響程式的效率。要確定某個值是否在串列中，需要從頭到尾搜尋整個串列，逐個項目值來確定。in 運算子會這樣做，直到找出要查找的值，或者整個串列的項目都全部查找過為止。in 運算子要處理的值越多，它的執行效率就愈慢。

讓我們感受一下隨著串列長度的增加而變慢的實際範例。我們會使用一個函式，此函式接受一個串列和一個值，並使用 in 在串列中搜尋該值。它會搜尋該值 50,000 次；如果我們只執行一次，不會有什麼感受。

該函式的程式碼列在 Listing 8-3 中。請將其輸入到 Python shell 模式後執行。

▶Listing 8-3：會搜尋很多次的函式

```python
def search(collection, value):
    """
    search many times for value in collection.
    """
    for i in range(50000):
        found = value in collection
```

讓我們建立一個從 1 到 5,000 的整數串列，並搜尋 5,000 這個值。搜尋串列中最右側的值，我們可以找出該串列可能花費最多的搜尋時間。不用擔心，我們這裡使用的整數串列而不是電子郵件地址串列來進行試驗。程式的效率是很相近的，而且數字型的項目比電子郵件地址更容易生成！

以下是執行的範例：

```
>>> search(list(range(1, 5001)), 5000)
```

以筆者的電腦來說，執行大約花了 3 秒左右。這裡我並沒有精確計算執行時間，只是想要一個加長串列項目的範例來讓讀者感受大概的執行時間。

接著把串列加長成 1 到 10,000 的整數串列，並搜尋 10,000 這個值：

```
>>> search(list(range(1, 10001)), 10000)
```

以筆者的電腦來說，執行大約花了 6 秒左右。總結一下，對於長度為 5,000 的串列，需要 3 秒；把串列長度加倍到 10,000，時間也加倍到 6 秒。

若是長度為 20,000 的串列呢？試試看：

```
>>> search(list(range(1, 20001)), 20000)
```

在筆者的電腦執行大約花了 12 秒左右。時間又翻倍了。接著在長度為 50,000 的串列上嘗試一下。這就要等上一段時間了，我剛剛在電腦上執行了這個：

```
>>> search(list(range(1, 50001)), 50000)
```

這花了 30 多秒。請記住，我們的搜尋函式搜尋了串列 50,000 次。因此，搜尋長度為 50,000 的串列總共 50,000 次所需要是大約 30 秒。

我們的測試用例可能就是需要這麼多次的搜尋。舉例來說，假設我們要把 100,000 個唯一的電子郵件地址新增到串列中，一次新增一個。在新增到一半的中途，此時若想要再新增電子郵件地址到含有 50,000 個值的串列，從這裡開始的後 50,000 個值都要用 in 來搜尋至少有 50,000 個值的串列。

這只是 10 個測試用例之一而已哦！我們的題目要求在 30 秒內完成所有 10 個測試用例。如果一個測試用例就需要大約 30 秒，那我們就沒有機會了。

搜尋串列的處理太慢了。使用 Python 串列來處理是錯誤的選擇。我們需要一種更適合處理這份工作的型別。我們需要的是 Python 的集合。搜尋集合的處理非常快速。

集合

集合（set）是一種儲存一堆值的 Python 型別，但其中不允許有重複的值。我們是使用大括號 { 和 } 來括住集合。

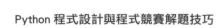

與串列不同,集合不會按照您指定的順序來維護其中的值。

以下是一個整數值的集合:

```
>>> {13, 15, 30, 45, 61}
{45, 13, 15, 61, 30}
```

請留意,Python 沒有照您輸入值的順序來存放。您在自己的電腦上執行上述範例後可能也會看到集合中的值排放的順序也不相同。最重要的一點是我們不能依賴值的特定順序來進行處理。如果排放順序對您很重要,那集合就不是您的好選擇。

如果我們嘗試在集合中放入多個重複出現的值,那結果只會保留唯一一個:

```
>>> {1, 1, 3, 2, 3, 1, 3, 3, 3}
{1, 2, 3}
```

如果集合中含有完全相同的值,則它們是相等的,即使排放的順序不同:

```
>>> {1, 2, 3} == {1, 2, 3}
True
>>> {1, 1, 3, 2, 3, 1, 3, 3, 3} == {1, 2, 3}
True
>>> {1, 2} == {1, 2, 3}
False
```

我們可以建立字串的集合,如下所示:

```
>>> {'abc@d.e.f', 'danielzingaro@gmail.com'}
{'abc@d.e.f', 'danielzingaro@gmail.com'}
```

但不能建立串列的集合:

```
>>> {[1, 2], [3, 4]}
Traceback (most recent call last):
  File "<stdin>", line 1, in <module>
TypeError: unhashable type: 'list'
```

集合中的值必須是不可變的,這解釋了為什麼不能把串列放入集合中。這樣的限制與Python如何在集合中搜尋值是相關的。當Python對集合新增一個值時,是使用這個值本身來決定其確切的存放位置。隨後Python可以透過這個確切位置來找出這個值。如果集合中的值是可變的,那Python可能會找到錯的位置,因而無法找到該值。雖然我們不能在集合中放入串列,但可以在串列中放入集合:

```
>>> lst = [{1, 2, 3}, {4, 5, 6}]
>>> lst
[{1, 2, 3}, {4, 5, 6}]
>>> len(lst)
2
>>> lst[0]
{1, 2, 3}
```

我們可以使用 len 函式來確定集合中值的數量：

```
>>> len({2, 4, 6, 8})
4
```

也可以用迴圈遍訪集合中所有的值：

```
>>> for value in {2, 4, 6, 8}:
...     print('I found', value)
...
I found 8
I found 2
I found 4
I found 6
```

但不能對集合進行索引或切片的處理。集合中的值沒有索引位置的編號。

若想要建立一個空集合，您可能直接使用一對空的大括號 {} 來建立。但在 Python 語法不一致的情況下，這種寫法沒有作用：

```
>>> type({2, 4, 6, 8})
<class 'set'>
>>> {}
{}
>>> type({})
<class 'dict'>
```

使用 {} 建立的結果給了錯誤的型別，變成 dict（字典）型別，而不是集合。我們會在本章後面討論字典的相關內容。

若想要建立空集合，請使用 set()，如下所示：

```
>>> set()
set()
>>> type(set())
<class 'set'>
```

集合方法

集合是可變的，因此我們可以新增和刪除其中的值。我們可以利用方法來執行這些處理。

我們可以使用 dir(set()) 來取得集合的方法的列示清單。而且還可以利用 help 取得某個集合方法的輔助說明，和使用 help 來了解字串或串列方法是一樣的。舉例來說，若想要知道 add 方法的輔助說明，請鍵入 help(set().add)。

add 方法是用來把某個值新增到集合時使用的。與串列的 append 方法很類似：

```
>>> s = set()
>>> s
set()
>>> s.add(2)
>>> s
{2}
>>> s.add(4)
>>> s
{2, 4}
>>> s.add(6)
>>> s
{2, 4, 6}
>>> s.add(8)
>>> s
{8, 2, 4, 6}
>>> s.add(8)
>>> s
{8, 2, 4, 6}
```

若想要從集合中移除某個值，可以用 remove 方法：

```
>>> s.remove(4)
>>> s
{8, 2, 6}
>>> s.remove(8)
>>> s
{2, 6}
>>> s = {2, 6}
>>> s.remove(8)
Traceback (most recent call last):
  File "<stdin>", line 1, in <module>
KeyError: 8
```

觀念檢測

請使用 help 來學習集合的 update 和 intersection 方法。

在下面的程式碼中 print 的輸出結果是什麼？

```
s1 = {1, 3, 5, 7, 9}
s2 = {1, 2, 4, 6, 8, 10}
s3 = {1, 4, 9, 16, 25}
s1.update(s2)
s1.intersection(s3)
print(s1)
```

A. {1, 2, 3, 4, 5, 6, 7, 8, 9, 10}

B. {1, 1, 2, 3, 4, 5, 6, 7, 8, 9, 10}

C. {1, 4, 9}

D. {1, 4, 9, 16, 25}

E. {1}

答案：A。update 方法把集合 s2 中不與 s1 重複的值新增到集合 s1 中。呼叫 update 之後，s1 集合變成 {1, 2, 3, 4, 5, 6, 7, 8, 9, 10}。

接著是 intersection 的呼叫。兩個集合的交集處理是把兩個集合中都有的值取出。在這裡 s1 和 s3 的交集是 {1, 4, 9}。但 intersection 方法不會修改原本的集合，它會建立一個新的集合！因此，它對 s1 沒有影響。

搜尋集合的效率

回到「電子郵件地址」問題的解決方案思維上。

我們需要關心清理過的電子郵件地址存放順序嗎？不需要！我們只關心這個電子郵件地址是否已經存在。

清理過的電子郵件地址允許重複出現嗎？不行！事實上，題目明確希望是唯一的，所以要避免存放重複的電子郵件地址。

排放順序不重要，但不允許重複。這兩個要求已經點出「集合」才是我們正確的選擇。

之前嘗試使用串列來處理已經失敗了，因為搜尋串列的效率太慢。使用集合是一項改進，因為搜尋集合中的值效率很快。

我們已經使用過 Listing 8-3 中的 search 函式來搜尋串列。但是這個函式並沒有任何特別針對一定要以串列來進行處理！in 運算子一樣都可以用在串列和集合。所以直接使用這個函式，程式都不變，只是改成搜尋集合。

請在 Python shell 模式中把 Listing 8-3 的 search 函式輸入。然後在您的電腦上體會一下執行搜尋長串列和大集合之間的區別：

```
>>> search(list(range(1, 50001)), 50000)
❶ >>> search(set(range(1, 50001)), 50000)
```

在❶這行，我們使用 set 來建立集合而不是串列，生成一定範圍的整數值。

在筆者的電腦中，搜尋串列的處理花了 30 秒左右。相比之下，搜尋集合的處理超級快，幾乎瞬間完成。

集合的威力是無法阻擋的。下面的例子不要以串列來嘗試，我們要以一個有500,000 個值的集合來搜尋其中某些東西：

```
>>> search(set(range(1, 500001)), 500000)
```

哇！輕而易舉地完成了。

Python 允許我們隨時使用索引編號的位置來管理串列。但 Python 無法靈活處理值的順序：第一個值必須在索引 0 的位置、第二個值必須在索引 1 的位置，依此類推。但是對於一個集合，Python 可以用它想要的任意方式來存放值，因為Python 不用管值的排放順序。正是因為這樣的寬容度使 Python 可以最佳化集合的搜尋，提高其執行的速度。

出於類似的原因，在大型串列上的相關處理也非常慢，但在大型集合上相同的處理卻非常快。舉例來說，從串列中刪除某個值非常慢，因為 Python 必須減少

該值右側每個值的索引位置（往前移動一位）。相比之下，從集合中刪除一個值非常快，因為不需要更新其他值的索引位置！

問題的解答

我們已經設計好一個清理電子郵件地址的函式（Listing 8-1），只要把這個函式用在以集合為基礎的解決方案即可。至於主程式，在 Listing 8-2 中已列出大部分的處理邏輯。我們只需要改成使用集合而不要用串列就好。

新的主程式如 Listing 8-4 所示。完整的程式碼還要在下列這個主程式之前放入 Listing 8-1 函式，這樣才是此問題的完整解決方案。

▶Listing 8-4：使用集合的主程式

```
# Main Program

for dataset in range(10):
    n = int(input())
❶  addresses = set()
    for i in range(n):
        address = input()
        address = clean(address)
    ❷  addresses.add(address)

    print(len(addresses))
```

請注意，我們現在存放電子郵件地址所使用的是集合❶而不是串列。在清理每個電子郵件地址後，使用集合的 add 方法把它新增到集合中❷。

在 Listing 8-2 中，我們使用 in 運算子檢查電子郵件地址是否已經存在串列內，這樣就不會新增重複項目。但以集合為基礎的解決方案中則沒有對應的檢查。這是不需要嗎？似乎是直接把各個電子郵件地址都新增到集合中，根本就沒有檢查它是否已存在集合內。

使用集合來進行新增處理是不需要檢查的，因為集合是不會有重複項目。add 方法已自動幫我們處理 in 的檢查，確保不會新增重複項目。您可以把 add 想成此方法本身已加入了 in 的檢查。這個處理不會有時間的問題，因為搜尋集合的效率太快了。

如果把解決方案提交到解題系統網站，您應該在時限內通過所有測試用例。

正如你在這裡看到的，選對合適的 Python 型別能產生令人滿意的解決方案，選錯型別則可能會產生很糟的結果。在開始編寫程式碼之前，先思考自己常需要執行的操作處理有哪些，以及哪種 Python 型別才最適合這些操作。

在您繼續後面的內容之前，請先跳到本章後面的習題，先實作練習一下第 1 和第 2 題。

問題#19：常見單字（Common Words）

在這個問題中，我們需要把單字和其出現次數相關聯。這樣的需求超出了集合可提供的功能，所以這裡不會使用集合來存放和進行處理。我們將要學習和使用 Python 的「字典」功能和相關知識。

這個問題在 DMOJ 網站的題庫編號為 cco99p2。

挑戰

假設給定 m 個單字，而這些單字不一定都是不相同的；例如，brook 這個單字可能出現很多次。另外還給定了一個整數 k。

我們的任務是找到第 k 最常見的單字。如果恰好 k-1 不同的單字比單字 w 出現的頻率更高，那麼單字 w 就是第 k 最常見的單字。根據不同的資料集合，第 k 最常見的單字有可能是沒有、有 1 個或有大於 1 個。

請確實清楚了解第 k 最常見的單字之定義。如果 k = 1，那是要求提供恰好有 0 個單字出現次數比它更高的單字；也就是說，是要求提供最高出現次數的單字。如果 k = 2，那是只有 1 個出現次數比它更高的單字。如果 k = 3，那是只有 2 個出現次數比它更高的單字，依此類推。

輸入

輸入內容的第一行是測試用例的數量，接著就是這個數量行的測試用例內容。每個測試用例包含以下幾行：

- 一行是整數 m（在測試用例中單字的數量）和整數 k，以空格分開。m 是 0 到 1,000 之間的整數；k 是 1 以上的整數。

- m 行，每一行一個單字。每個單字最多 20 字母且所有字母都是小寫。

輸出

對每個測試用例，請輸出以下幾行：

- 一行像下列這般：

```
p most common word(s):
```

如果 k 是 1 則 p 是 1st（第 1），如果 k 是 2 則 p 是 2nd（第 2），如果 k 是 3 則 p 是 3rd（第 3），如果 k 是 4 則 p 是 4th（第 4），以此類推。

- 一行列出第 k 最常見單字。如果沒有單字則不用輸出空行。

- 空行。

解題時每個測試用例可用的時限為 1 秒。

探索測試用例

讓我們探索一個測試用例，讓實例的展示來提高我們對問題的理解，並引導我們使用新的 Python 型別。

假設我們對最常見的單字感興趣，那表示 k 是 1。以下是測試用例：

```
1
14 1
storm
cut
magma
cut
brook
gully
gully
storm
cliff
cut
blast
brook
cut
gully
```

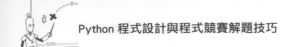

最常見的單字是 cut。cut 出現了 4 次，沒有其他單字出現次數比它更高。因此，正確的輸出是：

```
1st most common word(s):
cut
```
❶

請留意在❶這裡有一行空行。

現在，如果 k 是 2 時我們該怎麼辦呢？我們可以透過再次掃描單字並計算出現次數來回答這個問題。但還有另一種不同的方式來組織單字，這會讓我們的任務變得更加容易。讓我們看看各個單字與出現次數的相關列表，如表 8-1 所示，但這不是單字串列。

表 8-1：單字與出現次數的相關

單字	出現次數
cut	4
gully	3
storm	2
brook	2
magma	1
cliff	1
blast	1

這個表是根據出現次數對單字進行了排序。查找第一列，我們就會發現 cut 是 k = 1 時要輸出的單字。查找第二列則會發現 gully 是 k = 2 時要輸出的單字。gully 是只有一個出現次數比它更高的單字。

若 k = 3 時，有 2 個單字要輸出：storm 和 brook，它們有相同的出現次數，且這兩個單字都是只有 2 個出現次數比它更高的單字。這個例子顯示出有時候要輸出多個單字。

也有可能我們沒有要輸出單字的！舉例來說，若 k = 4，要找出剛好只有 3 個單字出現次數比它多的單字。從表格往下看，您可能想知道為什麼 k = 4 時我們不輸出 magma。這是因為 magma 是剛好有 4 個單字出現次數比它高的（cut、gully、storm、brook 等 4 個而不是 3 個單字）。

當 k = 5 時，我們要輸出三個單字：magma、cliff 和 blast。這 3 個單字都剛好有 4 個單字出現次數比它們高。在繼續之前，請自己驗證 k 的其他值都沒有要

輸出單字了，k = 6、k = 7、k = 8、k = 9、k = 100 等等在這個測試用例中都沒有符合的單字了。

表 8-1 的呈現方式簡化了相當多的問題。我們接著要學習如何在 Python 中組織打理這樣的資訊。

字典

字典（dictionary） 是一種 Python 型別，儲存了一組元素（稱為鍵 key）與另一組元素（稱為值 value）有對應關係的資料。

我們使用大括號 { 和 } 來括住字典的內容。大括號與集合的大括號相同，但是 Python 可以依照大括號中的內容來區分集合和字典之間的不同。若是集合，則大括號中列出只有「值」；若是字典，則大括號中列出的是「鍵:值」。

以下是字典中字串與數值對應的範例：

```
>>> {'cut':4, 'gully':3}
{'cut': 4, 'gully': 3}
```

在這個字典中，鍵是指 'cut' 和 'gully'，值是 4 和 3。鍵 'cut' 對應到值 4，鍵 'gully' 對應到值 3。

根據前面學過的集合相關知識，您可能想要知道字典是否會按照我們輸入時的順序來排放這些「鍵值」對。例如，您可能想知道下面的情況是否會發生：

```
>>> {'cut':4, 'gully':3}
{'gully': 3, 'cut': 4}
```

從 Python 3.7 版開始就不會有上述情況發生：字典會保留我們在新增鍵值對時的順序。在 Python 的早期版本中，字典不會保持這種輸入的順序，所有您可能按某種順序新增鍵值對，但取出時變成另一種順序。不過，我們所設計編寫的程式不要太依賴別人都一定使用高於 Python 3.7 版，因為在可預見的未來應該有不少人可能還在使用舊版本的 Python。

如果字典含有相同的鍵值對，那就表示它們是相等的，就算輸入的排放順序編寫不同也一樣：

```
>>> {'cut':4, 'gully':3} == {'cut':4, 'gully':3}
```

```
True
>>> {'cut':4, 'gully':3} == {'gully': 3, 'cut': 4}
True
>>> {'cut':4, 'gully':3} == {'gully': 3, 'cut': 10}
False
>>> {'cut':4, 'gully':3} == {'cut': 4}
False
```

字典的「鍵」必須是唯一的。如果您試著在一個字典中使用多個相同的「鍵」，則只會保留一個鍵值對：

```
>>> {'storm': 1, 'storm': 2}
{'storm': 2}
```

相反地，如果「鍵」不同但「值」相同，則完全沒問題：

```
>>> {'storm': 2, 'brook': 2}
{'storm': 2, 'brook': 2}
```

「鍵」必須是不可變的值，例如數字和字串。「值」則都可以（不可變或可變都允許）。這表示我們不能使用串列當作「鍵」，但可以把串列當作「值」：

```
>>> {['storm', 'brook']: 2}
Traceback (most recent call last):
  File "<stdin>", line 1, in <module>
TypeError: unhashable type: 'list'
>>> {2: ['storm', 'brook']}
{2: ['storm', 'brook']}
```

len 函式可以取得字典中「鍵:值」對的數量：

```
>>> len({'cut':4, 'gully':3})
2
>>> len({2: ['storm', 'brook']})
1
```

若想要建立一個空字典，我們使用 {} 即可。這就是為什麼我們堅持使用 set() 語法來建立集合，因為這是字典的語法：

```
>>> {}
{}
>>> type({})
<class 'dict'>
```

{} 型別為 dict，而不是 dictionary。

您會在 Python 線上資源和程式碼中看到「dictionary」和「dict」交替使用，但在本書中筆者則都用「dictionary」。

觀念檢測

以下哪個儲存需求最適合用字典而不是串列或集合？

A. 人們完成比賽的順序
B. 食譜所需的成分
C. 國家名稱及其首都
D. 50 個隨機整數

答案：C。鍵和值之間有對應關係的唯一選項。「鍵」是國家，「值」是國家的首都。

觀念檢測

以下字典中的值（忽略鍵）的型別是什麼？

```
{'MLB': {'Bluejays': [1992, 1993],
         'Orioles': [1966, 1970, 1983]},
 'NFL': {'Patriots': ['too many']}}
```

A. 整數
B. 字串
C. 串列
D. 字典
E. 以上皆是

答案：D。字典中每個「鍵」對應的「值」本身就是一個字典。舉例來說，鍵 'MLB' 對應到一個字典，此字典中又有兩個「鍵:值」對。

字典的索引

我們可以使用中括號來查找「鍵」所對應到的「值」。這種處理很像我們使用串列的索引編號處理方式，但這裡的「鍵」是合法的「索引」：

```
>>> d = {'cut':4, 'gully':3}
>>> d
{'cut': 4, 'gully': 3}
>>> d['cut']
4
>>> d['gully']
3
```

如果使用的「鍵」不存在，則會顯示錯誤訊息：

```
>>> d['storm']
Traceback (most recent call last):
  File "<stdin>", line 1, in <module>
KeyError: 'storm'
```

我們可以先用 in 檢查某個「鍵」是否存在字典中以防止這種錯誤。在字典中使用 in 運算字只會檢查「鍵」是否存在，而不是檢查「值」。以下是我們嘗試在找出「值」之前先檢查「鍵」是否存在的實例：

```
>>> if 'cut' in d:
...     print(d['cut'])
...
4
>>> if 'storm' in d:
...     print(d['storm'])
...
```

在字典上使用索引來進行相關處理是非常快速而有效率的。無論字典中有多少「鍵」，都不需要像串列從到頭尾搜尋一遍。

有時候直接用 get 方法而不用索引方式來查找「鍵」的「值」是更方便的。就算「鍵」不存在，get 方法也不會產生錯誤訊息：

```
>>> print(d.get('cut'))
4
>>> print(d.get('storm'))
None
```

如果「鍵」存在，則 get 返回其對應的值。如果不存在，則返回 None 表示「鍵」不存在。

除了查找「鍵」的值之外，我們還可以使用中括號把「鍵值」新增到字典或更改某個「鍵」對應到的「值」。以下是一些實例程式碼，示範如何執行這些相關操作，從空的字典開始：

```
>>> d = {}
>>> d['gully'] = 1
>>> d
{'gully': 1}
>>> d['cut'] = 1
>>> d
{'gully': 1, 'cut': 1}
>>> d['cut'] = 4
>>> d
{'gully': 1, 'cut': 4}
>>> d['gully'] = d['gully'] + 1
>>> d
{'gully': 2, 'cut': 4}
>>> d['gully'] = d['gully'] + 1
>>> d
{'gully': 3, 'cut': 4}
```

觀念檢測

請利用 help({}.get) 來了解更多關於字典的 get 方法。

以下程式碼會輸出什麼結果呢？

```
d = {3: 4}
d[5] = d.get(4, 8)
d[4] = d.get(3, 9)
print(d)
```

A. {3: 4, 5: 8, 4: 9}

B. {3: 4, 5: 8, 4: 4}

C. {3: 4, 5: 4, 4: 3}

D. get 引發錯誤訊息

答案：B。第一個 get 返回 8，因為鍵 4 不存在字典串。隨後把鍵 5 對應值 8 新增到字典內。

第二個 get 返回 4，因為鍵 3 找到值 4，所以忽略 get 中第二個參數 9。隨後把鍵 4 對應值 4 新增到字典內。

迴圈遍訪字典所有內容

如果在字典上使用 for 迴圈遍訪，則可取得字典所有的「鍵」：

```
>>> d = {'cut': 4, 'gully': 3, 'storm': 2, 'brook': 2}
>>> for word in d:
...     print('a key is', word)
...
a key is cut
a key is gully
a key is storm
a key is brook
```

我們可能還想存取每個「鍵」對應關聯的「值」，可透過把每個「鍵」當作索引來存取。以下是存取「鍵」及其「值」的迴圈範例：

```
>>> for word in d:
...     print('key', word, 'has value', d[word])
...
key cut has value 4
key gully has value 3
key storm has value 2
key brook has value 2
```

字典具有存取鍵、值或兩個都存取的方法。

keys 方法可存取字典中的「鍵」，而 values 方法可存取字典中的「值」：

```
>>> d.keys()
dict_keys(['cut', 'gully', 'storm', 'brook'])
>>> d.values()
dict_values([4, 3, 2, 2])
```

以下的範例原本不是串列，但可以把這些內容傳到 list 函式來轉換：

```
>>> keys = list(d.keys())
>>> keys
['cut', 'gully', 'storm', 'brook']
>>> values = list(d.values())
>>> values
[4, 3, 2, 2]
```

把「鍵」存成串列後，可以對它進行排序，然後再按排序來遍訪：

```
>>> keys.sort()
>>> keys
['brook', 'cut', 'gully', 'storm']
>>> for word in keys:
...     print('key', word, 'has value', d[word])
...
key brook has value 2
```

```
key cut has value 4
key gully has value 3
key storm has value 2
```

我們還可以遍訪其「值」：

```
>>> for num in d.values():
...     print('number', num)
...
number 4
number 3
number 2
number 2
```

遍訪「鍵」通常比遍訪「值」更常使用。從一個「鍵」取得其對應的「值」比較容易。但是，正如在下一小節中看到的，想從一個「值」反過來找到其關聯的「鍵」並不容易。

與此相關處理的還有一種 items 方法。它可以存取到「鍵」和「值」：

```
>>> pairs = list(d.items())
>>> pairs
[('cut', 4), ('gully', 3), ('storm', 2), ('brook', 2)]
```

上面取得的串列提供了另一種遍訪字典中「鍵:值」對的方法：

```
>>> for pair in pairs:
...     print('key', pair[0], 'has value', pair[1])
...
key cut has value 4
key gully has value 3
key storm has value 2
key brook has value 2
```

請小心觀察 pairs 的值：

```
>>> pairs
[('cut', 4), ('gully', 3), ('storm', 2), ('brook', 2)]
```

其中有些怪怪的：每個內部的值是用小括號括住，但不是用中括號。事實證明，這個串列中不是放串列，它是個**多元組（tuple，或譯元組）**串列：

```
>>> type(pairs[0])
<class 'tuple'>
```

多元組（tuple）很像串列，因為都是儲存一系列的值。多元組和串列最重要的不同點是多元組為不可變的。我們可以遍訪多元組、以索引方式處理並對其進行切片，但不能修改的值。如果您嘗試修改多元組，會收到錯誤訊息：

```
>>> pairs[0][0] = 'river'
Traceback (most recent call last):
  File "<stdin>", line 1, in <module>
TypeError: 'tuple' object does not support item assignment
```

我們可以使用小括號來建立屬於自己的多元組。對於只有單個值的多元組，我們需要加一個尾隨的逗號。如果是具有多個值的多元組，則不需要在尾端加上逗號：

```
>>> (4,)
(4,)
>>> (4, 5)
(4, 5)
>>> (4, 5, 6)
(4, 5, 6)
```

多元組有一些方法可呼叫來使用，但不多，因為不允許修改多元組的內容。如果您對多元組感興趣，我鼓勵您學習更多關於多元組的知識，但我們不會在本書中進一步使用多元組。

反轉字典

現在我們已經學會需要的知識來透過字典解決「常見單字」這個問題了。以下是我們的計劃。我們建立並維護一個字典，將單字對應關聯到它們的出現次數。每當我們處理一個單字時，都會檢查這個單字是否已存在字典中。如果沒有，就讓它的值指到 1。如果有，就以它的值再加 1。

以下是新增兩個單字的範例，一個之前已出現過，一個還沒有：

```
>>> d = {'storm': 1, 'cut': 1, 'magma': 1}
>>> word = 'cut'  # 'cut' is already in the dictionary
>>> if not word in d:
...     d[word] = 1
... else:
...     d[word] = d[word] + 1
...
>>> d
{'storm': 1, 'cut': 2, 'magma': 1}
>>> word = 'brook'  # 'brook' is not in the dictionary
>>> if not word in d:
...     d[word] = 1
... else:
...     d[word] = d[word] + 1
...
>>> d
{'storm': 1, 'cut': 2, 'magma': 1, 'brook': 1}
```

字典很容易從「鍵」取得「值」。舉例來說,給定一個「鍵」'brook',我們很輕鬆就能找到其對應的「值」1:

```
>>> d['brook']
1
```

參考表 8-1,這就像從左欄中的一個單字找到它右欄對應的出現次數。但是,這並不能直接告知特定出現次數的單字。我們真正需要做的是從右欄找到左欄,從出現次數找到單字。隨後對出現次數進行排序,讓它從最多排到最少,並以此來找到對應的單字。

也就是說,我們需要把下列這種字典:

```
{'storm': 2, 'cut': 4, 'magma': 1, 'brook': 2,
 'gully': 3, 'cliff': 1, 'blast': 1}
```

反轉變成第二種字典:

```
{2: ['storm', 'brook'], 4: ['cut'], 1: ['magma', 'cliff', 'blast'],
 3: ['gully']}
```

原本的字典是字串對應關聯到數值。反轉字典讓它變成從數值對應關聯到字串。嗯,這裡並不完全是反轉而已:還要讓數字對應關聯到字串串列。請記住,每個「鍵」在字典中是唯一的。在反轉字典中,我們需要把每個「鍵」對應到多個「值」,因此把多個值存放在一個串列內。

在反轉字典時,原本的每個「鍵」變成「值」,而每個「值」變成「鍵」。如果反轉字典中這個「鍵」第一次出現,則為它建立一個對應關聯的「值」串列。如果「鍵」已經存在反轉字典內,那麼就把它的值新增到它的串列中。

我們現在設計編寫一個函式來返回字典的反轉版本。程式如 Listing 8-5 所示。

▶Listing 8-5:反轉字典的函式

```
def invert_dictionary(d):
    """
    d is a dictionary mapping strings to numbers.

    Return the inverted dictionary of d.
    """
    inverted = {}
❶ for key in d:
  ❷ num = d[key]
       if not num in inverted:
```

```
        ❸ inverted[num] = [key]
    else:
        ❹ inverted[num].append(key)
return inverted
```

我們在字典 d 上使用 for 迴圈遍訪❶，這樣就能取出每個「鍵」。我們以索引方式從 d 中取得該鍵對應到的值❷。隨後把這個「鍵:值」對新增到反轉字典 inverted 中。如果 num 還不是 inverted 字典中的「鍵」，就把 num 當反轉字典的「鍵」，而以它在 d 字典的「鍵」❸當值新增到字典內。如果 num 已經是反轉字典中的某個鍵，那麼它的值已經是一個串列。因此就使用 append 方法把 d 中的「鍵」當成為另一個值新增到串列內❹。

將 invert_dictionary 函式的程式碼輸入到 Python shell 模式。單獨測試一下吧：

```
>>> d = {'a': 1, 'b': 1, 'c': 1}
>>> invert_dictionary(d)
{1: ['a', 'b', 'c']}
>>> d = {'storm': 2, 'cut': 4, 'magma': 1, 'brook': 2,
...      'gully': 3, 'cliff': 1, 'blast': 1}
>>> invert_dictionary(d)
{2: ['storm', 'brook'], 4: ['cut'], 1: ['magma', 'cliff', 'blast'],
 3: ['gully']}
```

現在我們已經準備好用反轉字典來解決「常見單字」這個問題了。

問題的解答

如果您想多多地練習由上而下的設計方法，可能想要試著自己動手解決此問題。由於篇幅的關係，這裡就不按照由上而下的設計步驟了。我直接列出完整的解決方案，然後討論每個函式及其使用方式。

程式碼

完整的解決方案如 Listing 8-6 所示。

▶Listing 8-6：「常見單字」問題的解答

```
def invert_dictionary(d):
    """
    d is a dictionary mapping strings to numbers.

    Return the inverted dictionary of d.
```

```
    """
    inverted = {}
    for key in d:
        num = d[key]
        if not num in inverted:
            inverted[num] = [key]
        else:
                inverted[num].append(key)
        return inverted


❶ def with_suffix(num):
    """
    num is an integer >= 1.

    Return a string of num with its suffix added; e.g. '5th'.
    """
❷   s = str(num)
❸   if s[-1] == '1' and s[-2:] != '11':
        return s + 'st'
    elif s[-1] == '2' and s[-2:] != '12':
        return s + 'nd'
    elif s[-1] == '3' and s[-2:] != '13':
        return s + 'rd'
    else:
        return s + 'th'


❹ def most_common_words(num_to_words, k):
    """
    num_to_words is a dictionary mapping number of occurrences to
        lists of words.
    k is an integer >= 1.

    Return a list of the kth most-common words in num_to_words.
    """
    nums = list(num_to_words.keys())
    nums.sort(reverse=True)

    total = 0
    i = 0
    done = False
❺   while i < len(nums) and not done:
        num = nums[i]
❻       if total + len(num_to_words[num]) >= k:
            done = True
        else:
            total = total + len(num_to_words[num])
            i = i + 1

❼   if total == k - 1 and i < len(nums):
        return num_to_words[nums[i]]
    else:
        return []
```

```
❽ n = int(input())

  for dataset in range(n):
      lst = input().split()
      m = int(lst[0])
      k = int(lst[1])

      word_to_num = {}

      for i in range(m):
          word = input()
          if not word in word_to_num:
              word_to_num[word] = 1
          else:
              word_to_num[word] = word_to_num[word] + 1
❾ num_to_words = invert_dictionary(word_to_num)
  ordinal = with_suffix(k)
  words = most_common_words(num_to_words, k)

  print(f'{ordinal} most common word(s):')
  for word in words:
      print(word)

  print()
```

第一個函式是 invert_dictionary。我們已經在本章前面的「反轉字典」小節中討論過。接下來將逐一說明程式的各個部分。

新增後置字元

with_suffix 函式❶接受一個數字並返回一個字串，此字串是新增了正確後置字元的字串。我們需要這個函式，因為輸出帶有後置字元的 k 是個討人厭的要求。舉例來說，如果 k = 1，那麼我們必須生成以下這行作為輸出的一部分：

```
1st most common word(s):
```

如果 k = 2，則必須生成以下這行作為輸出的一部分：

```
2nd most common word(s):
```

以此類推。這個 with_suffix 函式能幫我們為數字新增正確的後置字元。首先會把數字轉換為字串❷以便可以輕鬆取用這個數字。隨後透過一系列的檢測來確定後置字元是要用 st、nd、rd 還是 th。舉例來說，如果最後一位數字是 1，但最後兩位數字不是 11 ❸，那麼正確的後置字元是 st。這裡會生成 1st、21st 和 31st，但沒有 11st（這是不正確的用法）。

找出第 k 個最常見單字

most_common_words 函式❹是實際找出我們需要單字的函式。它需要用到反轉字典（把出現次數對應關聯到單字串列）和一個整數 k，處理後返回第 k 個最常見單字的串列。

為了理解這個函式是怎麼運作的，讓我們以一個反轉字典的實例來探索。我已經按照出現次數由最多到最少的順序整理了它的「鍵」，因為 most_common_words 函式會透過「鍵」的順序來遍訪。以下是字典的內容：

```
{4: ['cut'],
 3: ['gully'],
 2: ['storm', 'brook'],
 1: ['magma', 'cliff', 'blast']}
```

假設 k 是 3，這裡要返回的單字剛好有 2 個單字比它更常出現。我們需要的單字不是由第一個字典「鍵」提供的，這個「鍵」只給了一個單字（cut），所以它不可能是第 3 個最常見單字。同樣地，我們需要的單字也不是由第 2 個字典「鍵」提供的，這個「鍵」也只給了一個單字（gully）。我們現在總共處理了兩個單字，但還沒有找到第 3 個最常見單字。不過，我們需要的單字是由第 3 個字典「鍵」提供的，這個「鍵」給了兩個單字（storm 和 brook），這兩個單字都恰好有兩個出現次數比它多的單字，所以它們是 k = 3 時要找出的單字。

如果 k 是 4 呢？這一次要返回的單字要剛好有 3 個單字比它更常出現。候選單字仍然是來自第 3 個「鍵」的單字（storm 和 brook），但這兩個單字卻只有兩個出現次數比它多的單字。因此，當 k = 4 時沒有單字可返回。

總而言之，我們需要把遍訪「鍵」時看到的單字相加，直到找到可能含有需要單字的「鍵」為止。如果剛好有 k - 1 個單字出現次數比較多，那麼第 k 個就是找的單字；否則就表示不符合題意而沒有找到單字，因此也沒有要輸出。

現在讓我們來看看程式碼本身。一開始是先取得字典「鍵」的串列並將它們由大到小來排序。隨後以反向排序的順序迴圈遍訪所有的「鍵」❺。done 變數告知是否已經查看了 k 個或更多個單字，一旦找到，則退出迴圈❻。

迴圈完成後，我們檢查是否有符合第 k 個最常見的任何單字。如果剛好有 k - 1 個單字出現次比較多，且還沒超過「鍵」的尾端❼，那麼確實有單字要返回。否則就沒有要返回單字，這裡是返回空串列。

主程式

現在我們要討論主程式的部分了❽。這裡建構字典 word_to_num，內容是每個單字對應關聯到它的出現次數。隨後建構反轉字典 num_to_words ❾，內容是每個出現次數對應關聯到單字串列。請留意這兩個字典的取名已傳達出對應的方向：word_to_num 是從單字到次數，而 num_to_words 是從次數到單字。

其餘剩下的程式碼則是呼叫其他輔助函式並輸出適當的單字。

有了這支程式，您就可以連到競賽解題系統網站提交解答了。很不錯：這是您使用字典解決的第一個問題。每當您需要在兩種型別的值之間進行對應關聯時，請思考是否要使用字典來組織整理這些資訊。如果您能做到這一點，您就能順利找到有效的解決方案！

問題#20：城市與州（Cities and States）

這是另一個可以使用字典來解決的問題。當您閱讀這個問題的描述說明時，請思考我們要用什麼當作「鍵」以及用什麼當作「值」。

這個問題是 USACO 2016 年 12 月銀牌競賽問題「Cities and States」。

挑戰

美國的地理區域是以「州（state）」來劃分，每個州有一個或多個「城市（city）」。各州都有兩個字元的縮寫。例如，Pennsylvania 的縮寫是 PA，South Carolina 州的縮寫是 SC。我們會用大寫字母表示城市名稱和州的縮寫。

以 SCRANTON PA 和 PARKER SC 這兩對城市來看。它們很特別，因為剛好城市的前兩個字元是另一個城市所在州的縮寫。即 SCRANTON 的前兩個字元 SC（是 PARKER 所在的州），PARKER 的前兩個字元是 PA（是 SCRANTON 所在的州）。

如果有一對城市滿足此屬性而且不在同一個州，則代表它們的關係是特殊的。

請算出提供的輸入內容中有特殊關係城市對的數量。

輸入

從名為 citystate.in 的檔案中讀取輸入資料。

輸入內容是由以下幾行所組成：

- 　一行含有 n，代表城市的數量。n 是 1 和 200,000 之間的整數。

- 　n 行，一行一個城市。每行以大寫形式列出城市名稱、一個空格和大寫形式所在州的縮寫。每個城市的名稱有 2 到 10 個字元；每個州的縮寫則正好是兩個字元。同一個城市名稱可以存在於多個州，但同一個城市名稱在一個州只能有一個。此問題中的城市或州的名稱都是能滿足上述要求的任何字串，這表示它可能不是真實世界的美國城市或州的名稱。

輸出

將輸出結果寫入名為 citystate.out 的檔案中。

輸出有特殊關係城市對的數量。

程式解決每個測試用例的時間限制為 4 秒。

探索測試用例

也許您在想是否能用串列來解決這個問題。這是個不錯的想法！如果您有興趣，我建議您在繼續閱讀後面內容之前嘗試實作一下。策略是使用兩個巢狀嵌套的迴圈來判斷每對城市並檢查每對城市是否有特殊關係。使用這種方法也能做出正確的解決方案。

這種解決方案是正確的，但也是一個效率緩慢的解決方案。城市串列可能很大（最多可達 200,000 個），任何想要搜尋城市串列的解決方案都注定執行過慢。接著讓我們探索一個測試用例，並找出字典能發揮什麼功效和協助。

以下是我們的測試用例：

```
12
SCRANTON PA
MANISTEE MI
```

```
NASHUA NH
PARKER SC
LAFAYETTE CO
WASHOUGAL WA
MIDDLEBOROUGH MA
MADISON MI
MILFORD MA
MIDDLETON MA
COVINGTON LA
LAKEWOOD CO
```

第一個城市是 SCRANTON PA。要找到與該城市的有特殊配對，我們需要找到城市名稱以 PA 開頭且所在的州為 SC 的其他城市。唯一符合此描述的其他城市是 PARKER SC。

請留意，我們對 SCRANTON PA 所關注的是城市名稱以 SC 開頭，而且它所在的州是 PA。不管這個城市叫作 SCMERWIN PA 或 SCSHOCK PA 或 SCHRUTE PA，這些都與 PARKER SC 有特殊關係，都能配對成功。

讓我們把城市名稱的前兩個字元跟城市所在的州縮寫組合起來。舉例來說，SCRANTON PA 組合起來是 SCPA，而 PARKER SC 組合起來是 PASC。

我們現在可以直接查找有特殊關係的組合對，而不用搜尋有特殊關係的城市對。讓我們試試這樣的處理。

有兩個城市可以組合成 MAMI，是 MANISTEE MI 和 MADISON MI，但我們只關心組合的數量有兩個。MAMI 城市以 MA 開頭並位於 MI 州。若要算出與 MAMI 有特殊關係的配對數量，我們需要知道以 MI 開頭並位於 MA 州的城市。也就是說，我們需要知道 MIMA 城市的數量。以這個測試用例來看共有三個 MIMA 城市，分別是 MIDDLEBOROUGH MA、MILFORD MA 和 MIDDLETON MA，但我們所關注的是有 3 個。經過前面分析，我們有 2 個 MAMI 城市和 3 個 MIMA 城市。因此特殊關係的組合配對總數為 2 * 3 = 6，因為一個 MAMI 城市可以選配 3 個 MIMA 城市。

如果您還不相信，以下幫您列出這些組合的 6 個特殊關係配對結果：

- MANISTEE MI 和 MIDDLEBOROUGH MA

- MANISTEE MI 和 MILFORD MA

- MANISTEE MI 和 MIDDLETON MA

- MADISON MI 和 MIDDLEBOROUGH MA

- MADISON MI 和 MILFORD MA

- MADISON MI 和 MIDDLETON MA

如果我們可以把組合結果（SCPA、PASC、MAMI、MIMA 等）對應關聯到出現次數，這樣就可以遍訪組合結果來找到有特殊關係城市配對的數量。字典是儲存這種對應關聯的完美工具。

以下的測試用例是我們要建立的字典：

```
{'SCPA': 1, 'MAMI': 2, 'NANH': 1, 'PASC': 1, 'LACO': 2,
 'MIMA': 3, 'COLA': 1}
```

有了這個字典，我們可以計算出有特殊關係的城市配對數量。讓我們來看看這個處理過程。

第一個「鍵」是 'SCPA'，對應的值為 1。要找到與 'SCPA' 有特殊關係的城市配對，就需要查找 'PASC' 的值。找到的值也是 1。兩個值相乘產生 1 * 1 = 1，這就是有特殊關係城市配對的數量。我們需要對字典中的每個其他「鍵」執行相同的處理。

下一個「鍵」是 'MAMI'，對應的值為 2。要找到與 'MAMI' 有特殊關係的城市配對，就需要查找 'MIMA' 的值。找到該值為 3。兩個值相乘產生 2 * 3 = 6，這就是有特殊關係城市配對的數量。加上之前找到的 1 對，我們現在總共有 7 個。

下一個「鍵」是 'NANH'，對應的值為 1。要找到與 'NANH' 有特殊關係的城市配對，就需要查找 'NHNA' 的值。但是 'NHNA' 不是字典中的「鍵」！沒有這種特殊關係的城市配對。計算到目前為止，總共還是 7 個。

接下來這個處理要密切關注。下一個鍵是 'PASC'，對應的值為 1。要找到與 'PASC' 有特殊關係的城市配對，就需要查找 'SCPA' 的值。找到該值也是 1。這兩個值相乘產生 1 * 1 = 1，這就是有特殊關係城市配對的數量。請等一下，我們之前處理 'SCPA' 時已經處理過這種特殊關係了。如果在這裡又加 1，那麼會重複計算。事實上處理每個「鍵」，我們一定會重複計算有特殊關係的城市配對。不過不用擔心：當我們準備好要印出最終答案時會進行調整。這裡還是加 1。因為前面已找到的 7 個，加 1 後現在總共有 8 個。

下一個「鍵」是 'LACO'，對應的值為 2。'COLA' 的值為 1，相乘產生 2 * 1 = 2，這就是有特殊關係城市配對的數量。前面已找到的 8 個，加 2 後現在總共有 10 個。

以這個測試用例來看，還有兩個「鍵」要處理：'MIMA' 和 'COLA'。第一個會讓總數加 6；第二個則加 2。前面已找到的 10 個，現在加 6 再加 2 後總共有 18 個。

請記住，上面的處理中有重複計算特殊關係的城市配對。這表示我們並沒有 18 個唯一的特殊關係城市配對，若要計算唯一，則是 18 / 2 = 9，共有 9 個有特殊關係的城市配對。我們需要做的就是除以 2 來取消重複的計數。

如果把剛才瀏覽的字典與測試用例中的城市進行比較，就會發現字典中少了某些內容。就是那個城市 WASHOUGAL WA！它的組合結果是 WAWA，但我們的字典中沒有 'WAWA' 鍵。這裡沒有記錄到這個城市，我們需要了解原因。

WASHOUGAL WA 的前兩個字元是 WA。這表示與 WASHOUGAL WA 成為特殊關係的城市配對條件是找到另一個州為 WA 的城市。請注意，WASHOUGAL WA 也位於 WA 州。根據問題的描述說明，有特殊關係的城市配對中的兩個城市必須來自不同的州。因此，沒有辦法找到與 WASHOUGAL WA 配對的城市。為了確保不會算出錯誤的特殊配對，我們甚至不會在字典中放入 WASHOUGAL WA。

問題的解答

解答已準備好了！我們會使用字典為「城市和州」問題提供簡潔、快速的解決方案。程式碼如 Listing 8-7 所示。

▶Listing 8-7：「城市和州」問題的解答

```
    input_file = open('citystate.in', 'r')
    output_file = open('citystate.out', 'w')

    n = int(input_file.readline())

❶ combo_to_num = {}

    for i in range(n):
```

```
        lst = input_file.readline().split()
❷    city = lst[0][:2]
        state = lst[1]
❸    if city != state:
            combo = city + state
            if not combo in combo_to_num:
                combo_to_num[combo] = 1
            else:
                combo_to_num[combo] = combo_to_num[combo] + 1

    total = 0

❹ for combo in combo_to_num:
    ❺ other_combo = combo[2:] + combo[:2]
        if other_combo in combo_to_num:
        ❻ total = total + combo_to_num[combo] * combo_to_num[other_combo]

❼ output_file.write(str(total // 2) + '\n')

    input_file.close()
    output_file.close()
```

這是 USACO 的程式競賽問題，我們需要使用檔案來處理而不是標準輸入和標準輸出。

我們將建構的字典為 combo_to_num ❶。它把四字元組合（如 'SCPA'）對應關聯到具有這種組合的城市數量。

對於輸入中的每個城市，我們使用變數來指到城市名稱的前兩個字元❷及其位在的州。隨後，如果這兩個值不相同❸，就把它們合併並把此結果新增到字典內。如果組合結果這個「鍵」不在字典中，則以它為「鍵」，對應「值」設為 1 新增進字典內。如果組合結果這個「鍵」已經存在，則對其值加 1。

字典現已建立。我們要迴圈遍訪它的「鍵」❹。對於每個鍵，我們建構了另一個組合，查找該組合來找出與此鍵有特殊關係的城市配對。舉例來說，如果「鍵」是 'SCPA'，那麼另一個組合是 'PASC'。為此，我們取「鍵」最右邊的兩個字元，然後接上最左邊的兩個字元❺。如果這個組合也在字典中，那麼我們把兩個「鍵」的值相乘，並將結果加到總數 total 變數中❻。

我們現在需要做的就是把有特殊關係的城市配對總數寫入到輸出檔內。如上一節所述，這裡需要把總數 total 除以 2 來消除重複的計算❼。

現在有解答了，這是另一個利用字典來解決問題的範例。請提交這裡寫的解答程式碼到競賽解題系統網站吧！

總結

在本章中，我們學習了 Python 的集合（set）和字典（dictionary）。集合是一堆沒有順序且沒有重複的值。字典是一堆「鍵:值」對。正如在本章的問題中所看到的，有時使用集合會比串列更合適解決問題。舉例來說，在集合中搜尋某個值的速度非常快，但在串列上的相同的操作卻慢得離譜。如果我們不在意值的排放順序，或是想要消除重複項目，請認真考慮使用集合來存放。

同樣地，字典可以很容易地確定「鍵」所對應關聯到的「值」。如果我們要維護鍵與值的對應關聯，請認真考慮使用字典來處理。

透過混合使用集合和字典，您現在能更有彈性地儲存值了。然而，這種彈性也代表著您需要做出選擇。請不要再把串列當成解決問題的首選了！先思考問題的處理類型和需求再來考量使用哪一種型別的儲存工具。

我們的學習旅程已經達到了重要的里程碑，因為現在大部分基本的 Python 知識都已經在本書這些章節中教給您，但這並不意味著您的 Python 之旅已經完成。除了我在本書中介紹的內容之外，還有很多 Python 的相關知識。這代表著我們已經抵達能夠活用 Python 技能解決各式各樣問題的階段，無論是用在程式設計競賽解題還是其他方面。

在本書的下一章中，我們將要換檔加速學習新內容，透過 Python 的新功能來提高解決問題的能力。我們會專注於能夠搜尋所有候選解決方案的處理方式，以這種方式來解決某些特定類型的問題。

本章習題

這裡有一些習題可供您嘗試。請對每一題分別使用集合或字典來解決。集合或字典在某些情況下能幫助您設計出執行速度更快的程式碼；此外還能協助您設計寫出更有條理且更易讀的程式碼。

1.　DMOJ 題庫的問題 crci06p1，Bard

2.　DMOJ 題庫的問題 dmopc19c5p1，Conspicuous Cryptic Checklist

3. DMOJ 題庫的問題 coci15c2p1，Marko

4. DMOJ 題庫的問題 ccc06s2，Attack of the CipherTexts

5. DMOJ 題庫的問題 dmopc19c3p1，Mode Finding

6. DMOJ 題庫的問題 coci14c2p2，Utrka（請試著用三種不同的方式來解決：使用字典、使用集合和使用串列！）

7. DMOJ 題庫的問題 coci17c2p2，ZigZag（提示: 維護兩個字典。第一個字典以每個起始的字母對應關聯到單字串列；第二個字典以每個起始字母對應關聯到要輸出的下一個單字的索引位置編號。如此一來，就能以迴圈遍訪每個字母的單字，而無需一定要更新出現次數或修改串列。）

NOTE

「電子郵件地址（Email Address）」問題來自 2019 年加拿大安大略省教育計算組織程式設計競賽的第 2 輪。「常見單字（Common Words）」問題來自 1999 年加拿大計算機奧林匹克競賽。「城市與州（Cities and States）」問題來自 USACO 2016 年 12 月銀牌競賽。

如果您想學習和了解更多關於 Python 的資訊，我推薦讀者閱讀 Eric Matthes 所著的暢銷書《Python 程式設計的樂趣｜範例實作與專題研究的 20 堂程式設計課 第二版》（碁峰資訊出版，2020 年）。當您準備好要提升到另一個新的進階水準時，我推薦讀者閱讀 Brett Slatkin 編寫的《Effective Python 中文版：寫出良好 Python 程式的 90 個具體做法 第二版》（碁峰資訊出版，2020 年），這本書提供了一系列技巧來幫助您寫出更好的 Python 程式碼。

第 9 章

使用完全搜尋法來
設計演算法

演算法（**algorithm**）是解決問題的一系列處理步驟。本書中的所有問題，我們都是以 Python 程式碼的形式設計編寫演算法來解決的。接下來會在本章中專注於學習演算法的設計。有時候在面對新的問題時，當下是不知道要怎麼解決的。我們應該要設計和編寫什麼演算法呢？好在我們面對某些問題時不需要每次都從頭開始。電腦領域的科學家和程式設計師已經確定了幾種通用型的演算法，可能其中有一種就能用來解決我們面對的問題。

有一種演算法稱為**完全搜尋演算法**（**complete search algorithm**），它會嘗試所有候選解決方案然後選出最佳解。舉例來說，如果問題是要求我們找出最大值，我們會嘗試所有解答並選出最大值；如果問題是要求我們找出最小值，我

們會嘗試所有解答並選出最小值。完全搜索算法也稱為**蠻力**演算法或**暴力**演算法（brute-force algorithms），但我不太使用這樣的術語。電腦確實是以它的能力來進行這樣的處理，它會逐一檢查每個解答，但對於演算法設計者的我們來說，所做的事情並沒有用什麼蠻力或暴力。

我們在第 5 章中使用了完全搜尋演算法來解決村莊的街區的問題。我們被要求找到最小的街區大小，所以透過查看每個街區並記住最小街區的大小來做到這個要求。在本章中，我們會使用完全搜尋演算法來解決其他問題。在這裡會您會發現想要確定搜尋的內容是需要相當大的思考力和創造力的。

我們會使用完全搜尋來解決兩個問題：確定要解僱哪個救生員和確定滿足滑雪訓練營要求的最低成本。隨後的第三個問題是計算滿足投球要求的三元組乳牛數量，這個問題需要更深入的探討。

問題#21：救生員（Lifeguards）

在這個問題中，我們要確定解僱哪個救生員，這樣才能讓游泳池的排班時間表發揮最大覆蓋範圍。我們會嘗試以逐個解僱並觀察結果來找答案，這是個完全搜尋演算法的應用！

這個問題是 USACO 2018 年 1 月銅牌競賽問題「Lifeguards」。

挑戰

農夫 John 為他的乳牛購買了一個游泳池。游泳池開放的是從時間 0 到時間 1,000。

農夫 John 僱傭了 n 位救生員來監控游泳池。每位救生員在給定的時間間隔內監控游泳池。舉例來說，救生員可能排在時間 2 開始在時間 7 結束。我將這樣的間隔表示為「2 - 7」。 一個區間所覆蓋的時間單位數是結束時間減去開始時間。例如，時間間隔為「2 - 7」的救生員覆蓋「7 - 2 = 5」個時間單位。這些時間單位是從時間 2 到 3、3 到 4、4 到 5、5 到 6 和 6 到 7。

不幸的是，農夫 John 的錢只夠支付 n-1 位救生員，而不是 n 位救生員，所以他必須解僱一位救生員。

請確定解僱哪一位救生員後仍可覆蓋最大時間單位數。

輸入

從名為 lifeguards.in 的檔案中讀取輸入資料。

輸入內容由以下幾行組成:

· 一行是 n 這個整數,表示僱用的救生員人數。n 是 1 到 100 之間的整數。

· n 行,每行一位救生員的時間資料。每行會列出救生員開始的時間、空格和救生員結束的時間。開始時間和結束時間都是 0 到 1,000 之間的整數,而且是不同的整數。

輸出

將輸出內容寫入到名為 lifeguards.out 的檔案中。

輸出 n-1 位救生員所能覆蓋的最大時間單位數。

解決每個測試用例的時間限制為 4 秒。

探索測試用例

讓我們探索下列這個測試用例,以此來證明為什麼完全搜尋演算法有辦法解開這個問題。以下是測試用例:

```
4
5 8
10 15
17 25
9 20
```

有個簡單規則可以用來解決此問題,這個規則是解僱最短時間間隔的救生員。這條規則具有其直觀的意義,因為救生員對覆蓋游泳池時間的貢獻最小。

這條規則是否提供了正確的演算法呢?讓我們來看看,其解法是告知我們解僱「5 - 8」這位救生員,因為這位救生員的時間間隔最短。這樣就留下了三位救生員,他們的時間間隔分別是「10 - 15」、「17 - 25」和「9 - 20」。這三位留下

的救生員正好覆蓋了「9 - 25」區間，該區間由「25 - 9 = 16」個時間單位組成。那 16 是正確答案嗎？

抱歉，這不是正確答案。事實證明，我們應該要解僱「10 - 15」這位救生員。如果這樣做，剩下三位救生員的時間間隔是「5 - 8」、「17 - 25」和「9 - 20」。這三位留下的救生員覆蓋了「5 - 8」和「9 - 25」的時間間隔（請注意：這裡並沒有覆蓋從 8 到 9 的時間單位）。這些間隔中的第一個覆蓋了「8 - 5 = 3」個時間單位，第二個覆蓋了「25 - 9 = 16」個時間單位，兩個加起總共是 19 個時間單位。

正確答案是 19，而不是 16。以最短的時間間隔來解僱救生員是行不通的。

要想出一個通用解決此問題的簡單規則並不容易。但請別擔心：使用完全搜尋演算法就能避免這樣的錯誤。

以下是使用完全搜尋演算法來解決以上測試用例的過程：

1. 首先，是解僱第一位救生員，並確定剩下的三位救生員所覆蓋的時間單位數。這次獲得 16 這個答案，並記住 16 作為要比較的時間單位數。

2. 接著，是解僱第二位救生員，並確定剩下的三位救生員覆蓋的時間單位數。這次獲得 19 這個答案。由於 19 大於 16，所以記住 19 作為要比較的時間單位數。

3. 接下來，是解僱第三位救生員，並確定剩下的三位救生員覆蓋的時間單位數。這次獲得 14 這個答案。因為比較小，所以 19 還是比較的時間單位數。

4. 最後，是解僱第四位救生員，並確定剩下的三位救生員覆蓋的時間單位數。這次獲得 16 這個答案。19 仍是比較的時間單位數。

在處理解僱每位救生員的計算結果後，這個演算法邏輯得出結論的正確答案是 19。沒有比這個覆蓋時間單位數更大的答案了，因為我們已經試過了所有選項！我們對所有可能的解決方案都進行了全面搜尋的處理。

問題的解答

若想要使用完全搜尋的處理，首先要設計編寫一個函式來解決特定候選解決方案的問題。隨後就可以多次呼叫該函式，對每個候選解決方案呼叫一次。

解僱一位救生員

讓我們編寫一個函式來確定當某位特定的救生員被解僱後，剩下救生員所覆蓋的時間單位數。Listing 9-1 列出函式的程式碼。

▶Listing 9-1：**解僱一位救生員的解決方案**

```
def num_covered(intervals, fired):
    """
    intervals is a list of lifeguard intervals;
    each interval is a [start, end] list.
    fired is the index of the lifeguard to fire.

    Return the number of time units covered by all lifeguards
    except the one fired.
    """
❶  covered = set()
    for i in range(len(intervals)):
        if i != fired:
            interval = intervals[i]
❷          for j in range(interval[0], interval[1]):
❸              covered.add(j)
    return len(covered)
```

第一個參數是救生員時間間隔串列；第二個參數是要解僱救生員的索引位置編號。請把程式碼輸入到 Python shell 模式進行單獨測試。以下是該函式的兩個測試呼叫範例：

```
>>> num_covered([[5, 8], [10, 15], [9, 20], [17, 25]], 0)
16
>>> num_covered([[5, 8], [10, 15], [9, 20], [17, 25]], 1)
19
```

這兩個呼叫確認了結果，如果解僱第一位救生員（在索引位置 0），求得覆蓋 16 個時間單位，如果解僱第二位救生員（在索引位置 1），求得覆蓋 19 個時間單位。

現在讓我們了解這個函式是如何運作的。首先建立一個集合 covered 來存放覆蓋的時間單位❶。每處理一個覆蓋的時間單位時,程式碼會將該時間單位的起始值新增到集合內。例如,如果覆蓋的時間單位是從 0 起始到 1 結束,那程式碼會把 0 新增到 covered 集合中;如果覆蓋的時間單位是從 4 起始到 5 結束,則會把 4 新增到 covered 集合中。

我們遍訪救生員的時間間隔。如果救生員不是被解僱的,那就以迴圈遍訪這個救生員的時間間隔❷,取得時間間隔從開始到結束的每個時間單位。正如程式所處理的,我們把從開始到結束的每個時間單位都新增到集合內❸。回想一下,集合是不會保留重複值的,就算多次新增相同的時間單位到集合中也不必擔心。我們已經檢查了所有沒解僱救生員的時間間隔,並將所有覆蓋的時間單位都新增到集合中。因此,我們只需返回集合中值的數量即可。

主程式

主程式的部分列示在 Listing 9-2 中。這裡使用 num_covered 函式來確定每位救生員分別被解僱時,剩下三位所覆蓋的時間單位數。請務必在這段程式碼之前輸入 num_covered 函式(Listing 9-1),這樣才是問題的完整解決方案。

▶Listing 9-2:主程式

```
input_file = open('lifeguards.in', 'r')
output_file = open('lifeguards.out', 'w')

n = int(input_file.readline())

intervals = []

for i in range(n):
❶   interval = input_file.readline().split()
    interval[0] = int(interval[0])
    interval[1] = int(interval[1])
    intervals.append(interval)

max_covered = 0

❷ for fired in range(n):
❸   result = num_covered(intervals, fired)
    if result > max_covered:
        max_covered = result

output_file.write(str(max_covered) + '\n')
```

```
    input_file.close()
    output_file.close()
```

在這裡處理的是檔案，而不是標準輸入和標準輸出。

這支程式先讀取救生員的數量，然後使用 for 迴圈配合範圍來讀取每位救生員的時間間隔。我們從輸入中讀取每個時間間隔❶，將其每個項目都轉換為整數值，並將當作一個有 2 個值的串列新增到 intervals 串列中。

我們使用 max_covered 變數來追蹤最大的覆蓋時間單位數。

這裡使用 for 迴圈配合範圍❷來分別處理解僱每個救生員。我們呼叫 num_covered❸來確定在一位救生員被解僱的情況下所算出的覆蓋時間單位數。只要取得的覆蓋時間單位數比較大，就將這個數更新到 max_covered。

當這個迴圈完成時，我們就已經檢查解僱每個救生員所算出的覆蓋時間單位數，並更新存放了最大值。最後就是要輸出這個最大值。

隨時都可以把上述的程式碼提交到 USACO 競賽解題系統網站。以 Python 程式碼的解答來說，USACO 競賽解題系統網站對每個測試用例要求只能用 4 秒的時間限制，但我們在設計解決方案時，執行時間不能太接近這個限制。以這段程式為例，在 USACO 網站執行的每個測試用例都不會超過 130 毫秒。

程式的效率

我們的程式碼執行的如此之快速是因為是計算的救生員數太少了一最多只有 100 個。如果要計算的救生員數量很大，程式碼就無法在要求的時限內解決問題。如果只是計算幾百個救生員是沒問題，但如果有多達 3,000 或 4,000 位救生員要計算，程式的執行速度就很緊繃了。若數量再多的話，程式碼的處理速度就顯得過慢了。舉例來說，在處理 5,000 位救生員時，執行時間就無法達到要求。我們需要設計一種新的演算法，可以比完全搜尋更快的演算法。

您可能會認為要處理 5,000 位救生員這麼數量龐大的情況不多，我們的演算法無法達到那麼高效率也沒關係。但事實並非如此！請回想一下第 8 章中「電子郵件地址」的問題。在那個例子中，我們要處理多達 100,000 個電子郵件地址。再回想一下同一章中「城市和州」的問題。那個例子要處理的可能有多達 200,000 個城市配對。相比之下，5,000 位救生員真的不算多。

完全搜尋解決方案通常只適用於輸入量較少的情況。若面對的是大型測試用例，完全搜尋解決方案通常會失效。

對於「救生員（Lifeguards）」問題的完全搜尋解決方案不能快速處理大型測試用例的原因是程式做了很多重複的工作。請思考一下，假設我們正要解決一個有 5,000 位救生員的測試案例。我們從解僱救生員 0 並呼叫 num_covered 函式來確定剩下救生員所覆蓋的時間單位數。然後再解僱救生員 1 並再次呼叫 num_covered。此時的 num_covered 所做的與它在上一次呼叫中所做的很相似。畢竟，處理的內容並沒有太大變化。唯一變的是救生員 0 回來了，救生員 1 解僱了。其他的 4,998 位救生員則都相同！但 num_covered 函式並不知道，它又再次遍訪處理了所有的救生員。後繼解僱救生員 2，然後是救生員 3，依此類推時，也都會發生同樣的情況。每次 num_covered 函式都會從頭開始完成所有工作，而沒有了解它之前已做的任何事情。

請記住，雖然完全搜尋演算法有用，但確實也有其局限性。若面對一個想要解決的新問題，完全搜尋演算法是個有用的起點，即使最終證明它的效率太低。這是因為設計演算法的過程會加深我們對問題的理解，有可能衍生解決問題的新想法。

在下一小節中，我們將處理另一個問題，這個問題能使用完全搜尋來解決。

觀念檢測

以下的 num_covered 函式版本是否正確？

```python
def num_covered(intervals, fired):
    """
    intervals is a list of lifeguard intervals;
    each interval is a [start, end] list.
    fired is the index of the lifeguard to fire.

    Return the number of time units covered by all lifeguards
    except the one fired.
    """
    covered = set()
    intervals.pop(fired)
    for interval in intervals:
        for j in range(interval[0], interval[1]):
```

```
                covered.add(j)
        return len(covered)
```

A. Yes

B. No

答案：B。此函式會從救生員串列中刪除被解僱的救生員。這是不允許的，因為文件字串沒有說明會修改串列。使用此版本的函式，程式將無法通過測試用例，因為救生員資訊會隨著時間的推移而丟失。舉例來說，當我們測試解僱救生員 0 時，救生員 0 會從串列中刪除。隨後測試救生員 1 時，救生員 0 已經不見了！如果您想使用會從串列中刪除被解僱救生員的函式版本，要改成使用串列的副本來處理而不是原本的串列。

問題#22：滑雪山丘（Ski Hills）

有時候問題的描述說明中會清楚要求我們在完全搜尋解決方案中搜索什麼內容。例如，在「救生員（Lifeguards）」問題中，我們被要求解僱一位救生員，因此嘗試解僱每位救生員的處理是有意義的。但在不同的情況下，我們必須更有創意地發掘要搜尋的內容是什麼。當您閱讀下面的問題時，請思考您會在完全搜尋解決方案中搜尋什麼內容。

這個問題是 USACO 2014 年 1 月銅牌競賽問題「Ski Course Design」。

挑戰

農夫 John 在他的農場上有 n 座山丘，每座山丘的高度都在 0 到 100 之間。他想將農場註冊為滑雪訓練營。

只有在山丘最高和最低之間的落差為 17 或以下時，才能把農場註冊為滑雪訓練營。因此，農夫 John 可能需要增加和降低某些山丘的高度。改變高度的單位只能是整數。

山丘的高度改變 x 個單位的成本是 x^2。例如,把某座山丘從高度 1 增加為高度 4 的成本是「$(4 - 1)^2 = 9$」。

請找出農夫 John 能花費最少的錢來改變山丘高度,就可以讓農場註冊為滑雪訓練營。

輸入

從名為 skidesign.in 的檔案中讀取輸入內容。

輸入內容是由以下幾行組成:

- 一行是整數 n,代表農場上山丘的數量。n 是 1 到 1,000 之間的整數。

- n 行,每行列出山丘的高度。每個高度都是 0 到 100 之間的整數。

輸出

請將輸出結果寫入名為 skidesign.out 的檔案。

輸出農夫 John 改變山丘高度所要支付的最少金額。

解決每個測試用例的時間限制為 4 秒。

探索測試用例

讓我們看看是否能把從「救生員(Lifeguards)」問題所學到的東西應用到這個問題上。為了解決「救生員(Lifeguards)」問題,我們分別解雇每位救生員,以此來找出應該解僱哪位救生員才是答案。在解決「滑雪山丘(Ski Hills)」問題上,也許我們也可以對每座山丘做類似的處理?例如,我們可以把每座山丘的高度作為允許高度範圍內的下限?

我們將使用以下測試用例進行嘗試:

```
4
23
40
16
2
```

這 4 座山丘的高度最小的是 2，最大的高度是 40。40 和 2 的差是 38，大於 17。農夫 John 要修改這些山丘了！

第一座山丘高度為 23。如果把 23 作為範圍的下限，那麼上限是 23 + 17 = 40。我們需要計算把所有山丘高度放入 23 至 40 範圍內的成本。有兩座山丘不在這個範圍內，分別是高度 16 和高度 2。把它們提升到高度 23 的成本是「$(23 - 16)^2 + (23 - 2)^2 = 490$」。花費的成本是 490。

第二座山丘的高度為 40。此範圍的上限是「40 + 17 = 57」，因此我們希望把所有山丘都納入 40 至 57 範圍內。其他三座山丘都不在這個範圍內，所以它們每個都要花費成本。總成本數是「$(40 - 23)^2 + (40 - 16)^2 + (40 - 2)^2 = 2,309$」。這個成本大於 490（目前最低成本），因此 490 仍然是要比較的成本（請記住，這個問題我們試圖找出農夫 John 最小化的花費成本，而在「救生員（Life guards）」問題中則試圖找出最大化覆蓋範圍）。

第三座山丘的高度為 16，我們要的高度範圍是 16 至 33。有兩座山丘不在此範圍內，分別為 40 和 2。因此，放入此範圍的總成木為「$(40 - 33)^2 + (16 - 2)^2 = 245$」。要比較的新成本變為 245！

第四個山丘是高度 2，我們要的高度範圍是 2 至 19。如果您計算此範圍的成本，最後獲得是 457。

我們使用該演算法取得的最低成本是 245。那 245 是答案嗎？我們這樣算解決問題了嗎？

不，並沒有！事實證明，最低成本應該是 221。有兩個範圍能提供這個最低成本：12 至 29 和 13 至 30。在給定的山丘高度中並沒有高度為 12 的山丘，同樣也沒有高度為 13 的山丘。因此我們不能使用山丘高度作為可能範圍的下限。

思考一下正確的完全搜尋演算法應該是什麼樣子，如何才能保證不會遺漏任何範圍。

這裡有個可以保證讓我們得到正確答案的計劃。我們先計算範圍 0 至 17 的成本、然後計算範圍 1 至 18 的成本、然後是 2 至 19、3 至 20、4 至 21，依此類推。我們一一測試所有可能的範圍，並記住取得的最低成本。我們測試的範圍與山丘的高度無關。由於我們測試了所有可能的範圍，因此不會錯過想要找到的最佳範圍成本。

但我們應該測試哪些範圍呢？我們應該測試到多高的高度呢？我們應該測試 50 至 67 這個範圍嗎？是的。那範圍 71 至 88 要測嗎？是的，那範圍 115 至 132 也要嗎？不！這個不用。

我們把檢查的最終範圍定在 100 至 117。原因與問題描述中山丘的高度最多為 100 有關。

假設我們要計算範圍 101 至 118 的成本。甚至不用知道山丘的高度，肯定沒有一座山丘是在這個範圍內的。畢竟題目說明山丘的最大高度是 100，但範圍是從 101 開始。現在把範圍從 101 至 118 向下移到 100 至 117。這個 100 至 117 範圍的成本會低於 101 至 118 範圍！那是因為 100 比 101 更靠近上限。例如，考慮一座高度為 80 的山丘。這座山丘將花費我們 $21^2 = 441$ 來提升到高度 101，但僅花費 $20^2 = 400$ 提升到高度 100。這表明 101 至 118 不是最佳使用範圍，所以沒有必要去測試。

同樣的邏輯解釋了為什麼不用再測試更高的範圍（例如 102 至 119、103 至 120 等）。因為把這些範圍向下移都能降低成本。

總而言之，我們會準確地測試 101 個範圍：0 至 17、1 至 18、2 至 19 等，一直到 100 至 117。測試時會記住最低的成本值。接下就動手實作吧！

問題的解答

我們將分兩個步驟來解決，就像在解決「救生員（Lifeguards）」問題時所做的處理。我們會從一個函式開始，用該函式來確定一個範圍的花費成本。隨後我們設計編寫主程式來為每個範圍呼叫一次這個函式。

確定某個範圍的成本

Listing 9-3 列出了可以確定某個範圍成本的函式程式碼。

▶Listing 9-3：確定某個範圍成本的函式

```
MAX_DIFFERENCE = 17
MAX_HEIGHT = 100
```

```
    def cost_for_range(heights, low, high):
        """

        heights is a list of hill heights.
        low is an integer giving the low end of the range.
        high is an integer giving the high end of a range.

        Return the cost of changing all heights of hills to be
        between low and high.
        """
        cost = 0
❶   for height in heights:
    ❷     if height < low:
        ❸       cost = cost + (low - height) ** 2
    ❹     elif height > high:
        ❺       cost = cost + (height - high) ** 2
        return cost
```

我已經放入了兩個稍後會用到的常數。MAX_DIFFERENCE 常數記錄山丘高度最高上限和最低下限之間允許的落差值。MAX_HEIGHT 常數記錄山丘的最高上限。

現在進入 cost_for_range 函式。此函式接受山丘高度串列和指定範圍的下限和上限。函式會返回改變山丘高度的花費成本，讓所有山丘的高度都變成在需要的範圍內。我建議您把函式程式碼輸入到 Python shell 模式中，方便您可以在繼續之前單獨測試。

此函式迴圈遍訪每個山丘的高度❶，並把改變山丘高度到所需範圍的成本累加起來。我們需要考慮兩種情況。第一種情況是，目前山丘的高度可能小於 low 下限範圍❷。表示式「low - height」提供了需要增高這座山丘的高度，然後把結果乘平方來取得成本值❸。第二種情況是，目前山的高度可能大於 high 上限範圍❹。表示式「height - high」提供了需要從這座山丘減去的高度，然後把結果乘平方得到成本值❺。請注意，如果高度已經在 low 與 high 範圍內，我們不會做任何處理。一旦我們完成了所有的高度的處理，就返回總成本值。

主程式

主程式的部分列示在 Listing 9-4 中。這裡使用 cost_for_range 函式來確定每個範圍的成本。請一定在主程式上方輸入 cost_for_range 函式（Listing 9-3），這樣才是問題的完整解決方案。

▶Listing 9-4：主程式

```
    input_file = open('skidesign.in', 'r')
    output_file = open('skidesign.out', 'w')

    n = int(input_file.readline())

    heights = []

    for i in range(n):
        heights.append(int(input_file.readline()))

❶ min_cost = cost_for_range(heights, 0, MAX_DIFFERENCE)

❷ for low in range(1, MAX_HEIGHT + 1):
        result = cost_for_range(heights, low, low + MAX_DIFFERENCE)
        if result < min_cost:
            min_cost = result

    output_file.write(str(min_cost) + '\n')

    input_file.close()
    output_file.close()
```

一開始先讀取山丘的數量，然後把每座山丘的高度讀取到 heights 串列中。

我們使用 min_cost 變數來存放到目前為止所發現的最小成本值。我們把 min_cost 設定為範圍 0 至 17 的成本值❶。隨後，以 for 迴圈配合範圍❷，處理其他每個範圍成本，如果有找到較小的成本值時就更新 min_cost。當我們完成這個迴圈時，輸出的就是最小成本。

現在可以把解答程式碼提交到競賽解題系統網站了。我們的完全搜尋解決方案應該能在時間限制內解決這個問題。

在下個問題中，我們會看直接使用完全搜尋解決方案也無法有效處理的範例。

觀念檢測

下面是對 Listing 9-4 中程式碼的建議更改。把這行：

```
for low in range(1, MAX_HEIGHT + 1):
```

改成下列這般：

```
for low in range(1, MAX_HEIGHT - MAX_DIFFERENCE + 1):
```

這樣修改後程式碼是正確的嗎？

_____

A. Yes

B. No

_____

答案：A。程式碼現在檢測的最後一個範圍是 83-100，如果答案是正確的，那要說出不必再檢查的範圍 84 至 101、85 至 102 ... 等的理由。

以範圍 84 至 101 來看。如果可以論證範圍 83 至 100 至少與範圍 84 至 101 得到的成本值是一樣的，那麼就沒有理由再檢測處理範圍 84 至 101。

範圍 84 至 101 包含高度 101。但這毫無意義：山丘的最高高度為 100，因此高度 101 不可能存在。我們就算刪除 101 也不會讓範圍變差。如果刪除了，範圍就變成是 84 至 100 的範圍。啊哈！但是 100 至 84 的落差只有 16，並不是題目要求的 17。所以要把左側擴大一個範圍，變成 83 至 100 的範圍。當然，像這樣擴大範圍不會讓範圍變得更糟。甚至可能使範圍變更好，因現在距離高度為 83 或更低的任何山丘更近一個單位。

從範圍 84 至 101 開始，算得的成本值確實至少與範圍 83 至 100 一樣好。對範圍 85 至 102、86 至 103 ... 等都能得到同樣的論證。因此處理高於 83 至 100 範圍是不必要的！

在繼續閱讀其他內容之前，建議您先嘗試解開本章後面的「本章習題」第 1 和第 2 題。

問題#23：乳牛棒球（Cow Baseball）

到本章結尾階段，我選擇的問題需要用到完全搜尋法之外更進階的演算法設計技能。當您閱讀問題的描述說明時，會覺得輸入的內容看似不多，使用完全搜尋演算法應該可以有效解決。但結果並不是，因為這樣的演算法必須透過這個輸入進行大量的搜尋。困難歸結為巢狀嵌套的迴圈太多。為什麼嵌套的迴圈會在這裡出現狀況呢？我們需要做什麼修改呢？請繼續看下面的說明！

這個問題是 USACO 2013 年 12 月銅牌競賽問題「Cow Baseball」。

挑戰

農夫 John 有 n 頭乳牛。乳牛站成一排，每隻都在一個不同的整數位置。乳牛們玩棒球玩得很開心。

農夫 John 正在觀看這些滑稽動作。他觀察到乳牛 x 把球扔給它右邊的乳牛 y，然後乳牛 y 把球扔給它右邊的乳牛 z。他也知道，第二投的距離最少是第一投的距離，最多是第一投的兩倍（例如，如果第一投距離為 5，則第二投的距離至少為 5，最多為 10）。

請確定滿足農夫 John 觀察結果的 (x, y, z) 三元組乳牛的數量。

輸入

從名為 baseball.in 的檔案中讀取輸入內容。

輸入內容是由下列幾行所組成：

- 一行是 n 這個整數，代表乳牛的數量。n 是 3 到 1,000 之間的整數。
- n 行，每行列出一頭牛的位置。所有位置都是唯一的，每個位置都是在 1 到 100,000,000 之間的整數。

輸出

將輸出結果寫入名為 baseball.out 的檔案。

輸出滿足農夫 John 觀察的乳牛的三元組數量。

解決每個測試用例的時間限制為 4 秒。

使用三層嵌套的迴圈

我們可以利用三層嵌套迴圈來考量判斷所有可能的三元組。我們先看程式碼，然後再討論其效率。

程式碼

在第 3 章的「巢狀嵌套處理」小節中，我們了解到可以使用兩層嵌套迴圈遍訪所有配對的值。看起來像下列這樣：

```
>>> lst = [1, 9]
>>> for num1 in lst:
...     for num2 in lst:
...         print(num1, num2)
...
1 1
1 9
9 1
9 9
```

同樣地，我們可以利用三層巢狀嵌套迴圈遍訪所有三元組（triples）的值，如下所示：

```
>>> for num1 in lst:
...     for num2 in lst:
...         for num3 in lst:
...             print(num1, num2, num3)
...
1 1 1
1 1 9
1 9 1
1 9 9
9 1 1
9 1 9
9 9 1
9 9 9
```

像這樣使用三層嵌套迴圈提供了解決「乳牛棒球（Cow Baseball）」問題的起點。對於每個三元組，我們可以檢查它是否與農夫 John 的觀察相符匹配。程式碼請參見 Listing 9-5。

▶Listing 9-5：使用三層嵌套迴圈

```
input_file = open('baseball.in', 'r')
output_file = open('baseball.out', 'w')

n = int(input_file.readline())

positions = []

for i in range(n):
  ❶ positions.append(int(input_file.readline()))

total = 0
```

```
❷ for position1 in positions:
   ❸ for position2 in positions:
         first_two_diff = position2 - position1
      ❹ if first_two_diff > 0:
            low = position2 + first_two_diff
            high = position2 + first_two_diff * 2

         ❺ for position3 in positions:
               if position3 >= low and position3 <= high:
                  total = total + 1

output_file.write(str(total) + '\n')

input_file.close()
output_file.close()
```

我們把所有乳牛位置讀入 positions 串列中❶。然後我們使用 for 迴圈迭代遍訪串列中的所有位置❷。對於每個位置，我們使用嵌套的 for 迴圈遍訪串列中的所有位置❸。此時 position1 和 position2 指的是串列中的兩個位置。我們還需要第三個嵌套迴圈，沒錯但現在還沒有用到。我們先要計算 position1 和 position2 之間的距離，因為此距離是用來尋找是否符合 position3 的範圍。

我們從問題描述中得知要求是 position2 位於 position1 的右側。如果是❹，那麼就計算 position3 範圍的下限和上限，並分別使用 low 和 high 變數存放。舉例來說，如果 position1 為 1、position2 為 6，那麼計算出來的「6 + 5 = 11」為下限 low，而「6 + 5 * 2 = 16」為上限 high。隨後使用第三層嵌套的 for 迴圈遍訪串列❺，尋找 low 和 high 之間的位置。對於符合這個範圍的 position3，就將 total 加 1。

在三個嵌套迴圈之後，我們計算了三元組的總數 total。最後是把這個數字寫入到輸出檔案中。

讓我們以一個小型的測試用例來測試這支程式，確保不會發生什麼奇怪的事情。以下是測試用例：

```
7
16
14
23
18
1
6
11
```

這個測試用例的正確答案是 11，滿足題意的三元組有 11 個，如下所示：

- 14, 16, 18

- 14, 18, 23

- 1, 6, 16

- 1, 6, 14

- 1, 6, 11

- 1, 11, 23

- 6, 14, 23

- 6, 11, 16

- 6, 11, 18

- 11, 16, 23

- 11, 14, 18

好消息是我們的程式使用這個測試用例處理後輸出了 11！這是因為程式最終找到每個滿足條件的三元組。舉例來說，在某個點上，position1 為 14、position2 為 16、position3 為 18，這個三元組滿足題目對距離要求，因此我們的程式會把它計入總數 total。不用擔心會出什麼狀況，後面當 position1 為 18、position2 為 16、position3 為 14 時，程式是不會計算這個三元組，因為不符合向右投球的要求。這裡處理的很好，因為有 if 陳述句❹阻止處理這種三元組。

我們的程式是正確的。但是，如果把這程式提交到競賽解題系統網站，就會看到程式的效率不夠高。以這個問題來看，就和許多競賽程式設計問題一樣，最初的幾個測試用例都很小，只用幾頭乳牛、幾名救生員或幾座滑雪場來測試，這時的程式應該能及時解決問題，若繼續用剩下的測試用例來測試我們的程式時，執行效率會越來越接近時限，最終程式沒能及時解決問題，因為太慢了。

程式的效率

要理解為什麼我們的程式會這麼慢，想一想它所必須遍訪過的三元組數量就知道為什麼了。回想一下剛剛探索的測試用例，其中有 7 頭乳牛，我們的程式檢

查多少個三元組呢？那麼，對於第一頭乳牛，有 7 個選擇要處理：16、14、23...等等。第二頭乳牛也有 7 種選擇、第三頭乳牛也有 7 種選擇。將這些處理相乘，就知道程式共檢查了「$7 * 7 * 7 = 343$」個三元組。

如果我是 8 頭乳牛而不是 7 頭呢？我們的程式就要檢查「$8 * 8 * 8 = 512$」個三元組。

我們以建立一個表示式來定出處理的三元組數量。以 n 來表示乳牛的數量，這個 n 可能是 7、8、50、1,000 等等，實際上取決於測試用例。那麼我們的程式要檢查的三元組的數量就是 $n * n * n$ 或 n^3。

使用 n 來代表任意數量的乳牛，以此來確定要檢查的三元組的數量。舉例來說，我們檢查處理 7 頭乳牛的三元組數量是「$7^3 = 343$」，8 頭乳牛的三元組數量是「$8^3 = 512$」。343 和 512 數字是很小，任何電腦只需幾毫秒就能檢查這麼多三元組。以保守的原則下來看，Python 程式大約每秒能夠檢查或執行大約 5,000,000 件事情。這個問題的時間限制是每個測試用例 4 秒，所以我們將能夠檢查大約 20,000,000 個三元組。

若用更大的數字代替 n 時會發生什麼情況。以 50 頭乳牛來看，就要處理「$50^3 = 125,000$」個三元組。看起來還好，以現今的電腦效能來看，檢查 125,000 個是很容易的。若以 100 頭乳牛來看，就要處理「$100^3 = 1,000,000$」個三元組，這次也沒問題，不用一秒鐘的時間內就能搞定一百萬個。若以 200 頭乳牛來看，就要處理「$200^3 = 8,000,000$」個三元組，我們的時限是 4 秒鐘，所以時限還夠，但開始有點擔心了。三元組數量迅速增加，而我們測試的只是 200 頭乳牛而已。請記住，我們需要能夠支援多達 1,000 頭的乳牛。

當處理到 400 頭乳牛時，就要處理「$400^3 = 64,000,000$」個三元組。這時數量太多了，無法在 4 秒鐘內搞定。雪上加霜的是我們要支援到 1,000 頭乳牛，已超出我們所能處理的最大值。若是有 1,000 頭乳牛，那就要處理「$1,000^3 = 1,000,000,000$」個三元組。數量是十億哦。我的天啊，不可能在 4 秒鐘內檢查這麼多三元組。我們必須讓程式變得更有效率。

先排序

排序功能在這裡很有用。讓我們看看怎麼活用排序功能，然後再探討解決方案的效率。

程式碼

乳牛的位置可以按任何順序排列，在問題描述中並沒有保證位置是照順序排放的。這樣的情況就導致我們的程式檢查過多不會滿足題目要求的三元組。舉例來說，檢查三元組 (18, 16, 14) 是沒有意義的，因為三個位置的數字不是按升序排放（題目要求乳牛向右投球，其位置向右愈來愈大）。如果一開始就對乳牛的位置進行排序，那麼我們就能避免檢查這些亂序的三元組。

排序還有另一個好處。假設 position1 指的是某頭乳牛的位置，而 position2 是指的是另一頭。對於這組位置，我們關心的 position3 的下限和上限就能找出來了。我們可以利用位置排序來減少需要檢查這個範圍值的數量。在繼續之前，請先思考一下為什麼是這樣。為什麼位置排序後檢查的值可以變少？

當您思考過後，可參閱 Listing 9-6 所使用排序的程式碼。

▶Listing 9-6：使用排序的程式碼

```
    input_file = open('baseball.in', 'r')
    output_file = open('baseball.out', 'w')

    n = int(input_file.readline())

    positions = []

    for i in range(n):
        positions.append(int(input_file.readline()))
❶ positions.sort()

    total = 0

❷ for i in range(n):
❸     for j in range(i + 1, n):
            first_two_diff = positions[j] - positions[i]
            low = positions[j] + first_two_diff
            high = positions[j] + first_two_diff * 2
```

```
        left = j + 1
❹   while left < n and positions[left] < low:
        left = left + 1

    right = left
❺   while right < n and positions[right] <= high:
        right = right + 1

❻   total = total + right - left

output_file.write(str(total) + '\n')

input_file.close()
output_file.close()
```

在開始搜尋三元組之前，先對 positions 進行排序❶。

程式的第一個迴圈使用變數 i 遍訪所有位置❷。這次是個 for 迴圈配合範圍來處理，而不是個單純的 for 迴圈，這樣就可以追蹤所在的索引位置編號。這種作法很有用，因為我們可以使用 i + 1 的值作為第二個迴圈❸的起始索引編號。這樣第二個迴圈現在永遠不會浪費時間檢查第一個位置左側的位置。

接下來是計算第三個位置值範圍的下限和上限。

與其每次找到合適的第三個位置才對 total 加 1，不如先找到合適位置的左右邊界，然後一次加到 total。我們只能這樣做，因為 positions 串列已經排序過。我們使用 while 迴圈找到左右邊界，第一個 while 迴圈會找出左邊界❹。只要位置低於 low，迴圈就會繼續前進。直到完成後，left 就會是位置大於或等於 low 的最左邊的索引編號。第二個 while 迴圈會找出右邊界❺，只要位置小於或等於 high，迴圈就會繼續前進。直到完成後，right 就是位置大於 high 的最右側索引編號。從左到右的每個位置都可以作為索引 i 和 j 位置的三元組中的第三個位置。我們把「right - left」加到 total 來計算這些位置數量❻。

這支程式中的兩個 while 迴圈不太好理解。讓我們透過一個例子來確切說明其運作的方式和原理。我們將使用下面 positions 串列來當例子，此串列與我們在上一節中所使用的相同，但有經過排序：

```
[1, 6, 11, 14, 16, 18, 23]
```

假設 i 是 1、j 是 2，那預期的三元組中的兩個位置是 6 和 11。因此，對於第三個位置，我們要搜尋大於或等於 16 且小於或等於 21 的位置。第一個 while 迴圈把 left 設定為 4，即位置大於或等於 16 的最左邊的索引編號。第二個 while

迴圈把 right 設定為 6，即位置大於 21 的最左邊的索引編號。從 right 減去 left 可得到 6 - 4 = 2，這表示有 2 個三元組可配位置 6 和 11。在繼續之前，這些 while 迴圈在「特殊」情況下也能運作得很好，例如在沒有合適的第三個位置或只有一個合適的第三個位置的情況。

我們在這裡已取得了很大的進展。這裡的程式碼一定會比之前在 Listing 9-5 中的程式碼效率更高，但還是不夠。如果您把這裡的程式提交到競賽解題系統網站，就會發現這次的解答並沒有比上次得到更多分數。因為這支程式在大多數測試用例中仍然是超出時限。

程式的效率

這支程式的問題是要搜尋出第三個位置仍然需要很長的時間。那些 while 迴圈仍然效率很低。我可以用一個新的位置串列來證明這一點，以下是是從 1 到 32 的位置串列。

```
[1, 2, 3, 4, 5, 6, 7, 8, 9, 10, 11, 12, 13, 14, 15, 16,
17, 18, 19, 20, 21, 22, 23, 24, 25, 26, 27, 28, 29, 30, 31, 32]
```

讓我們把焦點放在當 i 為 0 和 j 為 7 時，這是位置串列中的 1 和 8。對於第三個位置，我們要搜尋找出大於或等於 15 且小於或等於 22 的位置。要找到 15，第一個 while 迴圈向右掃描，一次一個位置。先掃描 9、然後是 10、然後是 11、然後是 12、然後是 13、然後是 14，最後是 15。隨後第二個 while 迴圈接管，進行這樣的大量掃描，一次一個位置，一直到它找到 23 為止。

每個 while 迴圈都實作了所謂的**線性搜尋（linear search）**。線性搜尋是一次在集合中搜尋一個值的技術。掃描所有這些值需要做很多工作！i 和 j 的其他值會生成類似的工作量。舉例來說，追蹤當 i 為 0 和 j 是 8 時，或當 i 為 1 且 j 為 11 時都會處理什麼工作。

我們要如何改進呢？要如何避免掃描大量的串列值來找出合適的 left 和 right 索引編號呢？

假設我給您一本書，裡面有一千個排序好的整數，每行一個整數。我想請您找出第一個大於或等於 300 的整數。您需要一個一個地查看這些數字嗎？您會先看 1，然後是 3，然後是 4，然後是 7 這樣照順序往上尋找嗎？這樣的話會有很長的路要走，接著會看到 8，然後是 12，然後是 17…？當然不是這樣找的！如

果您直接翻到書的中間再去找會快很多。也許您會在中間找到 450。由於 450 大於 300，現在您知道要找的數字在本書的前半部分。不可能在後半段，因為那些數字都比 450 還要大。您只檢查一個數字就縮減了一半的工作！您現在可以在書的前半部分重複這種尋找過程，從書的前半部的中間尋找。這次您可能會在那裡找到數字 200。現在您知道 300 在後半的頁面中，在全書第二部分的某個地方。再重複此過程，直到找到 300 為止，這樣的找法不會花太多時間。這種技術（反覆把問題一分為二）被稱為**二元搜尋**（**binary search**）。這種技術的處理方式速度快得驚人，效率遠超過從頭逐一搜尋的線性搜尋法。Python 有一個二元搜尋函式可以讓「乳牛棒球（Cow Baseball）」問題得到很好的解決。不過這個函式屬於模組（module），我們需要先了解和討論模組的相關知識和應用。

Python 模組

模組（**module**）是 Python 內建的程式碼集合。一個模組通常包含一些可以呼叫取用的函式。

Python 內建了很多種模組，我們可以使用這些模組來為程式添加更多功能，像處理隨機數、日期和時間、統計資料、電子郵件、網頁、音訊檔等的模組。因為內容實在太多，單獨一本書才夠介紹說明完這些功能！如果模組沒有內建在 Python 中，則可以連到網路下載取用。

在本小節中，我把焦點集中在 random 模組。就以這個模組為例來講解模組的相關知識和應用。隨後在下一節中活用二元搜尋模組來解題。

您有沒有想過大家是怎麼製作電腦遊戲的隨機處理呢？像是遊戲中的抽牌、擲骰子或敵人不可預測地出現等。這個關鍵就是隨機數的運用。Python 透過 random 模組讓我們可以存取隨機數的生成。

在可以使用模組中的內容之前，我們必須先匯入。其中一種匯入方式是使用 import 關鍵字把整個模組匯入，如下所示：

```
>>> import random
```

匯入後，這個模組裡面有什麼呢？想要找出答案，可以利用 dir(random)：

```
>>> dir(random)
[stuff to ignore
'betavariate', 'choice', 'choices', 'expovariate',
'gammavariate', 'gauss', 'getrandbits', 'getstate',
'lognormvariate', 'normalvariate', 'paretovariate',
'randint', 'random', 'randrange', 'sample', 'seed',
'setstate', 'shuffle', 'triangular', 'uniform',
'vonmisesvariate', 'weibullvariate']
```

random 模組提供了一個 randint 函式。我們把範圍的下限和上限傳給它，Python 就會在這個範圍內生成返回隨機的整數（包括下限上限兩個端點）。

不過我們不能像普通函式一樣呼叫使用。如果嘗試一般的呼叫方式，會出現錯誤訊息：

```
>>> randint(2, 10)
Traceback (most recent call last):
  File "<stdin>", line 1, in <module>
NameError: name 'randint' is not defined
```

我們需要告知 Python 這個 randint 函式是位於 random 模組中。其作法是在 randint 前面加上模組名稱和一個點，如下所示：

```
>>> random.randint(2, 10)
7
>>> random.randint(2, 10)
10
>>> random.randint(2, 10)
6
```

想要取得 randint 函式的輔助說明內容，可輸入 help(random.randint)：

```
>>> help(random.randint)
Help on method randint in module random:

randint(a, b) method of random.Random instance
    Return random integer in range [a, b], including both end points.
```

random 模組中還有另一個好用的 choice 函式。對它傳入一個序列，它會隨機返回其中一個值：

```
>>> random.choice(['win', 'lose'])
'lose'
>>> random.choice(['win', 'lose'])
'lose'
>>> random.choice(['win', 'lose'])
'win'
```

如果常常要取用模組中的函式，每次都要鍵入模組名稱和一個點實在很煩人。若使用另一種匯入方法，那就可以像呼叫任何其他非模組函式一樣來呼叫使用。以下是單獨匯入 randint 函式的方法：

```
>>> from random import randint
```

以這種方式匯入後，不用鍵入 random.，直接呼叫 randint 函式即可：

```
>>> randint(2, 10)
10
```

假如我們需要用到 randint 和 choice 函式，可同時匯入：

```
>>> from random import randint, choice
```

在本書中我們不會用這種匯入方式。不過我們可以建立自己的模組，放入常用的所有函式。舉例來說，如果我們設計了一些與遊戲開發相關的 Python 函式，則可以把它們全部放在一個名為 game_functions.py 的檔案內。日後可以使用 import game_functions 的方式匯入這個模組，然後取用其中的函式。

我們在本書中所設計編寫的 Python 程式都不是為了作成模組匯入而設計的。原因是這些程式在一開始執行就讀取輸入。一般的模組是不能這麼做的。相反地，模組的作用不是自己執行，而是等待它的函式被呼叫取用。random 模組是一個很好的範例，它只在我們要求時才生成隨機數。

bisect 模組

現在我們準備使用二元搜尋功能了。在 Listing 9-6 中有兩個 while 迴圈執行效率很慢，所以我們想要擺脫掉。我們的作法是以呼叫二元搜尋函式來替換：bisect_left 函式用來替換第一個 while 迴圈，bisect_right 函式用替換第二個 while 迴圈。

這兩個函式都放在 bisect 模組中。讓我們先匯入：

```
>>> from bisect import bisect_left, bisect_right
```

我們先討論 bisect_left。我們以一個從最小排序最大的串列和一個值 x 來呼叫 bisect_left 函式。它會返回串列中大於或等於 x 的最左側值的索引位置編號。

如果該值在串列中，我們會取得該值在串列中最左側出現的索引位置編號：

```
>>> bisect_left([10, 50, 80, 80, 100], 10)
0
>>> bisect_left([10, 50, 80, 80, 100], 80)
2
```

如果該值不在串列中，則取得第一個較大值的索引位置編號：

```
>>> bisect_left([10, 50, 80, 80, 100], 15)
1
>>> bisect_left([10, 50, 80, 80, 100], 81)
4
```

如果我們搜尋的值比串列中每個值都大，則會得到串列的長度：

```
>>> bisect_left([10, 50, 80, 80, 100], 986)
5
```

讓我們使用 bisect_left 來處理本章前面「先排序」小節 positions 串列的 7 個位置。我們要找出大於或等於 16 的最左側位置的索引編號：

```
>>> positions = [1, 6, 11, 14, 16, 18, 23]
>>> bisect_left(positions, 16)
4
```

太完美了！這正是我們要替換 Listing 9-6 中第一個 while 迴圈的內容。

為了替換第二個 while 迴圈，我們要使用的是 bisect_right 函式而不是 bisect_left。呼叫 bisect_right 的方式與呼叫 bisect_left 一樣：都要有一個排序好的串列和一個值 x。它不是返回串列中大於或等於 x 的最左側值的索引編號，而是返回大於 x 的最左側值的索引編號。

```
>>> bisect_left([10, 50, 80, 80, 100], 10)
0
>>> bisect_right([10, 50, 80, 80, 100], 10)
1
>>> bisect_left([10, 50, 80, 80, 100], 80)
2
>>> bisect_right([10, 50, 80, 80, 100], 80)
4
```

如果要找的值不在串列中，bisect_left 和 bisect_right 都返回相同的索引編號：

```
>>> bisect_left([10, 50, 80, 80, 100], 15)
1
>>> bisect_right([10, 50, 80, 80, 100], 15)
1
>>> bisect_left([10, 50, 80, 80, 100], 81)
```

```
4
>>> bisect_right([10, 50, 80, 80, 100], 81)
4
>>> bisect_left([10, 50, 80, 80, 100], 986)
5
>>> bisect_right([10, 50, 80, 80, 100], 986)
5
```

讓我們使用 bisect_right 來處理本章前面「先排序」小節 positions 串列的 7 個
位置。我們要找出大於 21 的最左側位置的索引編號：

```
>>> positions = [1, 6, 11, 14, 16, 18, 23]
>>> bisect_right(positions, 21)
6
```

搞定了！這就是我們可以用來替換 Listing 9-6 中的第二個 while 迴圈的內容。

使用這些小型範例很難體會到二元搜尋驚人的速度。現在可以真正試一試了。
我們在長度為 1000000 的串列中搜尋最右側的值一百萬次。在執行此程式碼時
請不要移開視線，不然您可能會錯過體會它的速度。

```
>>> lst = list(range(1, 1000001))
>>> for i in range(1000000):
...     where = bisect_left(lst, 1000000)
...
```

在我的電腦上執行，大約只要一秒鐘。您可能想知道如果用的串列 index 方法
來替代二元搜尋執行會怎麼樣呢？如果您試過就會知道大概需要等待數小時才
能執行完畢。那是因為 index 就像 in 運算元一樣，會在串列中進行線性搜尋
（關於這方面的更多資訊，請參閱第 8 章中「搜尋串列的效率」小節）。如果
不能保證串列已排序，就無法執行效率極快的二元搜尋。那就必須一個一個地
遍訪這些值，把每一個值與要搜尋的值進行比較。如果是經過排序的串列，想
要在這樣的串列中搜尋某個值，二元搜尋法的執行效率是無法阻擋的快。

問題的解答

現在已經準備好使用二元搜尋法來解決「乳牛棒球（Cow Baseball）」問題了。
程式碼請參見 Listing 9-7。

▶Listing 9-7：使用二元搜尋法的解答

```
❶ from bisect import bisect_left, bisect_right


input_file = open('baseball.in', 'r')
output_file = open('baseball.out', 'w')

n = int(input_file.readline())

positions = []

for i in range(n):
    positions.append(int(input_file.readline()))

positions.sort()

total = 0

for i in range(n):
    for j in range(i + 1, n):
        first_two_diff = positions[j] - positions[i]
        low = positions[j] + first_two_diff
        high = positions[j] + first_two_diff * 2
     ❷ left = bisect_left(positions, low)
     ❸ right = bisect_right(positions, high)
        total = total + right - left

output_file.write(str(total) + '\n')

input_file.close()
output_file.close()
```

程式一開始會從 bisect 模組匯入 bisect_left 和 bisect_right 函式，方便我們可以
直接呼叫使用❶。與 Listing 9-6 相比唯一不同的是這裡使用 bisect_left ❷和
bisect_right ❸，而不是使用 while 迴圈來處理。

如果您現在把這段程式碼提交到競賽解題系統網站，您應該就會發現所有測試
用例都能在時限內通過測試了。

在本節中我們循序漸進的做法是解決難題所需的典型做法。從一個正確的完全
搜尋解決方案開始，但效率太慢了，不符合題目的時間限制。隨後改進調整，
拋開完全搜尋法，轉向更精細的方法。

觀念檢測

假設我們從 Listing 9-7 程式碼開始，並使用 bisect_left 替換 bisect_right。
也就是說，把下面這一行：

```
right = bisect_right(positions, high)
```

改成

```
right = bisect_left(positions, high)
```

程式是否還能產生正確答案呢？

A. 和之前程式一樣都能產生正確的答案。

B. 有時能產生正確的答案；但取決於測試用例。

C. 永遠不會產生正確的答案。

答案：B。有些測試用例在上述修改後的程式碼確實能產生正確的答案。以
下是一個範例：

```
3
2
4
9
```

正確答案為 0，這就是上述程式產生的結果。

但是要小心，因為還有其他測試用例在修改後的程式碼會產生錯誤的答案。
以下是一個範例：

```
3
2
4
8
```

正確答案是 1，但上述的程式產生 0。當 i 為 0 且 j 為 1 時，程式應該把 left
設定為 2，把 right 設定為 3。不幸的是，使用 bisect_left 會把 right 設定為
2，因為索引編號 2 的位置是大於或等於 8 的最左側位置。

由於這個反例，您可能會驚訝地發現還可以使用 bisect_left 而不是 bisect_
right。要做這樣的調整，我們需要修改呼叫 bisect_left 時的搜尋內容。如果
您好奇這樣的調整，那就動手實作試試吧！

總結

在本章中，我們學習了完全搜尋演算法，這是搜尋所有選項來找出最佳選項的演算法。為了確定應該解僱哪位救生員，就解僱每位救生員試看看，然後選擇結果最好的。想要確定調整山丘滑雪場的最低成本，我們嘗試了所有有效範圍並選出最佳範圍。想統計符合距離要求的乳牛投球三元組數量，我們檢查所有三元組的組合，累加符合要求的三元組數量。

有時候使用完全搜尋演算法在執行效率上是能夠應付的。我們使用完全搜尋程式碼解決了「救生員（Lifeguards）」和「滑雪山丘（Ski Hills）」問題。然而在某些時候，完全搜尋演算法的執行效率並不能滿足要求。我們在解決「乳牛棒球（Cow Baseball）」時就面臨這樣的情況，必須使用更快的二元搜尋法來替換完全搜尋的 while 迴圈。

程式設計師和電腦科學家是怎麼談論效率的呢？您怎麼知道某個演算法的效率是否足夠呢？而您有辦法避免實作出效率太慢的演算法嗎？第 10 章的內容等待您來發掘。

本章習題

這裡有一些習題給您嘗試。請使用完全搜尋法解決以下每一題。如果您的解決方案效率太慢，請思考如何在能夠產生正確答案的同時使其更有效率。

每一題的問題來源是來自不同的競賽解題系統網站，在提交時請仔細檢查問題的出處：有些是來自 DMOJ 競賽解題系統網站，而有一些是來自 USACO 競賽解題系統網站。

1.　USACO 2019 年 1 月銅牌競賽問題「Shell Game」

2.　USACO 2016 年 1 月美國公開賽的銅牌競賽問題「Diamond Collector」

3.　DMOJ 題庫的問題 coci20c1p1，Patkice

4.　DMOJ 題庫的問題 ccc09j2，Old Fishin' Hole

5.　DMOJ 題庫的問題 ecoo16r1p2，Spindie

6. DMOJ 題庫的問題 cco96p2，SafeBreaker

7. USACO 2019 年 12 月銅牌競賽問題「Where Am I」

8. USACO 2016 年 1 月銅牌競賽問題「Angry Cows」

9. USACO 2016 年 12 月銀牌競賽問題「Counting Haybales」

10. DMOJ 題庫的問題 crci06p3，Firefly

NOTE

「救生員（Lifeguards）」問題來自 USACO 2018 年 1 月銅獎競賽。「滑雪山丘（Ski Hills）」問題來自 USACO 2014 年 1 月銅獎比賽。「乳牛棒球（Cow Baseball）」問題來自 USACO 2013 年 12 月銅牌競賽。

除了完全搜尋法之外，還有其他類型的演算法可用，例如**貪婪演算法（greedy algorithms）**和**動態規劃演算法（dynamic-programming algorithms）**等等。如果一個問題不能以完全搜尋法解決，那麼就考慮看看是否可以用其他的演算法來處理。

如果您有興趣想要了解更多關於使用 Python 和演算法的資訊，我推薦您閱讀《Python Algorithms, 2nd edition》這本書，是 Magnus Lie Hetland 著，Apress 2014 年出版。

另外我還寫了一本關於演算法設計的書籍：《Algorithmic Thinking: A Problem-Based Introduction》（No Starch Press, 2021）。這本書遵循一樣的風格，都是問題導向的編寫方式。所以您會很熟悉這本書的風格和節奏。不過它是使用 C 語言，而不是 Python 語言，想要充分活用這本書的內容，需要有一些 C 語言的基礎。

在本章中我們呼叫內建的 Python 函式來執行二元搜尋。如果您願意，當然可以編寫自己的二元搜尋程式，而不是依賴這些內建函式。把串列一分為二直到找出想要的值，這種思考方式很直觀，但實作的程式碼卻不容易。令人驚訝的是二元搜尋的變化運用可以解決很多不同的問題。我之前提過的《Algorithmic Thinking》一書中就有關於二元搜尋及其功能的整章說明和介紹。

第 10 章
大 O 符號與程式效能

在本書的前七章中，我們的焦點都放在設計編寫出正確的程式：對於所有合法的輸入，希望程式都能產生預期想要的輸出結果。但是，除了程式碼要正確之外，我們還希望程式碼的執行是高效能的，就算面對大量輸入也能快速執行完成。在學習前七章的時候，可能偶爾出現超出時限的提醒，直到第 8 章在解決電子郵件地址問題時，我們才第一次正式探討程式的效能。我們在那個問題中發現程式的執行需要讓更有效率，好讓程式能在給定的時限內執行完畢。

在本章中，我們先探討程式設計師是怎麼考量和交流程式效能的。隨後會研究兩個問題，探討怎麼寫出高效能的程式碼：第一個問題是確定最需要的圍巾是哪一條，另一個問題是絲帶塗色。

對於這兩個問題，我們最初的所設計的演算解法執行效能都不夠高。但我們會持續思考，直到設計出效能更高的演算法。這裡的實作範例說明了程式設計師的一般工作流程：先提出正確的演算法，隨後在需要時才讓程式變得更快速。

時間問題

我們在本書中解決的每個程式設計競賽問題，題目都有要求其執行的時限（我開始在第 8 章的問題描述中才加上時限，因為從這個問題開始我們會遇到程式執行效率太慢的狀況）。如果程式超出時間限制，那麼競賽解題系統網站會以超出時限的錯誤而終止程式的執行。會要求時間限制的目的是防止解決方案在處理測試用例時太慢了。舉例來說，也許我們提出了一個完全搜尋的解決方案，但問題的作者已經找到了更快的解決方案。這時，更快的解決方案可能是完全搜尋法的變體應用，如同在第 9 章解決「乳牛棒球（Cow Baseball）」問題時的情況，或者可能是一種完全不同的演算方法。無論如何，這個新設定的時間限制以完全搜尋法來執行會超出。因此，在設計程式時除了要正確之外，還需要讓程式變得更快速。

我們可以執行某個程式來探討其效率夠不夠高。例如，當我們嘗試用串列來解決電子郵件地址問題時，請回想第 8 章中「搜尋串列的效率」小節的內容。使用越來越大的串列來執行程式碼，這樣可以了解串列操作和處理所花費的時間。這種測試能讓我們體會程式的執行效率。如果程式太慢，無法達到問題的時限要求，那麼我們就需要最佳化目前程式碼或尋找全新的方法來達到要求。

執行程式的電腦會影響其執行的時間。我們不知道競賽解題系統網站所使用的是哪種電腦，但在我們自己的電腦上執行該程式仍然可以取得相關資訊，因為競賽解題系統網站所使用的電腦應該和我們的電腦相差不多。假設我們在筆記型電腦上執行程式，在某些小型測試用例上花費了 30 秒，如果問題的時間限制是 3 秒，那就表示這支程式真的不夠快。

然而，只關注時間限制是不夠的。請回想我們在第 9 章中「乳牛棒球（Cow Baseball）」問題的第一個解決方案。我們不需要執行該程式碼來確定它有多慢，因為根據從程式所處理的工作量就足以了解這支程式的特徵。舉例來說，在「程式的效率」小節內容中知道對於 n 頭乳牛，程式需要的處理量是 n^3 個三元組。請注意，在這裡關注的不是程式執行所需的秒數，而是程式輸入 n 的數量，這裡會影響處理的工作量。

與記錄執行時間相比，這種分析程式執行效能的方式還是有顯著的優勢。以下有五個理由：

執行時間受電腦影響

記錄程式執行時間只能告知程式在某台電腦上執行所花費的時間。這種資訊是很特定的，我們無法了解程式在別台電腦機上執行的快慢。在閱讀本書時，您可能還會注意到，即使在同一台電腦上，程式的每次執行時間也會不相同。舉例來說，在某個測試用例上執行需要三秒鐘，但過一會兒在同一個測試用例上再次執行，發現需要兩秒半或三秒半。這種差異的原因是作業系統正在管理您的運算資源，系統會根據需要分流到不同的處理程序中。作業系統做出的決定會影響程式的執行時間。

執行時間受測試用例影響

以某個測試用例在程式上執行並統計時間只能告知程式在這個測試用例上花了多少時間。假設程式在某個小型測試用例上執行只需三秒鐘。看起來好像很快，但這是在小型測試用例的處理結果。但問題要求的是在每個合理的測試用例中這個解決方案都需要能夠快速解決。如果我要求的是找出 10 個電子郵件地址中各個唯一電子郵件地址的數量，或者處理 10 頭乳牛的三元組數量，您也許很快找出一個正確解法快速完成。但在這個解決在面對大型測試用例時會怎麼樣呢？這裡是設計找出具有獨創性演算法並取得回報的地方。程式在處理大型或超大型測試用例上需要多長時間呢？我們不知道。我們也必須在這類測試用例上執行程式才知道效率如何，即使我們這樣做了，也可能只是知道這種特定類型測試用例的執行效率。這種測試結果可能誤導我們認為程式的效率很快。

程式需要實作

如果程式還沒實作出來是無法計時的。假設我們正在思考某個問題並提出解決方案的想法。但這個解決方案速度快嗎？雖然我們可以把程式實作出來找出答案，但如果能提前知道這個想法是否效率夠快是比較好的。我們不會實作一開始就知道是錯誤的程式。同樣地，如果一開始就能知道這種想法實作出來的程式會太慢，那就不用再花時間去實作了。

執行計時並不能指出效率慢的原因

假如我們發現程式太慢，那麼接著就會想要設計出更快的程式。然而，只簡單地為程式執行計時並不能深入了解為什麼程式效率很慢。此外，如果我們設法想出對程式可以進行的改進，還是需要實作才能查出是否真的有幫助。

執行時間不容易拿來交流溝通

由於影響執行時間的原因很多,所以很難使用執行時間與其他人談論演算法的效率。執行時間太具有針對性,它受到電腦硬體、作業系統、測試用例、程式語言和特定實作方法的影響。我們必須把所有的資訊都提供給對演算法的效率感興趣的其他人。

別擔心,電腦科學家已經設計了一種表示符號(notation)來解決計時的缺點。這種表示符號獨立於電腦、測試用例和特定實作方法。它能表示出為什麼慢的程式是慢的。這種表示符號很容易拿來與人交流溝通,它稱為**大 O 符號**(**big O**),接下來的內容會介紹說明。

大 O 符號

大 O 符號(Big O)表示法是電腦科學家用來簡明描述演算法效率的表示符號。這裡的關鍵概念是**效率等級**(**efficiency class**),這個階層等級能告知某個演算法有多快,或者等價處理了多少工作量。演算法越快,表示處理的工作量就越少;演算法越慢,表示處理的工作量就越多。每種演算法都屬於某個效率等級;效率等級能告知該演算法在相對必須處理的輸入量中做了多少工作。想要了解大 O 符號表示法,我們就需要了解這些效率等級是什麼。我們現在會探討七個最常見的效率等級。在這裡會了解到那個等級是處理最少的工作量,您能找出您所設計的演算法是符合哪個效率等級。我們還能了解那些等級會處理較多的工作量,而這些等級的演算法可能會讓程式超出時間限制。

常數時間

最理想的演算法是不會隨著輸入量的增加而需要做更多的工作。無論問題的測試用例是什麼,這樣的演算法都只需要相同的處理步驟就能完成工作。這種稱為**常數時間**(**constant time**)演算法。

這很難想像,對吧?無論什麼測試用例,演算法都能完成以相同的工作量來完成?事實上,用這樣的演算法解決問題是比較少見。但如果您能在解決問題時找到這樣的作法,那就太幸運了,因為沒有比這個更好的作法了。

我們其實已經有使用過常數時間演算法來解決本書中的一些問題了。請回想一下第 2 章中「判斷是否為電話推銷（Telemarketers）」的問題，我們需要確定提供的電話號碼是否為電話推銷。我把 Listing 2-2 再列出來給您參考：

```python
num1 = int(input())
num2 = int(input())
num3 = int(input())
num4 = int(input())

if ((num1 == 8 or num1 == 9) and
        (num4 == 8 or num4 == 9) and
        (num2 == num3)):
    print('ignore')
else:
    print('answer')
```

無論電話號碼的四個位數是什麼，這個解決方案都是處理完成相同的工作量。程式碼從讀取輸入開始，然後與 num1、num2、num3 和 num4 進行一些比較和檢查。如果電話號碼為電話推銷，則輸出一些文字；如果不是電話推銷，則輸出別的文字。不會因為輸入內容不同而影響程式去做更多的工作。

在第 2 章的前面，我們還解決了「勝利的球隊（Winning Team）」問題。這個解決方案是否也是屬於常數時間等級呢？沒錯！以下 Listing 2-1 的解決方案：

```python
apple_three = int(input())
apple_two = int(input())
apple_one = int(input())

banana_three = int(input())
banana_two = int(input())
banana_one = int(input())

apple_total = apple_three * 3 + apple_two * 2 + apple_one
banana_total = banana_three * 3 + banana_two * 2 + banana_one

if apple_total > banana_total:
    print('A')
elif banana_total > apple_total:
    print('B')
else:
    print('T')
```

我們讀取輸入，計算蘋果隊的得分，計算香蕉隊的得分，比較這些得分，然後輸出一條訊息。蘋果隊或香蕉隊得多少分並不重要，程式都是進行一樣的處理，工作量都相同。

等等！！如果蘋果隊投進超多的三分球會怎樣呢？當然，電腦處理大一點的數字會比處理 10 或 50 這種小數字需要更長的時間嗎？雖然是會，但影響十分有限。問題描述指出，每支球隊在各種類型的比賽中最多得分為 100。因此是處理小數字，可以說電腦是以恆定的處理步驟讀取或操作這些數字。就以目前一般的電腦效能來看，高達幾十億的數字都可以看成是「小」數字。

在大 O 符號中，我們把常數時間演算法寫成是 $O(1)$。1 並不表示只能在常數時間演算法中執行一步。如果您處理固定數量的步驟，例如 10 個步驟甚至 10,000 個步驟，這些仍然是常數時間。但不必寫成 $O(10)$ 或 $O(10000)$，所有常數時間演算法都表示為 $O(1)$。

線性時間

大多數的演算法都不是常數時間的演算法，其處理的工作量取決於輸入量的多寡。舉例來說，與處理 10 個值相比，處理 1,000 個值需要處理的工作量會更多。這些演算法之間的區別在於輸入量和演算法工作量之間的關係。

線性時間（linear-time）演算法是輸入量和處理的工作量之間有線性關係的演算法。假設我們在一個 50 個值的輸入量上執行某個線性時間演算法，然後在一個 100 個值的輸入量上再次執行。兩者相比，該演算法在 100 個值的工作量大約是 50 個值的兩倍。

舉例來說，讓我們看看第 3 章中「三個杯子」的問題。Listing 3-1 是這個問題的解決方案程式碼，我在這裡再次列出給您參考：

```
swaps = input()

ball_location = 1

❶ for swap_type in swaps:
      if swap_type == 'A' and ball_location == 1:
          ball_location = 2
      elif swap_type == 'A' and ball_location == 2:
          ball_location = 1
      elif swap_type == 'B' and ball_location == 2:
          ball_location = 3
      elif swap_type == 'B' and ball_location == 3:
          ball_location = 2
      elif swap_type == 'C' and ball_location == 1:
          ball_location = 3
      elif swap_type == 'C' and ball_location == 3:
```

```
        ball_location = 1

    print(ball_location)
```

這個 for 迴圈❶所處理的工作量與輸入量是線性關係。如果要處理 5 次交換，則迴圈迭代 5 次。如果要處理 10 次交換，則迴圈迭代 10 次。迴圈的每次迭代都會執行恆定數量的比較，並且可能會更改 ball_location 指到的內容。因此，這個演算法所處理的工作量與交換次數是成正比。

我們通常使用 n 表示提供給問題的輸入量。這裡的 n 是交換次數。如果需要執行 5 次交換，則 n 為 5；如果需要執行 10 次交換，則 n 為 10。

如果有 n 次交換，則程式大約處理了 n 次工作。這是因為 for 迴圈執行 n 次迭代，每次迭代執行固定數量的步驟。不管在每次迭代中執行多少步驟，只要步驟數都是固定的數量即可。無論演算法總共執行 n 步還是 10n 步或 10,000n 步，它都是線性時間演算法。在大 O 符號表示中，這個演算法是 $O(n)$。

使用大 O 符號表示法時，不會在 n 前置數字。舉例來說，一個需要 10n 步的演算法會寫成 $O(n)$，而不是 $O(10n)$，這樣會把焦點放在演算法是線性時間這一事實上，而不是線性關係的細節。

如果某個演算法需要 2n + 8 步來完成，那這是一種什麼樣的演算法呢？一樣是線性時間！原因是，一旦 n 夠大，線性項目 (2n) 會主導常數項目 (8)。舉例來說，如果 n 為 5,000，則 8n 為 40,000。與 40,000 相比，數字 8 影響就太小了，不妨忽略它。在大 O 符號表示中，我們會忽略了主導項目之外的所有內容。

Python 的許多操作處理所花費的時間都屬於常數時間。例如，新增到串列、新增到字典、或索引序列的位置、或索引字典的位置等，這些操作處理都屬於常數時間。

但有些 Python 操作處理所花費的時間則屬於線性時間。請小心分辨這些操作屬於線性時間而不是常數時間。例如，使用 Python 的 input 函式讀取長字串屬於線性時間，因為 Python 必須讀取輸入行上的每個字元。檢查串列中字串或值的每個字元的所有操作也屬於線性時間。

如果演算法讀取 n 值並以恆定的步數處理每個值，那這個是線性時間演算法。

我們在本書前面的問題範例中就能看到另一個線性時間演算法,在第 3 章中「佔用空間(Occupied Spaces)」問題的解決方案就是另一個線性時間的範例。下列把 Listing 3-3 的解決方案再次放上來給您參考:

```
n = int(input())
yesterday = input()
today = input()

occupied = 0

for i in range(len(yesterday)):
    if yesterday[i] == 'C' and today[i] == 'C':
        occupied = occupied + 1

print(occupied)
```

我們讓 n 代表停車位的數量。這個範例的處理模式與三個杯子問題相同:先讀取輸入,然後對每個停車位執行固定數量的步驟。

觀念檢測

在 Listing 1-1 中,我們解決了「計算字數(Word Count)」問題。以下是解決方案的程式碼。

```
line = input()
total_words = line.count(' ') + 1
print(total_words)
```

這支程式演算法的大 O 符號是什麼?

A. $O(1)$

B. $O(n)$

答案:B。大家很容易認定這個演算法是 $O(1)$。畢竟程式中都沒有用到迴圈,看起來演算法只執行了三個步驟:讀取輸入、呼叫 count 來計算單字數量、然後輸出單字數量。

但是這個演算法是 $O(n)$,其中 n 是指輸入內容的字元數。input 函式讀取輸入屬於線性時間,因為它必須逐個字元讀取輸入。使用 count 方法也是線性

時間，因為它必須處理字串的每個字元才能找到匹配符合的項目。因此，這個演算法執行線性的工作量來讀取輸入，並執行線性的工作量來計算單字數量。總而言之，這是個線性的工作量。

觀念檢測

Listing 1-2 的程式解決了「圓錐體的體積」的問題。在這裡列出解決方案程式碼：

```
PI = 3.141592653589793

radius = int(input())
height = int(input())

volume = (PI * radius ** 2 * height) / 3

print(volume)
```

這支程式演算法的大 O 符號是什麼？（回想一下題目描述，其半徑和高度的最大值是 100。）
A. $O(1)$
B. $O(n)$

答案：A。在這裡處理的是小型的數字，因此從輸入中讀取屬於常數時間。計算體積也是常數時間，因為這只是一些數學運算。所以在這支程式中所做的都是幾個常數恆定的處理步驟。總而言之，這是個常數恆定的工作量。

觀念檢測

Listing 3-4 的程式解決了「資料流量規劃」的問題。在這裡列出解決方案程式碼：

```python
monthly_mb = int(input())
n = int(input())

excess = 0

for i in range(n):
    used = int(input())
    excess = excess + monthly_mb - used

print(excess + monthly_mb)
```

這支程式演算法的大 O 符號是什麼？

A. $O(1)$

B. $O(n)$

答案：B。這個演算法的模式很像「三個杯子」或「佔用空間」問題的處理模式，不同之處在於它在讀取輸入和處理輸入之間會交錯進行。n 代表的是每個月流量的 mb 值。程式對這 n 的每一個輸入值執行恆定數量的步驟。因此，這是個 $O(n)$ 演算法。

平方時間

到目前為止，我們已經討論過常數時間演算法（不會隨著輸入量增加而做更多工作的演算法）和線性時間演算法（隨著輸入量增加而工作量也會成正比增加的線性演算法）。與線性時間演算法一樣，**平方時間（quadratic-time）** 演算法會隨著輸入量的增加而需要處理更多的工作。例如，處理 1,000 個值比處理 10 個值需要做更多的工作。在相對大量的輸入上可以使用線性時間演算法處理，但在次方時間演算法上則被限制在小很多的輸入量。接下來就說明其原由。

典型的形式

典型的線性時間演算法如下所示：

```
for i in range(n):
    <以恆定數量的步驟來處理輸入值 i>
```

相比之下，典型的平方時間演算法如下所示：

```
for i in range(n):
    for j in range(n):
        <以恆定數量的步驟來處理輸入值 i 和 j>
```

對於輸入值 n，這兩個演算法分別處理的是多少個值呢？線性時間演算法處理 n 個值，在 for 迴圈的每次迭代處理一個值。而平方時間演算法在外部 for 迴圈的**每次迭代**處理 n 個值。

在外部 for 迴圈的第一次迭代中，處理了 n 個值（內部 for 迴圈的每次迭代都處理一個）；在外部 for 迴圈的第二次迭代中，處理了另一個 n 個值（內部 for 迴圈的每次迭代都處理一個）… 以此類推。由於外部 for 迴圈迭代 n 次，因此處理的值總數為 n*n 或 n^2。兩個嵌套迴圈都取決於 n，因此是平方時間演算法。在大 O 符號表示法中，平方時間演算法是 $O(n^2)$。

讓我們比較線性時間和平方時間演算法完成的工作量。假設處理的是 1,000 個值的輸入內容，這表示 n 是 1,000。n 步的線性時間演算法將需要 1,000 步來完成。n^2 步的平方時間演算法則需要 $1,000^2 = 1,000,000$ 步來完成。一百萬遠遠超過一千。但沒人在乎，因為現今電腦真的非常快，對吧？嗯！沒錯，以 1,000 個值的輸入來說，如果使用平方時間演算法來執行還算可以。在「程式的效率」小節中有列出一個保守的估計，號稱現今電腦每秒大約可執行 500 萬步。除非有嚴格的時間限制，不然 100 萬步應該是可行的。

但是對平方時間演算法的樂觀想法都不切實。如果輸入值的數量從 1,000 增加到 10,000 會發生什麼呢。線性時間演算法只需要 10,000 步。而平方演算法則需要 $10,000^2 = 100,000,000$ 步。嗯 … 如果我們使用平方時間演算法來處理，現今的電腦看起來也沒那麼快了。雖然線性時間演算法仍然以毫秒為單位執行完畢，但平方時間演算法至少需要花幾秒鐘。會超出時間限制是毫無疑問的。

觀念檢測

以下演算法的大 O 符號是什麼呢？

```
for i in range(10):
    for j in range(n):
        <以恆定數量的步驟來處理輸入值 i 和 j>
```

A. $O(1)$

B. $O(n)$

C. $O(n^2)$

答案：B。這裡有兩個嵌套迴圈，因此您的第一直覺可能是個平方時間演算法。不過請小心，因為外部 for 迴圈只迭代了 10 次，與 n 值無關。因此，這個演算法的總步數為 10n，並不是 n^2。10n 是線性的，就像 n 一樣。所以，這是一種線性時間演算法，而不是平方時間演算法。大 O 符號表示法要寫成 $O(n)$。

觀念檢測

以下演算法的大 O 符號是什麼呢？

```
for i in range(n):
    <以恆定數量的步驟來處理輸入值 i>
for j in range(n):
    <以恆定數量的步驟來處理輸入值 j>
```

A. $O(1)$

B. $O(n)$

C. $O(n^2)$

答案：B。這裡有兩個迴圈，都取決於 n。這不是平方時間嗎？

不是！這是連續的兩個迴圈，它們沒有嵌套。第一迴圈需要 n 步，和第二迴圈也需要 n 步，總共是 2n 個步驟。因此，這是個線性時間演算法。

替代的形式

當您看到兩個嵌套迴圈，而迴圈都取決於 n 時，這很可能是平方時間演算法。但是，即使沒有這種嵌套迴圈，也可能出現平方時間演算法。以「電子郵件地址」問題的第一個解決方案為例，Listing 8-2 就是平方時間演算法。我在這裡列出解決方案的程式碼給您參考：

```
# clean function not shown

for dataset in range(10):
    n = int(input())
    addresses = []
    for i in range(n):
        address = input()
      ❶ address = clean(address)
      ❷ if not address in addresses:
            addresses.append(address)

    print(len(addresses))
```

n 是我們在 10 個測試用例中看到的最大電子郵件地址數量。外層 for 迴圈迭代 10 次，內部 for 迴圈最多迭代 n 次。因此，這裡最多處理 10n 個電子郵件地址，這算是線性中的 n。

清理電子郵件地址❶需要執行固定數量的步驟，因此可以不管它。但這支程式仍然**不是**線性時間演算法，因為內部 for 迴圈的每次迭代需要的步數不止一個。具體來說，檢查某個電子郵件地址是否已經在串列中的工作量❷與串列中已經存在的電子郵件地址數量成正比，因為 Python 必須在整個串列中逐一搜尋。這本身就是個線性時間操作！這支程式處理 10n 個電子郵件地址，而每個電子郵件地址都需要處理 n 步工作，所以總共需要 10n² 或平方時間的工作量。這種平方時間效能正是程式碼會超出時間限制的原因，導致我們必須改用集合來處理。

立方時間

如果一個迴圈是線性時間，而兩個嵌套迴圈是平方時間，那麼三個嵌套迴圈是什麼呢？三個嵌套迴圈，每個迴圈都取決於 n，需要 n * n * n 個處理，這就是**立方時間**（**cubic-time**）演算法。在大 O 符號中，立方時間演算法是 $O(n^3)$。

如果您覺得平方時間演算法算慢了，那麼執行立方時間演算法您就更能體會這有多慢了。假設 n 是 1,000，那線性時間演算法大約需要 1,000 步，而平方時間演算法大約需要 $1,000^2 = 1,000,000$ 步。立方時間演算法將需要 $1,000^3 = 1,000,000,000$ 步。天啊，十億步！但情況可能更糟。舉例來說，如果 n 是 10,000，這樣的輸入量算少了，但立方時間演算法將需要 1,000,000,000,000（即一萬億）步。一萬億步可能需要花好幾分鐘的運算時間。不是開玩笑的！立方時間演算法效率真的不好。

當我們嘗試使用立方時間的演算法來解決 Listing 9-5 的「乳牛棒球（Cow Baseball）」問題時，效能表現當然不夠好。以下是解決方案的程式碼：

```python
input_file = open('baseball.in', 'r')
output_file = open('baseball.out', 'w')

n = int(input_file.readline())

positions = []

for i in range(n):
    positions.append(int(input_file.readline()))

total = 0

❶ for position1 in positions:
    ❷ for position2 in positions:
        first_two_diff = position2 - position1
        if first_two_diff > 0:
            low = position2 + first_two_diff
            high = position2 + first_two_diff * 2

            ❸ for position3 in positions:
                if position3 >= low and position3 <= high:
                    total = total + 1

output_file.write(str(total) + '\n')

input_file.close()
output_file.close()
```

您會在這段程式碼中看到立方時間的跡象：三個嵌套迴圈❶❷❸，每個迴圈都取決於輸入量。您可能還記得問題描述中要求的時間限制是 4 秒，輸入量最多可以有 1,000 頭乳牛。這個立方時間演算法處理要十億個三元組真的太慢了。

多個變數

在第 5 章中，我們解決了「Baker 獎金」的問題。這裡列出 Listing 5-6 解決方案的程式碼：

```
for dataset in range(10):
    lst = input().split()
    franchisees = int(lst[0])
    days = int(lst[1])
    grid = []

❶ for i in range(days):
        row = input().split()
        for j in range(franchisees):
            row[j] = int(row[j])
        grid.append(row)

    bonuses = 0

❷ for row in grid:
        total = sum(row)
        if total % 13 == 0:
            bonuses = bonuses + total // 13

❸ for col_index in range(franchisees):
        total = 0
        for row_index in range(days):
            total = total + grid[row_index][col_index]
        if total % 13 == 0:
            bonuses = bonuses + total // 13

    print(bonuses)
```

這個演算法的大 O 效率是什麼呢？這裡有幾個嵌套迴圈，所以直覺猜測這個演算法是 $O(n^2)$。但 n 是什麼呢？

在本章到目前為止所討論的問題中，我們使用單個變數 n 來表示輸入量，n 可以是交換次數或停車位數量或電子郵件地址數量或乳牛數量等。但是在「Baker 獎金」問題中，我們處理的是二維輸入，因此需要**兩個**變數來表示其數量。第一個變數是 d，代表天數，第二個變數是 f，代表加盟商的數量。更正式地說，因為每個輸入都有多個測試用例，d 是最大天數，f 是最大加盟商數量。我們需要在 d 和 f 方面的處理定出大 O 符號效率。

這支程式的演算法由三個主要部分組成：讀取輸入、計算各列中的獎金數量以及計算各欄中的獎金數量。讓我們來看看其中的每一個處理動作。

為了讀取輸入❶，我們執行外部迴圈的 d 次迭代。在每次迭代中讀取一列並呼叫 split 分割，大約需要 f 個步驟。我們再採取 f 步迴圈遍訪這些值並轉換為整數。總而言之，d 次迭代中的每一次都執行與 f 成比例的多個步驟。因此讀取輸入這部分的執行需要 $O(df)$ 時間。

接著處理列的獎金❷。這裡的外部迴圈迭代了 d 次。這些迭代中的每一次都呼叫 sum 函式，它需要 f 個步驟，因為它必須把 f 個值相加。和讀取輸入部分一樣，這部分的演算法也是 $O(df)$。

最後是處理欄獎金的程式碼❸。外部迴圈迭代了 f 次。每一次迭代都會導致內部迴圈迭代 d 次。這部分的演算法也是 $O(df)$。

這支程式演算法的每個部分都是 $O(df)$。三個 $O(df)$ 相加的效能差不多也是等於一個 $O(df)$ 演算法。

觀念檢測

以下演算法的大 O 符號是什麼呢？

```
for i in range(m):
    <只有一個步驟的操作處理>
for j in range(n):
    <只有一個步驟的操作處理>
```

A. $O(1)$

B. $O(n)$

C. $O(n^2)$

D. $O(m+n)$

E. $O(mn)$

答案：D。第一個迴圈取決於 m，第二個迴圈取決於 n。迴圈是連續而不是嵌套的，因此它們的工作量是相加而不是相乘。

對數時間

在「我們程式的效率」小節中，我們討論了線性搜尋和二元搜尋之間的區別。線性搜尋是從頭到尾搜尋串列來找出串列內的值。這是個 $O(n)$ 演算法。無論串列是否有排序，它都是合法有效。相比之下，二元搜尋僅適用於排序過的串列。如果您有一個排序好的串列，那麼以二元搜尋來找資料是非常快的。

二元搜尋的工作原理是把正要搜尋的值與串列中間的值進行比較。如果串列中間的值大於我們要搜尋的值，則繼續在串列的左半部分搜尋。如果串列中間的值小於我們要搜尋的值，則繼續在串列的右半部分搜尋。我們一直以這樣的邏輯來處理，每次都忽略串列的一半的內容，直到找出正要尋找的值。

假設我們使用二元搜尋法在 512 個值的串列中尋找某個值。這需要幾步完成呢？第一步之後，我們忽略了一半的串列，所以剩下大約 512 / 2 = 256 個值（要找的值是大於串列中間值還是小於串表中間值都沒有關係；不管那一情況都會忽略串列一半的內容）。第二步之後，我們就剩下了 256 / 2 = 128 個值。第三個步驟後，剩下 128 / 2 = 64 個值。繼續第四步後剩下 32 個值、第五步後剩下 16 個值、第六步後剩下 8 個值、第七步後剩下 4 個值、第八步後剩下 2 個值、第九步後剩 1 個值。

答案是九步，就是這樣！這比使用線性搜尋最多需要 512 步要好得多。二元搜尋的工作量遠少於線性時間演算法。但二元搜尋的大 O 符號是什麼呢？不是常數時間，雖然它只需要很少的步驟，但隨著輸入量的增加，步驟的數量確實還會增加一些。

二元搜尋是**對數時間**（**logarithmic-time, log-time**）演算法的一個範例。在大 O 符號表示中，對數時間演算法是 $O(\log n)$。

對數時間是指數學中的對數函數。給定一個數字，對數函數告訴您必須將該數字除以底數幾次才能得到 1 或以下。在電腦科學中使用的底數通常是 2，因此要找出數字除以 2 幾次以達到 1 或以下。例如，需要 9 次除以 2 才能將 512 降為 1。我們將其寫為 $\log_2 512 = 9$。

對數函數是指數函數的逆運算，指數大家可能比較熟悉。另一種計算 $\log_2 512$ 的方法是求冪 p，使 2p = 512。由於 $2^9 = 512$，所以確認 $\log_2 512 = 9$。

令人震驚的是對數函數的增長速度是很慢的。舉例來說,我們考量一百萬個值的串列。以二元搜尋需要多少步驟完成搜尋呢?它需要 $\log_2 1000000$ 步,也就是大約 20 步就搞定。對數時間比線性時間更接近常數時間。不管什麼情況,如果能以對數時間演算法來替換線性時間演算法,這都是巨大的勝利。

n log n 時間

在第 5 章中,我們解決了「村莊的街區」問題。Listing 5-1 的解決方案程式碼列示如下:

```
n = int(input())

positions = []

❶ for i in range(n):
    positions.append(int(input()))

❷ positions.sort()

left = (positions[1] - positions[0]) / 2
right = (positions[2] - positions[1]) / 2
min_size = left + right

❸ for i in range(2, n - 1):
    left = (positions[i] - positions[i - 1]) / 2
    right = (positions[i + 1] - positions[i]) / 2
    size = left + right
    if size < min_size:
        min_size = size

print(min_size)
```

這看起來像是個線性時間演算法,嗯?我的意思是,這裡有個線性時間的迴圈來讀取輸入❶和另一個線性時間的迴圈來尋找最小區域❸。那麼這支程式碼屬於 $O(n)$ 嗎?

這樣太早下結論了!原因是我們還沒有考量到對位置進行了排序❷。我們不能忽視這一點,我們需要知道排序的效率。正如我們所看到的,排序處理比線性時間慢。由於排序是這裡最慢的處理步驟,因此排序的效率就等於是程式的整體效率。

程式設計師和電腦科學家設計了許多排序演算法,這些演算法大致分成兩類。第一類是由需要 $O(n^2)$ 時間的演算法組成。這些排序演算法中最著名的三種是

泡泡排序、選擇排序和插入排序。您可以自行了解更多關於這些排序演算法的資訊，但沒有去了解這些資訊也能繼續閱讀這裡說明的內容。只需記住 $O(n^2)$ 可能會很慢。舉例來說，要對含有 10,000 個值的串列進行排序，$O(n^2)$ 排序演算法大約需要 $10,000^2 = 100,000,000$ 步。大家都知道這至少需要花幾秒鐘的時間才能完成。很令人失望吧！對 10,000 個值進行排序感覺電腦應該能很快完成才對啊！

第二類的排序演算法是由只需要 $O(n \log n)$ 時間的演算法組成。這一類中有兩種著名的排序演算法：快速排序和合併排序。您一樣可以隨時上網查詢這些排序演算法的資訊，但這裡說明的內容不需用到這些演算法的詳細資訊。

$O(n \log n)$ 是什麼意思呢？不要害怕這些數學符號。這只是 n 乘以 log n 的乘積。以含有 10,000 個值的串列來說，在這裡只需 10,000 * log 10,000 步，計算結果大約是 132,877 步，這算是非常少了，尤其是與 $O(n^2)$ 排序演算法所需要的 100,000,000 步相比。

現在要問我們真正關心的問題：當我們要求 Python 對串列進行排序時，它使用的是什麼排序演算法呢？答案是 $O(n \log n)$ 的演算法！（稱為 Timsort 排序，如果想要了解更多資訊，請先從了解合併排序開始，因為 Timsort 算是一種加強版的合併排序）。這裡不會使用慢的 $O(n^2)$ 排序。一般來說，排序是很快的（接近線性時間），在使用這項功能時不會太過影響程式的效率。

回到「村莊的街區」問題，現在了解到這支程式的效率不是 $O(n)$，而是排序的 $O(n \log n)$。在實作中，$O(n \log n)$ 演算法只比 $O(n)$ 演算法花多一點步驟，但遠少於 $O(n^2)$ 演算法。如果您的目標是設計出 $O(n)$ 演算法，那麼設計出 $O(n \log n)$ 演算法可能就已足夠接近目標了。

處理函式的呼叫

從第 6 章開始編寫自己的函式來協助我們設計出更大型的程式。在大 O 效能的分析中，我們需要小心地把呼叫函式所做的工作也計算在內。

讓我們回顧一下第 6 章的「紙牌遊戲」問題。Listing 6-1 是這個問題的解決方案，其中某部分的程式會涉及呼叫 no_high 函式。以下列出這個解決方案的程式碼：

```python
    NUM_CARDS = 52


❶ def no_high(lst):
      """
      lst is a list of strings representing cards.

      Return True if there are no high cards in lst, False otherwise.
      """
      if 'jack' in lst:
          return False
      if 'queen' in lst:
          return False
      if 'king' in lst:
          return False
      if 'ace' in lst:
          return False
      return True


  deck = []
❷ for i in range(NUM_CARDS):
      deck.append(input())

  score_a = 0
  score_b = 0
  player = 'A'

❸ for i in range(NUM_CARDS):
      card = deck[i]
      points = 0
      remaining = NUM_CARDS - i - 1
      if card == 'jack' and remaining >= 1 and no_high(deck[i+1:i+2]):
          points = 1
      elif card == 'queen' and remaining >= 2 and no_high(deck[i+1:i+3]):
          points = 2
      elif card == 'king' and remaining >= 3 and no_high(deck[i+1:i+4]):
          points = 3
      elif card == 'ace' and remaining >= 4 and no_high(deck[i+1:i+5]):
          points = 4

      if points > 0:
          print(f'Player {player} scores {points} point(s).')

      if player == 'A':
          score_a = score_a + points
          player = 'B'
      else:
          score_b = score_b + points
          player = 'A'

  print(f'Player A: {score_a} point(s).')
  print(f'Player B: {score_b} point(s).')
```

我們使用 n 來表示紙牌的數量。no_high 函式❶接受一個串列並在串列使用 in 運算子，因此得出結論，這是 $O(n)$ 時間（in 運算子可能必須搜尋整個串列才能找到它要找的內容）。但我們只使用固定大小的串列（最多 4 張牌）來呼叫 no_high，因此可以把 no_high 的每次呼叫視為 $O(1)$ 時間。

既然知道了 no_high 的效率，那就能確定整個程式的大 O 效率了。我們從一個需要 $O(n)$ 時間讀取紙牌的迴圈開始❷。然後進入另一個迴圈，迭代 n 次❸。每次迭代只需要固定數量的處理步驟，可能包括呼叫 no_high 需要固定數量的處理步驟。隨後的這個迴圈是需要 $O(n)$ 時間。由於這支程式由兩個 $O(n)$ 部分組成，因此總體效率是 $O(n)$。

請小心確認和判斷呼叫函式時執行的工作量。正如您剛剛在 no_high 中看到的，這可能要查看函式本身和呼叫它的上下文脈。

觀念檢測

以下演算法的大 O 符號是什麼呢？

```
def f(lst):
    for i in range(len(lst)):
        lst[i] = lst[i] + 1

# Assume that lst refers to a list of numbers
for i in range(len(lst)):
    f(lst)
```

A. $O(1)$

B. $O(n)$

C. $O(n^2)$

答案：C。主程式中的迴圈迭代 n 次，在每次迭代中，又呼叫 f 函式，該函式本身又有一個迭代 n 次的迴圈。

小結

做最少工作的演算法是 $O(1)$，後續依序是 $O(\log n)$、$O(n)$、$O(n \log n)$。您是否使用這四種中的一種來解決問題呢？如果是，您的任務已經完成了。如果不是，由於解題的時間限制，您可能還要進一步思考和研究。

我們接下來要探究兩個問題，使用簡單的解決方案效率不高，不能在時間限制內執行完畢。利用前面學到關於大 O 符號的相關知識，就算不實作程式碼，我們也能夠預測這種處理方式的效率是不夠的！隨後會思考研究更快的解決方案並實作，讓程式在時限內解決這些問題。

問題#24：最長的圍巾（Longest Scarf）

在這個問題中，我們會透過裁切初始圍巾來確定能產出最長的圍巾。看完下面的描述，請先停頓思考一下，您會怎麼解決這個問題呢？您能想出多種演算法來研究其執行效率嗎？

這個問題在 DMOJ 網站的題庫編號為 dmopc20c2p2。

挑戰

您有一條長度為 n 英尺的圍巾，每一英尺都有其特定的顏色。

您也有 m 位親戚。每位親戚透過定出第一英尺段和最後一英尺段的顏色來指出想要的圍巾是什麼樣子。

您的目標是以這樣的方式剪裁初始的圍巾，以便讓某一位親戚有最長圍巾。

輸入

輸入內容是由下列幾行組成：

* 一行是整數 n 和整數 m，分別代表圍巾長度和親屬數量，兩個整數以空格分隔。n 和 m 都是 1 到 100,000 之間的整數。

- 一行是包含由空格分隔的 n 個整數。每個整數按照從第一英尺到最後一英尺的順序指定圍巾的顏色。每個整數都在 1 到 1,000,000 之間。

- m 行，每位親戚一行，包含兩個以空格分隔的整數。這些數字描述了親戚想要的圍巾：第一個整數是第一英尺想要的顏色，第二個整數是最後一英尺想要的顏色。

輸出

輸出透過裁切初始圍巾可以產生的最長圍巾的長度。

解決測試用例的時間限制為 0.4 秒。

探索測試用例

讓我們以一個小型測試用例來確定我們真的了解問題要求的是什麼。以下是這個測試用例：

```
6 3
18 4 4 2 1 2
1 2
4 2
18 4
```

這個用例是有一條 6 英尺長的圍巾和 3 位親戚。圍巾每英尺的顏色是 18、4、4、2、1、2，我們能生成的最長圍巾是多少？

第一位親戚想要一條第一英尺是顏色 1，最後一英尺是顏色 2 的圍巾。我們能做的就是為這位親戚裁切一條 2 英尺長的圍巾：初始圍巾尾端的 2 英尺（顏色 1 和 2）。

第二位親戚想要一條第一英尺是顏色 4，最後一英尺是顏色 2 的圍巾。我們能為這位親戚裁切一條 5 英尺長的圍巾：4, 4, 2, 1, 2。

第三位親戚想要一條第一英尺是顏色 18，最後一英尺是顏色 4 的圍巾。我們能為這位親戚裁切一條 3 英尺的圍巾：18、4、4。

我們可以裁切的圍巾最大長度是 5 英尺，這就是測試用例的答案。

演算法 1

我們剛剛處理這個測試用例的邏輯可能提供了解決此問題的演算法。也就是說，應該能透過親戚來計算每個人想要的圍巾最大長度。舉例來說，第一位親戚的最大長度可能是 2，先記錄下來。第二位親戚的最大長度可能是 5，比剛才的 2 長，所以替換掉 2 而記錄下 5。第三位親戚的最大長度可能是 3，並沒有比 5 大，所以不用替換 5 和記錄。這種處理方式讓您想起完全搜尋演算法（第 9 章）：沒錯，這的確是其中一個解法！

有 m 位親戚。如果我們知道處理每位親屬需要多長時間，就能夠計算出程式的大 O 效率。

這裡有一個想法：對於每位親戚，讓我們找出第一英尺顏色的最左邊索引編號和最後一英尺顏色的最右邊索引編號。一旦我們有了這些索引編號，那麼無論圍巾有多長，我們都可以使用這些編號來快速確定這位親戚想要的最長圍巾的長度。舉例來說，第一英文顏色的最左邊索引編號為 100，最後一英尺顏色的最右邊索引編號是 110，那麼最長圍巾就是 110 - 100 + 1 = 11。

根據嘗試找出這些索引編號的方式，可能很幸運且很快能找出。舉例來說，我們可能從最左側掃描第一英尺顏色的最左側索引編號，並從右側掃描最後一英尺顏色的最右側索引編號。如果第一英尺顏色是接近圍巾的開頭，最後一英尺顏色是接近圍巾的尾端，那就會很快找到這些索引編號。

不過，也可能很不幸運。最多可能需要 n 個步驟才找到一個或兩個索引編號。舉例來說，假設某位親戚想要的圍巾，其第一英尺顏色正好出現在圍巾的尾端，或者根本沒有出現在圍巾中，而我們不得不檢查整條圍巾全長 n 英尺，一次一英尺找尋來以弄清楚這一點。

因此，每位親戚的處理大約 n 步，這是線性時間，我們知道線性時間很快。但這樣就好了嗎？不，因為在這種情況下的線性時間工作似乎潛藏著陷阱。請記住，我們要為 m 個親戚中的每一位處理 $O(n)$ 的工作，總體上是個 $O(mn)$ 的演算法。m 和 n 可以大到 100,000。因此，mn 可能大到 100,000 * 100,000 = 10,000,000,000。那是 100 億！鑑於現今電腦每秒可以執行大約 500 萬次操作來看，題目要求的時間限制是 0.4 秒，嗯！這不太能達成要求。不需要實作這個演算法就知道它會在大型測試用例上超時。我們不妨繼續前進花點時間思考和

實作其他事情（如果您仍然對這個程式碼感到好奇，請連到本書的線上資源 http://www.danielzingaro.com/ltc/ 查看。請記住，就算沒有查看程式碼，我們就已經發現它太慢了。大 O 效能分析的優勢在於幫助我們了解某個演算法是否在實作之前就注定失敗）。

演算法 2

我們不得不以其他方式處理每位親戚—這是無法繞過的。那麼，我們把焦點放在處理每位親戚所做工作量的最佳化。不幸的是，以我們在上一節中所做的方式來處理可能會導致檢查圍巾佔據了很大的工作量。正是這種在圍巾中搜尋，每位親戚都要做一次，這很讓人沮喪，所以需要控制搜尋的處理量。

假設在我們取得親戚想要的圍巾要求之前，只能先查看一遍圍巾的內容。我們就能掌握住圍巾中每種顏色的兩個重要資訊：最左邊的索引位置和最右邊的索引位置。隨後無論每位親戚的要求是什麼，我們都可以使用已經儲存的左右索引位置來算出想要圍巾的最大長度。

舉例來說，假設有這條圍巾如下：

```
18 4 4 2 1 2
```

我們把這個相關的資訊儲存起來：

顏色	最左側索引	最右側索引
1	4	4
2	3	5
4	1	2
18	0	0

假設某位親戚想要一條第一英尺是顏色 1，最後一英尺是顏色 2 的圍巾。我們先找出顏色 1 的最左側索引位置（4），以及顏色 2 的最右側索引位置（5）。然後計算 5 - 4 + 1 = 2，這就是那位親戚想要圍巾的最長長度。

令人驚訝的是不管圍巾有多長，這都能為每位親戚的圍巾要求做出快速的計算，不需要一再遍訪整條圍巾。這裡唯一棘手的事情是如何計算顏色的所有最左側和最右側的索引位置，而且只遍訪查看圍巾一次就做到這一點。

程式碼如 Listing 10-1 所示。在繼續閱讀接下來的解說之前，請試著先弄清楚 leftmost_index 和 rightmost_index 字典是怎麼建構出來的。

▶Listing 10-1：最長的圍巾問題的解答（演算法 2）

```
    lst = input().split()
    n = int(lst[0])
    m = int(lst[1])

    scarf = input().split()
    for i in range(n):
        scarf[i] = int(scarf[i])

❶ leftmost_index = {}
❷ rightmost_index = {}

❸ for i in range(n):
        color = scarf[i]
    ❹ if not color in leftmost_index:
            leftmost_index[color] = i
            rightmost_index[color] = i
    ❺ else:
            rightmost_index[color] = i

    max_length = 0

    for i in range(m):
        relative = input().split()
        first = int(relative[0])
        last = int(relative[1])
        if first in leftmost_index and last in leftmost_index:
        ❻ length = rightmost_index[last] - leftmost_index[first] + 1
            if length > max_length:
                max_length = length

print(max_length)
```

這個解決方案使用了兩個字典：一個用於追蹤每種顏色的最左側索引位置❶，另一個用於追蹤每種顏色的最右側索引位置❷。

正如承諾的那樣，只需遍訪一次圍巾的每一英尺內容❸。以下是如何讓 leftmost_index 和 rightmost_index 字典保持最新狀態的做法：

- 如果之前從未遇過目前這英尺的顏色❹，則目前的索引位置當作該顏色的最左側和最右側索引位置。

- 如果有遇過目前這英尺的顏色❺，應該不會更新此顏色最左邊的索引位置，因為目前索引位置是位於舊索引位置的右側。但確實需要更新最右邊的索引位置，因為在舊索引位置的右側又找到一個新的索引。

接著就能活用建好的兩個字典：對於每位親戚，我們可以簡單地從這些字典中找到最左側和最右側的索引位置❻。計算圍巾的最長長度是最後一英尺顏色最右側的索引位置減掉第一英尺顏色最左側的索引位置，再加 1。

如我所說的，這個演算法比前面的演算法 1 好得多。讀取圍巾需要 $O(n)$ 時間，處理圍巾的每一英尺也是如此，到目前為止都是 $O(n)$ 時間。隨後我們採取固定數量的步驟來處理每位親戚的要求（而不像之前需要 n 步！），所以這裡是 $O(m)$ 時間。總而言之，這是個 $O(m+n)$ 演算法，而不是 $O(mn)$ 演算法。考慮到 m 和 n 最多為 100,000，我們只做了大約 100,000 + 100,000 = 200,000 步，這很容易在時間限制內完成。現在就可以把這段程式碼提交到競賽解題系統網站來證明能達到時限要求！

問題#25：絲帶塗色（Ribbon Painting）

這也是我們可能在第一次提出解題演算法時會效率太慢的另一個問題。不過，我們不會在這樣的演算法上浪費太多時間，因為在考慮實作程式碼之前，大 O 效能分析就已告知程式的效率。之後我們會花時間設計另一個更快的演算法。

這個問題在 DMOJ 網站的題庫編號為 dmopc17c4p1。

挑戰

您有一條長度為 n 單位的紫色絲帶。第一單位從位置 0 到位置 1（但不包括），第二單位從位置 1 到位置 2（但不包括），依此類推。然後彩繪 q 筆，每一筆彩繪可讓絲帶的一段塗成藍色。

您的目標是找出仍為紫色的絲帶單位數和現在為藍色的絲帶單位數。

輸入

輸入內容是由以下幾行組成：

- 一行是整數 n 和整數 q，分別代表絲帶長度和彩繪筆數，兩個整數以空格分隔。n 和 q 均為 1 到 100,000 之間的整數。

- q 行，每筆一行，包含兩個以空格分隔的整數。第一個整數是彩繪筆劃的起始位置；第二個整數是彩繪筆劃的結束位置。保證起始位置會小於結束位置；每個整數都在 0 和 n 之間。彩繪筆劃從起始位置一直到結束位置（但不包括）。這裡列出一個範例，如果彩繪筆劃的起始位置為 5、結束位置為 12，則筆劃是從位置 5 彩繪到 12 位置（但不包括 12）。

輸出

輸出仍為仍為紫色的絲帶單位數、一個空格以及現在為藍色的絲帶單位數。

解決測試用例的時間限制為 2 秒。

探索測試用例

讓我們探索一個小型的測試用例。這個測試用例不僅能確保我們真的了解了問題的題意，還能突顯某些天真演算法的危險。以下是測試用例：

```
20 4
18 19
4 16
4 14
5 12
```

絲帶長度是 20，要彩繪 4 筆。彩繪筆劃後絲帶有多少單位會變成藍色呢？

第一筆彩繪一單位的藍色，從位置 18 開始。

第二筆彩繪從位置 4、5、6、7… 開始，一直到位置 15。這筆彩繪了 12 個單位的藍色，到目前總繪製了 13 個藍色單位。

第三筆彩繪了 10 個單位的藍色。但是這些單位在第二筆彩繪時都已經變成藍色了！如果我們再花時間用去彩繪藍色確實是在浪費時間。無論我們設計出什麼演算法，最好不要落入這個浪費時間的陷阱。

第四筆彩繪了 7 個單位的藍色。但同樣的，這些單位都已經是藍色了！

現在完成了彩繪處理，共有 13 個藍色單位。剩下 20 - 13 = 7 個紫色單位，所以這個測試用例的正確輸出是：

```
7 13
```

問題的解答

絲帶的最大長度為 100,000，彩繪筆數最多為 100,000。請回憶一下我們在解決「最長圍巾（Longest Scarf）」問題時的演算法 1，在那裡我們了解到 $O(mn)$ 演算法的效率太慢了。同樣地，在這裡使用 $O(nq)$ 演算法的效率也是不夠的，因為在處理大型測試用例時無法在題目要求的時限內完成。

這表示我們不能每筆彩繪都去處理絲帶的每個單位。如果能簡單地把焦點都放在會被彩繪成藍色的新單位，那就太好了。隨後就處理每筆彩繪筆劃，再把會彩繪成藍色單位數量加起來就行了。

看起來很有道理，但我們如何確定每筆彩繪所劃的藍色單位呢？這有點棘手，因為下一筆要繪製的位置可能已經都塗成藍色了。

然而，如果我們先對每筆彩繪進行排序，這種情況就會變得簡單得多。還記住本章前面「n log n 時間」小節的說明，排序是非常快的處理，只需要 $O(n \log n)$ 時間。使用排序不會影響程式效率，所以先來了解為什麼排序會對這個問題有幫助。

對上一節中的測試用例中的 4 筆彩繪進行排序，得到下面的串列：

```
4 14
4 16
5 12
18 19
```

現在彩繪筆劃都已排序，我們可以有效地處理它們了。當我們這樣做時，會儲存到目前為止處理過的任何彩繪筆劃的最右側位置。我們會從最右側的位置 0 開始，表示還沒有任何單位彩繪塗上藍色。

這裡的第一筆彩繪塗劃了 14 - 4 = 10 個單位的藍色。現在儲存的最右邊的位置是 14。

第二筆彩繪塗劃了 12 個單位的藍色，但這 12 個單位中有多少是從紫色塗成藍色的呢？畢竟這筆與之前彩繪的單位重疊，所以其中一些單位都已經是藍色了。我們可以透過從目前彩繪筆劃的結束位置 16 減去 14（我們儲存的最右側位置）來計算出新塗成藍色單位的數量。這是要忽略已經被彩繪塗成藍色的單位。因此，總共有 16 - 14 = 2 個新的藍色單位和已經是藍色的 12 個單位。最

關鍵的是，我們不用處理彩繪筆劃的每個單位就解決了這個問題。在繼續之前，請不要忘記把最右側位置更新為 16。

第三筆彩繪和第二筆一樣，這筆彩繪開始的位置在我們儲存最右側位置之前。然而，與第二筆彩繪不同的是，它的結束位置根本沒有超出我們儲存的最右側位置。所以這筆彩色不會有新的藍色單位，最右側位置仍然是 16。同樣地，我們並不用逐一處理這筆彩繪的每個位置就能搞清楚它的狀況！

小心第四筆的彩繪。這筆不是新增 19 - 16 = 3 個新的藍色單位，我們必須小心區分這筆彩繪，因為它的起始位置在我們儲存的最右側位置的右邊。在這種情況下，我們不能使用儲存的最右側位置來計算，而應該計算 19 - 18 = 1 個新的藍色單位，總共是 13 個藍色單位才是正解。我們還要把儲存的最右側位置更新為 19。

唯一的問題是我們如何在 Python 程式碼中對這些彩繪筆劃進行排序。我們需要根據它們的起始位置來進行排序；如果多筆具有相同的起始位置，那麼就按照結束位置進行排序。

也就是說，我們要把下列這樣的串列：

```
[[18, 19], [4, 16], [4, 14], [5, 12]]
```

排序成下列這樣：

```
[[4, 14], [4, 16], [5, 12], [18, 19]]
```

令人高興的是，正如我們在第 6 章「任務 4：對新串列內的這些盒子進行排序」小節中所發現的那樣，串列的排序方法正是以這種方式運作的。以某個內含有串列項目的串列來排序時，會使用其中各個串列中的第一個值來排序；當第一個值都處理後，就以串列的第二個值進一步排序。請在 Shell 模式實際驗證一下：

```
>>> strokes = [[18, 19], [4, 16], [4, 14], [5, 12]]
>>> strokes.sort()
>>> strokes
[[4, 14], [4, 16], [5, 12], [18, 19]]
```

演算法沒問題，排序也沒問題，狀況很不錯！在看到程式碼之前，我們還想知道一件事：大 O 效率是什麼呢？我們需要讀取 q，這需要 $O(q)$ 時間。隨後需要對 q 進行排序，這需要 $O(q \log q)$ 時間。最後是處理 q，這需要 $O(q)$ 時間。

其中最慢的是排序處理的 $O(q \log q)$ 時間，所以這就是整體的大 O 效率。

現在已有了快速解決問題所需的一切需要。程式碼就列示在 Listing 10-2 中。

▶Listing 10-2：絲帶塗色（Ribbon Painting）的解答

```
    lst = input().split()
    n = int(lst[0])
    q = int(lst[1])

    strokes = []

    for i in range(q):
        stroke = input().split()
    ❶ strokes.append([int(stroke[0]), int(stroke[1])])

❷ strokes.sort()

    rightmost_position = 0

    blue = 0

    for stroke in strokes:
        stroke_start = stroke[0]
        stroke_end = stroke[1]
    ❸ if stroke_start <= rightmost_position:
            if stroke_end > rightmost_position:
                ❹ blue = blue + stroke_end - rightmost_position
                rightmost_position = stroke_end
    ❺ else:
            ❻ blue = blue + stroke_end - stroke_start
            rightmost_position = stroke_end

    print(n - blue, blue)
```

程式會先讀取每筆彩繪，將其分割成兩個值的串列附加到 strokes 串列內❶。然後對所有的彩繪筆劃 strokes 進行排序❷。

接下來我們需要從左到右處理每筆彩繪。有兩個關鍵變數驅動這項處理：變數 rightmost_position 儲存到目前為止彩繪的最右側位置，變數 blue 儲存到目前為止彩繪的藍色單位數量。

若要處理一筆彩繪，我們需要知道該筆彩繪的起始位置是在我們儲存最右側位置之前或是之後，這兩種情況的處理方式如下。

第一種情況：當彩繪筆劃的起始位置是在我們儲存的最右側位置之前時❸，我們該怎麼辦呢？這個彩繪筆劃可能會塗上一些新的藍色單位，但前提是它超出

了最右側的位置。如果是，則新塗上的藍色單位是儲存的最右側位置和彩繪筆劃結束位置之間的單位❹。

第二種情況：若彩繪筆劃的起始位置在我們儲存的最右側位置之後❺，我們該怎麼辦呢？這個彩繪筆劃與到目前為止所塗上的位置是完全分開的，塗上位置就是新的藍色單位。新的藍色單位是在此彩繪筆劃的結束位置和開始位置之間的單位❻。

請留意，在兩種情況下我們都會正確更新了儲存的最右側位置，以便準備好處理任何更進一步的彩繪筆劃。

差不多要告一段落了！在大 O 效能分析的指引下，我們能夠放棄已知道在實作後會太慢的演算法。然後再思考了第二種演算法—在實作之前就知道它的效能會很快。現在可以把解決方案程式碼提交到競賽解題系統網站，感受一下提交成功的滋味。

總結

在本章中，我們學習了大 O 效能分析。大 O 符號表示法是進一步探究演算法設計的重要效率指示。您會在很多地方遇到它：在課堂上、在書籍內，也可能在您下一次的工作面試中！

這一章解決了兩個需要設計很高效率演算法的問題。我們不僅能正確解決問題和達到題目的時限要求，還能透過大 O 分析來理解程式碼為何如此高效。

本章習題

這裡有一些習題供您練習嘗試。對每一題都使用大 O 分析來確定您提出的演算法是否足夠在時限內解決問題。您可能還會想要實作已知效率太慢的演算法，這裡會給您額外的練習，讓您可以鞏固好學到的 Python 知識，並確認您的大 O 分析結果是正確的！

其中有些問題非常具有挑戰性。原因有兩個，第一個原因是以您在整本書中的學習到的知識，您可能會覺得能提出解決的演算法已是不簡單了，想再提出效率更快的演算法可能更難。第二個原因是這裡已是本書的結尾，但演算法的研究才正是開始之時。我希望這些問題既能幫助您感受自己學習的成果，也能提醒您除了本書之外還有更多的東西等著去探究。

1.　DMOJ 題庫的問題 dmopc17c1p1，Fujo Neko（此問題重點在使用更快速的輸入／輸出。請別忽略這點！）

2.　DMOJ 題庫的問題 coci10c1p2，Profesor

3.　DMOJ 題庫的問題 coci19c4p1，Pod starim krovovima（提示：若想要最大化增加空杯子的數量，就要在最大的杯子裡盡可能多放入一些液體。）

4.　DMOJ 題庫的問題 dmopc20c1p2，Victor's Moral Dilemma

5.　DMOJ 題庫的問題 avocadotrees，Avocado Trees!

6.　DMOJ 題庫的問題 coci11c5p2，Eko（提示：樹的最大數量遠小於高度的最大數量。請把每棵樹從最高排序到最低來思考。）

7.　DMOJ 題庫的問題 wac6p2，Cheap Christmas Lights（提示：不要嘗試每秒撥動一個開關—您怎麼知道要撥動哪一個呢？請把開關都儲存起來，在能關掉所有亮著的燈時就立即使用。）

8.　DMOJ 題庫的問題 ioi98p3，Party Lamps（提示：重點在每個按鈕按下的是奇數次或偶數次。）

NOTE

「最長的圍巾（Longest Scarf）」問題來自 DMOPC'14 3 月競賽的題目。「絲帶塗色（Ribbon Painting）」問題來自 DMOPC'20 11 月競賽的題目。

後記

在您邁進下一步之前,我想花一點時間祝賀和回顧您到目前為止所取得的學習成就。在閱讀本書之前,您可能沒有做過任何程式設計。或者,也許您有一些程式設計經驗,但想提升解決問題的能力。無論如何,如果您已經讀完了這本書並花了一些時間來磨練實作每章的習題,您現在已有能力使用電腦解決問題了。您學到了如何理解問題描述、設計解決方案以及編寫實作程式碼的解決方案。您會用 if 陳述句、迴圈、串列、函式、檔案、集合、字典、完全搜尋演算法和大 O 效能分析。這些都是程式設計的核心工具,也是您會一直反覆使用的工具。您現在也可以稱自己是 Python 程式設計師了!

也許您的下一步是想要了解更多關於 Python 的資訊。如果有這樣的想法,請參閱第 8 章末尾的 NOTE,那裡列出一些書籍資訊給您參考。

也許您的下一步是想要學習另一種程式語言。我個人最喜歡的語言之一是 C 語言。與 Python 相比，C 程式讓您更接近電腦內部實際運作的情況。如果您想學習 C 語言，沒有比《C Programming: A Modern Approach, 2/e》，作者 K. N. King（W. W. Norton & Company, 2008）更好的書了，我覺得您現在已經有能力可以好好閱讀它。您也可能在考慮學習別種的程式語言，比如 C++、Java、Go 或 Rust，這取決於您想要編寫的程式類型（或者僅僅是因為您聽過這些語言）。

也許您的下一步是想要了解更多設計演算法的相關資訊。如果有這樣的想法，請參閱第 9 章末尾的 NOTE，那裡列出一些書籍資訊給您參考。

也許您的下一步是先停一下，去做點別的事情。去解決一些其他類型的問題，這些問題可能與電腦運算有關，也可能無關。

無論如何，祝您能愉快地解決問題！

問題出處與貢獻

我感謝每一位在程式設計競賽過程中幫助大家學習的人們，他們貢獻了寶貴的時間和專業知識。對於本書中的每個問題，我會列出其作者以及問題的來源。如果您有書中任何問題的其他更多幕後貢獻的資訊，請告訴我。我會更新發佈在本書的網站上（https://nostarch.com/learn-code-solving-problems，http://www.danielzingaro.com/ltc/）。

以下是表格中競賽機構所使用的縮寫：

CCC: Canadian Computing Competition

CCO: Canadian Computing Olympiad

COCI: Croatian Open Competition in Informatics

DMOPC: DMOJ Monthly Open Programming Competition

ECOO: Educational Computing Organization of Ontario Programming Contest

Ural: Ural School Programming Contest

USACO: USA Computing Olympiad

章	問題	來源標題	競賽／作者
1	計算字數（Word Count）	Not a Wall of Text	2015 DMOPC/ FatalEagle
1	圓錐體的體積（Cone Volume）	Core Drill	2014 DMOPC/ FatalEagle
2	勝利的球隊（Winning Team）	Winning Score	2019 CCC
2	判斷是否為電話推銷（Telemarketers）	Telemarketer or Not?	2018 CCC
3	三個杯子（Three cups）	Trik	2006/2007 COCI
3	佔用空間（Occupied Spaces）	Occupy Parking	2018 CCC
3	資料流量規劃（Data Plan）	Tarifa	2016/2017 COCI
4	吃角子老虎機（Slot Machines）	Slot Machines	2000 CCC
4	歌曲播放清單（Song Playlist）	Do the Shuffle	2008 CCC
4	加密的句子（Secret Sentence）	Kemija	2008/2009 COCI
5	村莊的街區（Village Neighborhood）	Voronoi Villages	2018 CCC
5	學校旅行（School Trip）	Munch 'n' Brunch	2017 ECOO/ Andrew Seidel Reyno Tilikaynen
5	Baker 獎金（Baker Bonus）	Baker Brie	2017 ECOO/ Andrew Seidel Reyno Tilikaynen
6	紙牌遊戲（Card Game）	Card Game	1999 CCC
6	盒裝公仔（Action Figures）	Cleaning the Room	2019 Ural/ Ivan Smirnov
7	文章的格式化（Essay Formatting）	Word Processor	2020 USACO/ Nathan Pinsker
7	農場耕種（Farm Seeding）	The Great Revegetation	2019 USACO/ Dhruv Rohatgi Brian Dean
8	電子郵件地址（Email Address）	Email	2019 ECOO/ Andrew Seidel Reyno Tilikaynen Tongbo Sui
8	常見單字（Common Words）	Common Words	1999 CCO
8	城市與州（Cities and States）	Cities and States	2016 USACO/ Brian Dean
9	救生員（Lifeguards）	Lifeguards	2018 USACO/ Brian Dean
9	滑雪山丘（Ski Hills）	Ski Course Design	2014 USACO/ Brian Dean

章	問題	來源標題	競賽／作者
9	乳牛棒球（Cow Baseball）	Cow Baseball	2013 USACO/ Brian Dean
10	最長的圍巾（Longest Scarf）	Lousy Christmas Presents	2020 DMOPC/ Roger Fu
10	絲帶塗色（Ribbon Painting）	Ribbon Colouring Fun	2017 DMOPC/ Jiayi Zhang

CCC 和 CCO 的問題是由 Waterloo 大學數學和計算機教育中心（Centre for Education in Mathematics and Computing，CEMC）所有。

Python 程式設計與程式競賽解題技巧

作　　者：Daniel Zingaro
譯　　者：H&C
企劃編輯：蔡彤孟
文字編輯：王雅雯
設計裝幀：張寶莉
發 行 人：廖文良

發 行 所：碁峰資訊股份有限公司
地　　址：台北市南港區三重路 66 號 7 樓之 6
電　　話：(02)2788-2408
傳　　真：(02)8192-4433
網　　站：www.gotop.com.tw
書　　號：ACL062700
版　　次：2021 年 09 月初版
建議售價：NT$450

國家圖書館出版品預行編目資料

Python 程式設計與程式競賽解題技巧 / Daniel Zingaro 原著；
　H&C 譯. -- 初版. -- 臺北市：碁峰資訊, 2021.09
　　面；　公分
　譯自：Learn to code by solving Problems：a python-based
introduction.
　　ISBN 978-986-502-955-5(平裝)
　　1.Python(電腦程式語言)
312.32P97　　　　　　　　　　　　　　　　110014866

讀者服務

● 感謝您購買碁峰圖書，如果您
對本書的內容或表達上有不清
楚的地方或其他建議，請至碁
峰網站：「聯絡我們」\「圖書問
題」留下您所購買之書籍及問
題。(請註明購買書籍之書號及
書名，以及問題頁數，以便能
儘快為您處理)
http://www.gotop.com.tw

● 售後服務僅限書籍本身內容，
若是軟、硬體問題，請您直接
與軟體廠商聯絡。

● 若於購買書籍後發現有破損、
缺頁、裝訂錯誤之問題，請直
接將書寄回更換，並註明您的
姓名、連絡電話及地址，將有
專人與您連絡補寄商品。